圖解

五南圖書出版公司 印行

食品化學

程仁華、梁志弘、孫藝玫、陳祖豐／著

閱讀文字

理解內容

觀看圖表

圖解讓
食品化學
更簡單

序言

序言

本書由本人邀請三位專長食品方面的好友梁志弘副教授、孫藝玫副教授及陳祖豐助理教授共同研究、編撰而成，適合各階層讀者閱讀使用。

作者們秉持著多年的教學經驗，維持理論與實務並重的風格，加入近期食品營養領域的新知識，內容豐富，食品與營養學習者，適合以本書為修習基礎。

本書的完成要感謝各方的支持，作者們多年教授食品專業，然而，編輯總有缺漏之處，承蒙學界及業界的支持，希望對於本書錯漏與不安的地方，予以指正。

程仁華

開南大學保健營養學系

CONTENTS 目錄

第1章
水

梁志弘

1-1 水概述

水是生命所必需之成分，在成年人身體中大約有60%是由水所組成，它存在我們的細胞、血液、骨骼、牙齒和皮膚中。當人體缺乏水時，比缺乏其他營養素更容易造成死亡，因身體中每個化學反應皆須有水的參與；另水亦可調節體溫、運送營養素和代謝廢棄物及溶解營養素。一般成年人每天需喝2000毫升左右之水，但若身體活動量大，則補充之水分量就需更多。

水的化學式為H_2O，是由二個氫原子（H）和一個氧原子（O）組成，氧原子為中心原子，其電子組態為$1S^2 2S^2 2P^4$，氫原子的電子組態為$1S^1$。由中心原子周圍電子群數目可決定水分子之形狀，水分子有4個電子群，依價層電子對排斥理論可形成正四面體，鍵角為109°；但氧原子周圍有兩對未共用電子對，其排斥力大於O-H間形成共價鍵之兩共用電子對；因此，O-H間的角度會被壓縮，使得鍵角變小為104.5°，故形成彎曲形狀。

由於氧原子之陰電性為3.5，而氫原子之陰電性為2.1，故O-H鍵上的電子雲會較靠近氧原子，造成分布不均勻；使得氧原子周圍電子密度較氫原子周圍高，氧原子會帶有部分負電荷，而氫原子則帶有部分正電荷；造成兩原子間具有僅次於共價鍵的吸引力，此引力所產生之鍵結稱為氫鍵。水分子間因具有許多氫鍵，故較其他分子量相近分子（如甲烷）有較高之沸點和熔點，另固化時體積膨脹亦與氫鍵有關。水分子為高極性分子，分子間會產生許多氫鍵，非常適合做為帶有極性基團化合物之溶劑。

水是食品的主要組成分，一般食品主要分為兩部分，一部分是水，另一部分是固形物，包括碳水化合物、脂質、蛋白質、礦物質和維生素等。水分含量多寡會直接影響食品的質地、結構、外觀、呈味及新鮮度；另食品中水分含量會直接或間接影響食品中化學或生化反應，亦會影響微生物生長繁殖，與食品加工品質及儲藏安定性有密切相關性。因此，水之物理及化學性質不僅與食品之結構、適口性及應用性有關，亦是食品加工品質及貯藏安定性之重要因子。

小博士 解說

價層電子對排斥理論（valence shell electronpair repulsion theory, VSEPR）：中心原子周圍電子群會盡可能遠離彼此，以降低電子群之排斥力；分子之形狀則取決於中心原子及與其鍵結之原子數。

電子群：未共用電子對、單鍵、雙鍵及三鍵皆可視為電子群。

陰電性（electronegativity, 亦稱電負度）：是原子的化學特性之一，用來描述原子吸引電子的能力；陰電性越大，原子吸引電子的能力越強。

未共用電子對

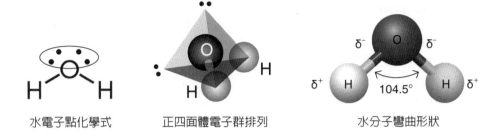

水電子點化學式　　　　　正四面體電子群排列　　　　　水分子彎曲形狀

水分子間之氫鍵

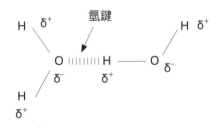

➕ 知識補充站

1. 水的特性：水分子具有氫鍵結構，是水非常重要之特性，與分子量相近之化合物相比，會有較高之熔點和沸點，其溶解熱和汽化熱亦會較高，故可作為加熱和冷卻的媒介。此外，水分子之氫鍵結構與其極性有相關，可用於極性物質之萃取。

2. 水的功用：水是許多食物之主要成分，有時會與食物之組織結構、口感及風味有關；例如新鮮麵包水分含量會較高，當低於30%時則外形會乾扁，口感及風味亦不佳。水亦是良好的溶劑，可溶解許多化學物質。此外，水對食品之新鮮度、軟硬度、流動性、保存性和加工都具有重要的影響。

1-2 食品中的水分

新鮮之動植物組織或食物中常含大量水分，但切開時水分並不會大量流失，主要是因為水分被保留緣故。食品中的水分依其存在狀態可分為自由水和結合水兩種：

1. 自由水（free water）

自由水又稱游離水，是食品中之主要水分，存在於食品組織間隙內。自由水不會與食品中非水分物質結合，不會受其他力量束縛；另自由水容易蒸發，凝固點和沸點與純水相近，故0℃時會結冰。自由水具有流動性，可作為溶劑以溶解食品中之成分，乾燥時容易蒸發去除。微生物可利用此類自由水而生長，是酵素反應和非酵素性褐變之主要介質。因此，去除食品中之自由水，可減緩劣變反應速率及抑制微生物生長。

2. 結合水（bound water）

結合水又稱固定水、束縛水或水合水，通常會與食品成分中羧基（COOH）、羥基（OH）和胺基（NH₂）等官能基結合，包括碳水化合物和蛋白質等。一般而言，結合水的水活性及凝固點比純水低，沸點比純水

高，故微生物難以利用，加熱不易蒸發且低溫不易結冰，因此，在冷凍保存上被稱為不凍結水。在食品加工上若牽涉結合水之去除，對食品之質地及保存性有很大之影響，例如可能會使蛋白質變性。

結合水依結合牢固程度不同，可分為單層結合水（monolayer water）和多層結合水（multilayer water）兩種。

(1) 單層結合水（monolayer water）：一般位於非水組成分親水性最強的基團周圍第一層位置，會被羧基（COOH）、羥基（OH）和胺基（NH₂）等官能基強烈束縛之水分，無流動性，通常水活性約為0-0.2。

(2) 多層結合水（multilayer water）：亦稱為準結合水，位於單層水外側之水分，主要是靠水-水和水-溶質以氫鍵方式結合。多層結合水不像單層結合水那樣牢固地結合，但還是與非水組成分緊密結合，性質與純水亦不同，通常水活性約為0.2～0.85。

小博士解說

	自由水	結合水
別稱	游離水	固定水、束縛水或水合水
存在位置	食品組織間隙內	會與食品成分中羧基、羥基和胺基等官能基結合
凝固點和沸點	與純水相近	凝固點比純水低，沸點比純水高
流動性	有	無
微生物利用性	可利用	難以利用
溶劑能力	佳	無
在高水分食品占比（%）	大部分（約90%以上）	少部分（僅占0.03～3%）

食品中自由水和結合水分布

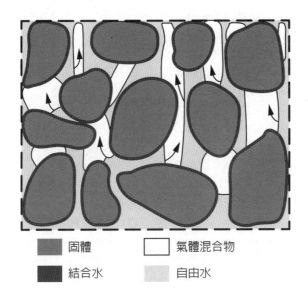

固體　　　　氣體混合物
結合水　　　自由水

食品中自由水、單層結合水和多層結合水分布

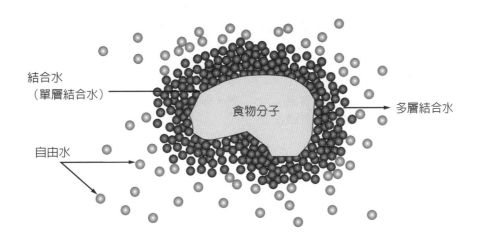

結合水
（單層結合水）

食物分子

多層結合水

自由水

1-3 水活性

早期人們知道食物腐敗與含水量有密切之關係，故認為只要降低食品之含水量，便可避免食品的腐敗；但後來發現不同類食品即使含水量一樣，但腐敗程度卻有明顯差異，故以含水量做為食品安定性指標並不完全可靠。之後研究發現食品之品質和貯存性與水活性有非常緊密之關係。

水活性（water activity, Aw）之定義：在密閉系統中，食品中水的蒸氣壓（P）和該溫度下純水的飽和蒸汽壓（P_0）的比值；另與食品達成平衡時之空氣相對濕度（equilibrium relative humidity, ERH）及溶劑莫耳分率（N）亦可視為水活性。故水活性公式如下：

$$Aw=P/P_0=ERH/100=N=(n_1/n_1+n_2)$$
n_1：溶劑莫耳數　n_2：溶質莫耳數

純水之$P=P_0$，故純水之水活性為1，而食品系統中因溶解有許多物質，故$P<P_0$，因此食品系統之水活性<1。水活性可代表食物中水分可自由活動的指標，當Aw=1時，表示純水；當數值越大者，表示自由水含量越高；反之自由水含量越低。

會影響水活性之因子包括溶質濃度、水分含量及溫度。當溶液中溶質濃度越高，由上述公式可知水活性越低；另當水分含量越高時，則表示溶液中溶質濃度越低，故水活性越高；此外，在相同水分含量下，當溫度越高，相對溼度越高則水活性越高。

食品依水活性高低可分為三類：
(1) 高溼性食品（high moisture food, HMF）

水活性為0.9～1.0，這類食品容易引起微生物作用而腐敗，建議需冷藏販售且保存期限不長，如牛奶、果汁和肉等。
(2) 中溼性食品（intermediate moisture food, IMF）

水活性為0.6～0.9，含水量約為20～40%，通常會在食品中加入食鹽、砂糖和山梨醇等水合性物質，部分自由水會與其作用，藉以降低水活性；有時會添加潤溼劑（humectant）以調節水活性，將水活性控制在0.65～0.85。因此，不需加熱或冷藏即可穩定保存，如果醬、果凍、義大利香腸等。
(3) 低溼性食品（low moisture food, LMF）

水活性為<0.6，含水量約為12%以下，此類食品不易腐敗，可在常溫販售，如奶粉和乾穀類等。

小博士解說
常見水活性測定法有兩種：
(1)擴散法：利用已知水活性鹽類配製標準溶液，製作水活性和水蒸氣壓之標準曲線，於相同條件下放入樣品測其水蒸氣壓，比對標準曲線即可得水活性。
(2)康威氏皿法：利用樣品在康威氏皿密封和恆溫條件下，分別在較高及較低之飽和溶液中擴散達平衡，依樣品重量變化，計算其水活性。

高溼性食品

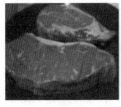

肉類

軟起司

水果

中溼性食品

果醬

果凍

義大利香腸

低溼性食品

乾穀物類

奶粉類

1-4 等溫吸溼曲線

在特定溫度下，將餅乾放置在密閉容器中，若相對溼度大於餅乾的水活性，則餅乾會吸濕而變軟；同樣地，將麵包放置在密閉容器中，若相對溼度小於麵包的水活性，則麵包會脫水而變乾。因此，在定溫下，將食品放置在密閉容器中，讓其水蒸氣壓達到平衡，以含水量（%）為縱軸，食品水活性為橫軸所畫成之曲線，稱之為等溫吸濕曲線（moisture sorption isotherm）。

食品等溫吸濕曲線可了解食品脫水過程，平衡之空氣相對溼度（或水活性）對食品平衡水分含量與脫水速率之影響；另亦可幫助區分自由水和結合水含量及食品表面型態特性。等溫吸溼曲線會因食品種類及溫度不同而有所改變，以倒S型曲線為例，可分為A、B及C三區域，分別代表食品內不同狀態之水分。A區域之水分為結合水，為單層結合水，會與食品其他成分堅固結合在一起，幾乎可視為食品成分之一，故不易去除，微生物亦不易利用。B區域之水分為準結合水，為多層結合水，此部分微生物亦難利用。C區域之水分為自由水，此部分的水在食品中，因結合力較弱，故在食品中可自由移動且微生物可利用。

乾燥食品吸溼後，所獲得曲線稱為吸溼曲線；吸溼曲線之曲折點代表自由水完全去除之點，此點是保存乾燥食品必需之要求；另含水量多的食品經脫水後，所獲得曲線稱為脫水（脫溼）曲線。同一食品在定溫下，其吸溼曲線和脫水曲線卻有不一致現象，此現象稱為遲滯（滯後）現象（hysteresis）。通常在相同水活性下，脫水曲線有較高水分含量；可能原因是在脫水過程，水分無法完全去除或有些非水溶性成分變質，於再吸溼時無法緊密束縛水分，而有較高水活性。

不同食品之等溫吸溼曲線形狀會不一樣，影響等溫吸溼曲線形狀之因子包括食品成分、食品物性結構（結晶態或不定型）、測定溫度及測定方法等。一般而言，糖果、蜜餞和水果等含糖量較高或小分子溶質較多之食品，其等溫吸溼曲線形狀會類似J型。另澱粉或蛋白質類屬於高分子之食品，其等溫吸溼曲線形狀會類似彎曲S型。

等溫吸溼曲線對食品之乾燥脫水、包裝或貯藏非常重要，在乾燥脫水後期，從等溫吸溼曲線的相對溼度（水活性），可推測食品之水分含量，作為乾燥脫水完成之指標。另可了解濃縮或脫水過程，空氣相對溼度（水活性）對食品水分含量與脫水速率之影響。此外，可藉由等溫吸溼曲線及應用相關吸附數學模式，區分結合水與自由水含量及食品表面型態特性。

小博士解說

遲滯（滯後）現象：在一定水活性下，食品脫去水分含量大於再吸收水分含量；亦即等溫吸溼曲線和脫水曲線並不完全重疊，此不重疊性稱之為遲滯（滯後）現象。

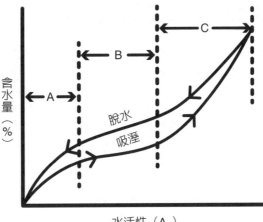

A：結合水
B：準結合水
C：自由水

＋ 知識補充站

1. 每種食品之等溫吸溼曲線是藉由實驗獲得的，測量方法包括重量法、壓力法和溼度法等三種。一般較常用方式為重量法，其作法是將乾燥樣品放置在水活性（Aw）增加的環境中，在不同 Aw下，測量樣品的重量直到平衡為止。

2. 一般含水量和Aw之間的關係非常複雜，Aw增加通常會伴隨水分含量增加，但是以非線性的方式呈現；故不同食品之等溫吸溼曲線形狀會不一樣，此特性可構成不同食品系統之指紋圖譜。

3. 在食品科學技術中，等溫吸溼曲線的知識對於乾燥設備的設計和優化，包裝的設計、穩定性和保存期限的預測及在儲存過程可能發生水分變化的計算是非常重要。

1-5 水活性對微生物之影響

牛奶變酸、麵包發霉及細菌性食物中毒，都是由微生物繁殖所造成。微生物需要一定水分才能進行生長繁殖，當水活性越低，微生物越不易生長。會影響食品安定性的微生物主要有細菌、酵母菌和黴菌；每種微生物生長都有其最低水活性限度，一般細菌生長繁殖所需要的水活性為0.90，酵母菌為0.88，黴菌為0.80，耐鹽性細菌為0.75，耐乾性黴菌為0.65，耐高滲透壓酵母菌為0.60。在水活性低於0.60以下時，大多數微生物無法生長；故可利用降低水活性方法來保存食物。

在食品中利用降低水活性來保存食物，主要有下列幾種方法：

1. 乾燥法（脫水法）：乾燥法是最傳統的食品保存方法，主要是將水分去除以降低水活性、抑制微生物生長來達到保存食物之目的。一般可透過油炸、烘乾、風乾或煙燻等乾燥方式，將水分帶走，減少食品中微生物生長與腐敗的機率。例如脫水蔬菜與果乾、肉乾類等食品就是利用此方式。

2. 添加大量鹽或糖：主要是透過滲透作用，使食物脫水；無論是固體或溶液中的鹽或糖，都會傾向與它們所接觸食品中的鹽分或糖分達到平衡。如此一來會使水分從食物中移到外界，而鹽或糖分子則滲入食物內部。如蜜餞、果醬或鴨賞等食品。

3. 冷凍：冷凍會將食品中之自由水凍結，使得微生物無法利用，亦可降低水活性，影響微生物體內的代謝運作，使其生長受到抑制。

水分含量多寡及其可利用性，是影響微生物生長繁殖之重要因子，尤其是食品中之自由水對微生物而言更加重要，而自由水即代表水活性（Aw）。一般而言，微生物在耐受水活性限值以上時，生長繁殖速率會隨水活性提高而加快。食品進行脫水乾燥及儲存時控制溫濕度，就是要降低自由水含量與水活性，進而達到抑制微生物生長之目的。

小博士解說

煙燻法：這是一種利用脫水原理來保存食物的方法，將食物如肉類或魚，用木材或木炭的火煙燻，將食物水分去除，食物在此過程中約失去25%的水分。煙燻氣體中有些化合物可抑制微生物的增殖，有些梅納反應產物會給肉類或魚類增添迷人的香氣。煙燻方法包括冷燻、溫燻、熱燻、液燻和電燻等；另常用煙燻之樹種包括櫸木、橡木、楓木、櫻桃木或核桃木等。不過，煙燻過程不完全燃燒的氣體中，含有多環芳烴類物質，它是一種致癌物；如何在享受美食同時，又可免於面對致癌物的恐懼，這是煙燻技術發展之重要課題。

微生物生長所需最低水活性

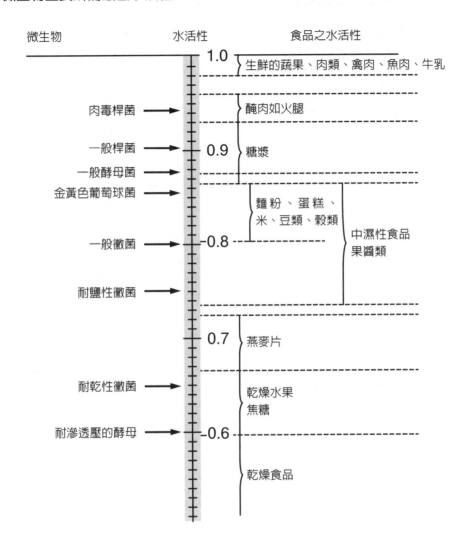

1-6 水活性與食品化學反應

食品品質變壞除了微生物作用外，另還包括食品本身生化或化學反應，如油脂氧化、酵素性褐變和非酵素性褐變。分述如下：

1. 油脂氧化（lipid oxidation）

食品中不飽和脂肪酸因外在因素所引起之氧化、裂解與聚合反應，稱之為油脂氧化。當食品中水活性約0.7～0.8時，油脂氧化速度最快；這可能是在水分充足時，溶氧量及油脂浮在水面量，適合油脂氧化進行。當食品中水活性降至0.3左右，氧化速率最慢，此時水分含量剛好可阻隔油脂和氧氣作用。當水活性低於0.3時，油脂氧化速率又會再增加。

2. 酵素性褐變（enzymatic browning）

酵素性褐變發生主要是植物組織中的多酚氧化酶（polyphenol oxidase, PPO），因組織受物理性破壞而釋出，並與食品中的多酚（polyphenol）作用，而進行氧化反應產生褐色氧化物所致；如蘋果、梨子及桃子切開後，切口面會快速變為褐色。酵素性褐變之反應速率會隨水活性增高而增加，當水活性降至0.3以下，可抑制酵素性褐變產生；另蔬果加工中有時會利用殺菁方式來破壞酵素，以防止加工或貯藏中產生褐變。

3. 非酵素性褐變（non-enzymatic browning）

非酵素性褐變主要有梅納反應（Maillard reaction）和焦糖化（caramelization）兩種來源。梅納反應主要是還原糖之羰基（carbonyl group）會與蛋白質、胜肽或胺基酸之胺基（amino group）經一連串反應產生褐色物質。另焦糖化反應則是糖分子在高溫下經脫水、分解和聚合反應，會產生褐色及風味物質，花生糖製做就是利用此方式而得。非酵素性褐變會受水活性高低影響，水活性0.2以下時，褐變難以發生；之後隨著水活性增高反應會加快，在水活性0.6～0.8間時，反應速率最快，褐變最為嚴重；當水活性再增加時，溶質濃度會下降，故褐變反應速率會下降。

小博士 解說

梅納反應（Maillard reaction）：法國化學家路易斯・卡米拉・梅拉德（Louis-Camille Maillard）在1912年首次描述它，又稱梅拉德反應或羰胺反應，是廣泛分布於食品工業的非酵素性褐變反應。梅納反應是食物中的還原糖（碳水化合物）與胺基酸或蛋白質在加熱時發生的一系列複雜反應，反應結果會生成褐色的大分子物質梅納汀（melanoidin），或稱類黑素。反應過程中除產生梅納汀外，還會產生許多不同氣味的中間體分子，包括還原酮、醛和雜環化合物，這些物質為食品提供特殊風味和誘人的色澤。不同食物在梅納反應期間會形成獨特的風味化合物。但值得關注的是，高溫亦會有利於丙烯醯胺致癌物形成，進而影響健康。

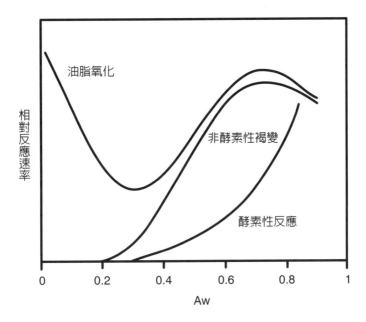

✚ 知識補充站

1. 水活性除了對油脂氧化、酵素性褐變及非酵素性褐變有影響外，另對水溶性色素分解亦有影響。例如葡萄和草莓等水溶性花青素，溶於水時非常不穩定，1~2週後其色澤會消失；但若將其做成乾製品則十分穩定，經數年貯藏僅輕微分解。顯示當水活性（Aw）增加時，水溶性色素分解速率會加快。

2. 低水活性會抑制食品化學變化，穩定食品品質，因很多化學和生化反應都必須有水參與才能進行（如水解反應）。當水活性降低，表示參與反應之自由水數量少，反應物（水）濃度下降，故反應速率自然就變慢。

第2章
碳水化合物

梁志弘

2-1 碳水化合物概述

　　碳水化合物（carbohydrate）是自然界存在最豐富之有機化合物，是日常飲食最主要之能量來源（約占65%），如麵包、米飯、麵條、玉米、馬鈴薯、餐桌上之砂糖、牛奶中之乳糖及蔬果之纖維素等。這些食物進入體內經由身體消化與代謝，分解爲葡萄糖，然後再經細胞氧化，以供給人體熱量和活動能量。

　　碳水化合物亦稱爲醣類（saccharides），而醣與一般所稱的糖略有不同，糖是指食糖，泛指一切具有甜味的醣類，如葡萄糖、麥芽糖及蔗糖，而醣類則包括所有單醣、雙醣及多醣，並不僅指含有甜味的物質。碳水化合物是由碳、氫和氧等元素所組成，由於其化學通式爲$C_m(H_2O)_n$，被認爲是碳和水組成之化合物，故名碳水化合物。

　　並非所有糖皆符合上述之通式，如鼠李糖（$C_6H_{12}O_5$）和去氧核醣（$C_5H_{10}O_4$）並不符合；另有些糖含有氮、硫、磷等成分，如N-乙醯葡萄糖胺是含氮之葡萄糖衍生物，是幾丁質（chitin）之單體，幾丁質廣泛存在於節肢動物之外骨骼及眞菌之細胞壁；而軟骨素（chondroitin）和肝素（heparin）則是含硫之多醣。因此，嚴格來講用碳水化合物來代替醣類之名稱並不是很恰當，然因沿用已久，故目前仍使用此名稱。

小博士解說

　　甲殼類動物的殼（如蝦、蟹）主要成分為幾丁質（chitin），幾丁質是由N-乙醯葡萄糖胺所組成之聚合物，經去乙醯化就變成甲殼素（chitosan），而甲殼素之單體即為葡萄糖胺。亦即葡萄糖胺（glucosamine）是N-乙醯葡萄糖胺去掉乙醯基而得，是關節液的主要成分，人體可自行合成，普遍存在於軟骨、肌腱等關節組織中。葡萄糖胺可提供關節組織營養，修護受損之軟骨組織，維持骨關節健康；但隨著年齡增長，合成的速度趕不上分解的速度，於是體內缺乏葡萄糖胺，而影響關節內細胞的新陳代謝，造成關節疼痛、退化性關節炎等疾病。

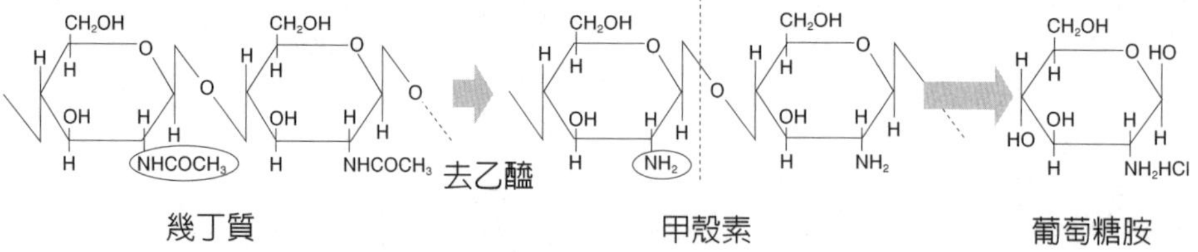

幾丁質　　　　去乙醯　　　甲殼素　　　　葡萄糖胺

碳水化合物之來源

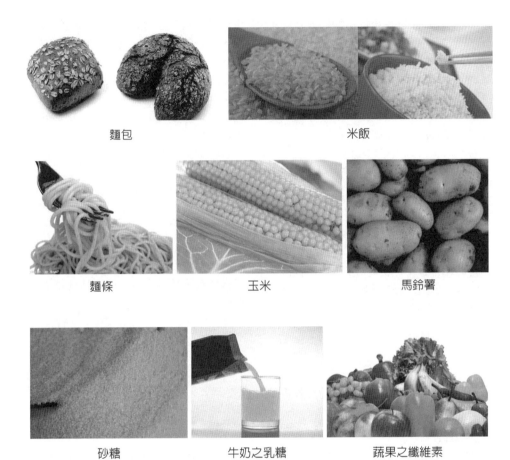

麵包　　　　　　　　　　　米飯

麵條　　　　　　玉米　　　　　　馬鈴薯

砂糖　　　　牛奶之乳糖　　　蔬果之纖維素

2-2 碳水化合物之生成及其角色

碳水化合物主要是由植物經光合作用產生，植物吸收日光之能量後，會將二氧化碳和水轉化成葡萄糖，葡萄糖在植物體內會聚合成澱粉來儲存能量，而人體在呼吸作用之代謝反應中，此能量會被釋放出來供細胞利用，生成之二氧化碳和水則會再回到環境中。

$$6CO_2 + 6H_2O + 能量 \underset{呼吸作用}{\overset{光合作用}{\rightleftarrows}} C_6H_{12}O_6 + 6O_2$$

飲食中之營養素是維持健康身體的重要因子，而碳水化合物是五大營養素之一，主要是來自植物性食物。一公克碳水化合物在體內氧化為二氧化碳與水，會釋放出約4大卡熱量，是生物體維持生命活動之主要能量來源，而含有大量碳水化合物之五穀雜糧也一直是人類賴以生存的主食。碳水化合物不僅是能量來源，也是體內其他化合物合成之原料，如葡萄糖可轉化為蛋白質、脂類和核酸等生命必需物質；此外，碳水化合物亦是生物體之結構成分，如纖維素是植物細胞壁之主要成分，另甲殼動物之外骨骼是由幾丁質所組成。

有些碳水化合物無法被人體消化道酵素分解，故不能作為能量供給源，此類稱為膳食纖維，如纖維素、果膠和菊糖等。膳食纖維雖不能提供熱量，但其能增加腸道及胃內之食物體積，可增加飽足感，又能促進腸胃蠕動，可舒解便秘症狀；同時膳食纖維也能吸附腸道中之有害物質將其排出，一般每日建議攝取量約為30克。

小博士 解說

膳食纖維通常分為水溶性及非水溶性膳食纖維兩大類，這兩者都不會被腸胃道所吸收。
1. 水溶性膳食纖維，對身體之益處及來源如下：
    (1)在腸胃道中會吸水膨脹，增加體積，讓人有飽足感，有助減肥。
    (2)可吸附膽鹽，降低血脂。
    (3)具平緩飯後血糖上升之效果，有助糖尿病患控制血糖。
    (4)具有預防高血壓、心臟病的效果。
    (5)主要來源：水果（含有果膠類）如蘋果、梨子、橘子和香蕉等；蔬菜類如馬鈴薯和番薯。
2. 非水溶性膳食纖維，對身體之益處及來源如下：
    (1)不會被腸胃道吸收，可促進腸胃蠕動。
    (2)可吸附人體代謝產生的毒素，減少有害物質危害。
    (3)具有預防結腸癌、直腸癌及治療便秘等功效。
    (4)主要來源：糙米、小麥麩和胚芽米等穀類、豆類、葉菜類及水果果皮等。

光合作用與呼吸作用共同維持碳循環

能量

光合作用

$H_2O + CO_2$

能量

碳水化合物 + O_2

呼吸作用

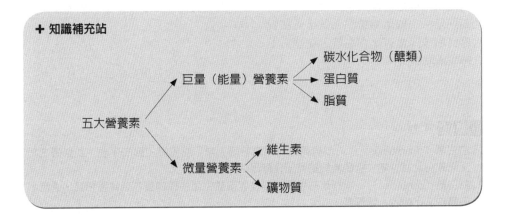

✚ 知識補充站

五大營養素 ─→ 巨量（能量）營養素 ─→ 碳水化合物（醣類）
　　　　　　　　　　　　　　　　─→ 蛋白質
　　　　　　　　　　　　　　　　─→ 脂質
　　　　　　　─→ 微量營養素 ─→ 維生素
　　　　　　　　　　　　　　─→ 礦物質

2-3 碳水化合物之分類

碳水化合物依聚合度不同可將其分成四類：

1. 單醣（monosaccharides）

構成醣類之最小單元，即不再被水解之醣分子，單醣是具有3～7個碳原子所組成之碳鏈，三個碳原子之單醣稱為丙醣（triose），四、五、六和七個碳原子之單醣分別稱為丁醣（tetrose）、戊醣（pentose）、己醣（hexose）和庚醣（heptose）。常見五碳醣有構成RNA之核糖及DNA之去氧核糖，而六碳醣則有重要能量來源之葡萄糖、水果含量甚多之果糖及牛奶乳糖之組成分半乳糖。

單醣之碳鏈其中一個碳會形成羰基（carbonyl group），其餘碳則帶有羥基（hydroxyl group）；若依官能基可分為醛醣（aldose）和酮醣（ketose），醛醣是末端碳上帶有醛基（如葡萄糖），而酮醣則是內部碳上帶有酮基（例如果糖）；故單醣之基本結構為多元羥基之醛或酮。

2. 雙醣（disaccharides）

由兩個單醣所組成，如蔗糖是由一個葡萄糖和一個果糖脫水聚合而成，而麥芽糖是由兩個葡萄糖脫水聚合而成，另乳醣則是由一個葡萄糖和一個半乳糖脫水聚合而成。當有水存在時，雙醣可被分解成兩個單醣。

3. 寡醣（oligosaccharides）

由3～10個單醣分子脫水聚合而成之聚合物，寡醣與膳食纖維一樣，皆無法被人體消化道酵素分解，但反而會成為腸道益生菌之益生質，會促進益生菌之繁殖，發揮整腸作用。如棉子糖（raffinose）是由葡萄糖、果糖及半乳糖脫水聚合而成；另水蘇糖（stachyose）則是由葡萄糖、果糖及二個半乳糖所組成，皆是腸道益生菌之營養素。

4. 多醣（polysaccharides）

由10個以上單醣分子所組成之聚合物，一般為較巨大之分子；多醣可分為同質多醣（homopolysaccharides）及異質多醣（hetropolysaccharides）兩種型態，前者由同一種單醣所聚合而成，如澱粉（starch)及纖維素（cellulose）是由葡萄糖分子所聚合而成；後者則是由不同之單醣所聚合而成，如關華豆膠（guar gum)及刺槐豆膠（locust bean gum）是由甘露糖（mannose）及半乳糖兩種不同的單醣所組成，只是比例不同；又如褐藻膠（algin）是由甘露糖醛酸（mannuronic acid）及古羅糖醛酸（glucuronic acid）兩種單醣所聚合而成。

小博士解說

1. 益生菌（probiotics）：可改善宿主（如動物或人類）腸內微生態的平衡，並對宿主有正面效益之微生物，包括乳酸菌和部分酵母菌。
2. 益生質（prebiotic）：能夠被益生菌利用並促進益生菌生長的食物或營養物質，通常不被體內消化吸收，如寡糖。

各類醣類之簡單化學結構

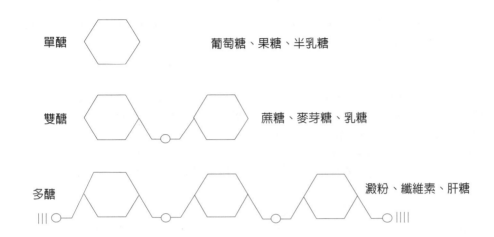

單醣　　　　　　　　　　　葡萄糖、果糖、半乳糖

雙醣　　　　　　　　　　　蔗糖、麥芽糖、乳糖

多醣　　　　　　　　　　　澱粉、纖維素、肝糖

各類醣類之水解產物

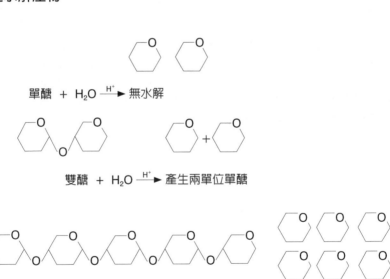

單醣　+　H$_2$O　$\xrightarrow{H^+}$　無水解

雙醣　+　H$_2$O　$\xrightarrow{H^+}$　產生兩單位單醣

多醣　+　許多H$_2$O　$\xrightarrow{H^+}$　產生許多單醣

2-4 單醣之結構

單醣爲多元羥基之醛或酮結構,常見描述單醣之結構有開環直鏈與環狀結構,而開環直鏈結構最常見是費雪投影法(Fischer projections),以二維平面方式來呈現三維結構,將官能基置於上方,利用水平線和垂直線勾勒出單醣構型,而醣類結構中具有不對稱性碳(chiral carbon),爲一鏡像分子。以六碳醛糖爲例,扣除上方之官能基及下方之主要羥基,會有四個不對稱碳原子,因此會有16(2^4)種不同排列方式而衍生出16個同分異構物,其中有8個D型和8個L型。

而D型和L型之判斷方式,以上方官能基之碳爲第一個碳,依此往下碳數漸增,依最大數值之不對稱碳原子上的羥基位置來判斷,羥基在右邊爲D型,在左邊則爲L型。以葡萄糖爲例,在第五個不對稱碳原子,羥基在右和左邊,分別爲D-葡萄糖和L-葡萄糖,而D-葡萄糖和L-葡萄糖互爲鏡像異構物,自然界存在之糖類大多爲D型。

哈氏結構(Haworth structure)則是最常見單醣環狀結構之表示方法,在正常情況下,單醣分子內之羰基會與羥基作用形成環狀結構,雖然羰基可能會與不同碳上之羥基發生反應,但以五或六碳醣所形成之五或六碳環最爲穩定,故五和六碳單醣是最主要之環狀結構。一般五碳環單醣稱爲呋喃糖(furanose),而六碳環單醣稱爲吡喃糖(pyranose)。

環狀結構之形成,自單醣官能基起第四或五碳之羥基會與羰基發生作用而生成分子內之環狀半縮醛(hemiacetal),此時第一個碳會生成新的羥基,而依羥基之立體位置不同又可分爲α型和β型,α型爲羥基在下,β型爲羥基在上。α型和β型之平衡狀態是透過直鏈結構而相互轉換,如D-葡萄糖在水溶液時,α或β型之環狀結構會打開,然後再重新閉合,此時僅有少量之直鏈結構,α型之D-葡萄糖約有36%,而β型之D-葡萄糖則約有64%。

小博士解說

1. 不對稱性碳:亦稱爲對掌性碳,是連有四種不同的原子或基團的碳原子。含有不對稱碳之立體異構物數目,可按下面的方式計算:
   若n是化合物中的不對稱碳原子的數目,則立體異構物數目 = 2^n
2. 半縮醛:縮醛結構是指兩個羥基接在同一個羰基上,若只接一個羥基稱爲半縮醛。

D型和L型糖之判斷

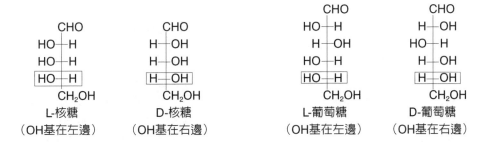

常見五和六碳之D系列醛醣

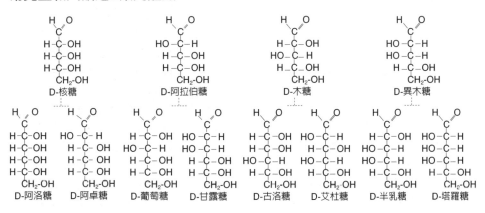

α型和β型葡萄糖之判斷

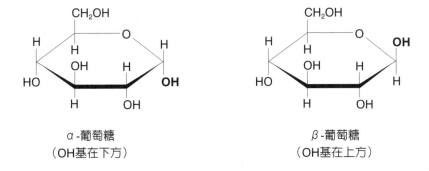

2-5 單醣之種類

單醣具有甜味，其結構中大都含不對稱性碳原子，故多具有旋光性，另單醣分子中含有多個羥基，故易溶於水。常見之單醣有葡萄糖、半乳糖及甘露糖為醛醣，另果糖則為酮醣，其個別特性分述如下：

1. 葡萄糖（glucose）

葡萄糖可溶於水，在水溶液旋光性向右，故又稱右旋糖（dextrose）；是自然界分布最廣且最為重要的一種單醣。一般可在水果、玉米糖漿和蜂蜜中發現，在糖果製造業和醫藥領域皆有廣泛應用。葡萄糖也是構成澱粉、肝糖和纖維素之基本單位。

葡萄糖是人體中最重要的醣類，血液中之血糖指的就是葡萄糖；亦是細胞之能量來源，過多之葡萄糖會儲存在肌肉及肝臟中，儲存在肝臟，則稱為肝糖，而過多之肝糖會轉換成脂肪儲存在體內，造成肥胖現象。當血液之葡萄糖量不足，肝糖便會被分解產生葡萄糖，作為細胞能量來源，一旦肝糖量不足以提供能量便會開始分解脂肪，這也是一般減肥之基本概念，減少能量之攝取（少吃），並增加能量之支出（多動），便可消耗堆積在體內之脂肪。

2. 半乳糖（galactose）

在自然界中不會單獨存在，哺乳動物乳腺中會產生乳糖，而半乳糖是乳糖之組成分，大量存在母乳及牛乳中。與葡萄糖結構上之主要差異為第四個碳上之羥基位置不同，半乳糖在體內會經由酵素轉換為葡萄糖供細胞利用，當此酵素缺乏時，則會導致半乳糖血症（galactosemia）。

3. 甘露糖（mannose）

甘露糖一般在自然界不會以游離狀態存在，通常會聚合而成甘露聚糖（mannosan），主要存在柑橘皮及種皮中。

4. 果糖（fructose）

是所有天然糖類中甜度最強的，在日常生活中經常可見，如蜂蜜和果實，另柿乾表面之白粉就是果糖；此外，果糖亦是蔗糖之水解產物。市售常見之高果糖糖漿（high fructose syrup）主要是澱粉水解成葡萄糖，再經由葡萄糖轉化酶（glucose isomerase）轉化而成。

雖然單雙醣及糖醇嘗起來都有甜味，但與人工甜味劑相比則仍差很多，常見之人工甜味劑包括阿斯巴甜（aspartame）、紐甜（neotame）、蔗糖素（sucralose）及糖精（saccharin）等。

小博士解說

維持血糖（血中葡萄糖）恆定之重要性

每天都要攝取各類含糖或澱粉的食物，這些食物在經過消化系統後，被轉化為葡萄糖進入血液。不過，人體中血糖的濃度通常會被控制在一定之範圍（70～110 mg/dL），僅在飯後一段時間內會暫時性升高，之後又會維持恆定。當血糖太低會造成低血糖症（hypoglycemia），造成大腦及肌肉缺乏葡萄糖，易頭昏甚而抽搐；而當血糖太高時易導致肥胖和糖尿病。

常見單醣之直鏈化學結構

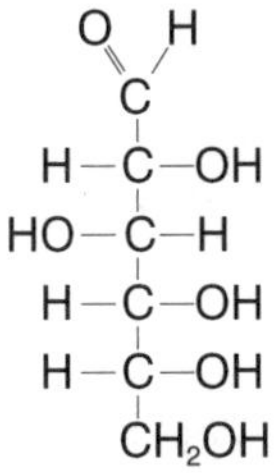

D-葡萄糖 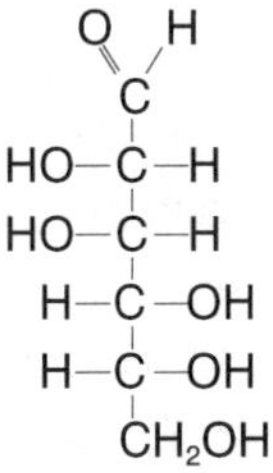　　　D-甘露糖 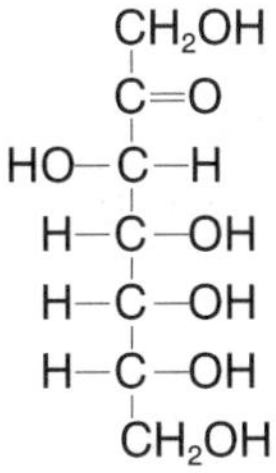　　　D-果糖 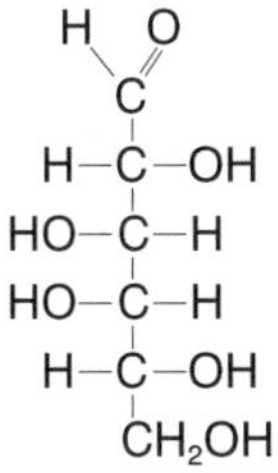　　　D-半乳糖

常見單雙醣及糖醇之相對甜度

糖種類	相對甜度
葡萄糖	75
果糖	175
半乳糖	30
甘露糖	59
轉化糖	126
蔗糖	100（參考標準）
麥芽糖	33
乳糖	16
海藻糖	45
山梨糖醇（sorbitol）	60
麥芽糖醇（maltitol）	80
木糖醇（xylitol）	100

✚ 知識補充站

人工甜味劑	製造方法	相對適度	備註
阿斯巴甜	由天門冬胺酸與苯丙胺酸甲基酯所製成	18,000	會產生苯丙胺酸，苯酮酸尿症患者不宜食用
紐甜	結構與阿斯巴甜相似，其胺基會額外連接烷基團	1,000,000	不會產生苯丙胺酸
蔗糖素	以氯原子取代蔗糖部分羥基而製成	60,000	不適合加熱，高溫加熱會產生有害物質
糖精	由鄰磺酸基苯甲酸與氨反應製造而得	45,000	有引起膀胱癌之疑慮，目前美國及臺灣可使用

2-6 雙醣之種類

雙醣是由兩個單醣所組合而成，易溶於水，具有甜味和旋光性，可結晶。常見之雙醣爲蔗糖、麥芽糖、乳糖及海藻糖，其個別特性分述如下：

1.蔗糖（sucrose）

即日常食用之砂糖，是人類使用最久之甜味劑，亦是食品工業重要之能量型甜味劑，廣泛存在於植物中，一般可由甘蔗和甜菜萃取而得。蔗糖是由一個葡萄糖分子與一個果糖分子以α-1,2鍵結而成，爲非還原糖，因其還原性官能基於鍵結時互相作用。另蔗糖經稀酸水解或轉化酵素作用，可產生葡萄糖及果糖的混合物，稱爲轉化糖（invert sugar）。蔗糖是食品甜味、顏色和發酵之重要來源。

2.麥芽糖（maltose）

易溶於水，甜味比蔗糖弱（約其1/3），是一種還原糖，由二個葡萄糖分子以α-1,4鍵結而成，是澱粉經β-澱粉酶（β-amylase）作用產生之產物，亦可由飯中的澱粉加上唾液澱粉酶的催化作用得到。麥芽糖存在於麥芽、花蜜、花粉及大豆植株的根、莖和葉柄。此外，啤酒生產所用之麥芽汁中主要之糖類就是麥芽糖。

3.乳糖（lactose）

只存在哺乳動物的乳汁或其加工產品中，故稱爲乳糖，甜度約爲蔗糖的五分之一，一般牛乳乳糖含量約4.6～5.0%，人乳約5～7%。乳糖是還原糖，主要由一個葡萄糖分子與一個半乳糖分子以β-1,4鍵結而成，進入到小腸後會被乳糖酶分解爲葡萄糖和半乳糖，若身體缺乏乳糖酶，則易導致乳糖不耐症。

4.海藻糖（trehalose）

是自然界動植物和微生物中廣泛存在的一種雙醣，由二個葡萄醣分子以α,α-1,1鍵結而成之非還原醣，此外，還有α,β-型的新海藻糖和β, β-型的異海藻糖兩種異構物，但在自然界中很少見。主要存在海藻類、蕈類、酵母、地衣及昆蟲中，又被稱爲蕈糖（mushroom sugar）。

小博士解說

1. 乳糖不耐症：人類體內缺乏乳糖酶，當飲用乳類會產生腹瀉、腹脹等症狀，稱爲乳糖不耐症。幼兒乳糖不耐症較少見，成年人乳糖酶之活性和數量不如幼兒，全球約65%之成年人會出現此症狀。此外，乳糖不耐症發生率與族群有很大相關，一般在東亞地區成年人約高達90%，而在北歐只有10%。

2. 如何避免乳糖不耐症：最根本的方法是限量食用奶製品，另可漸進誘導乳糖酶產生，初期以少量多次方式飲用牛乳，可刺激腸道內乳糖酶的活性並增加其數量，雖活性和數量不如幼兒期，但仍能有效幫助分解乳糖。此外，亦可食用經乳酸菌發酵之優酪乳或優格，因乳酸菌會分泌乳糖酶將部分之乳糖分解。

常見雙醣之結構

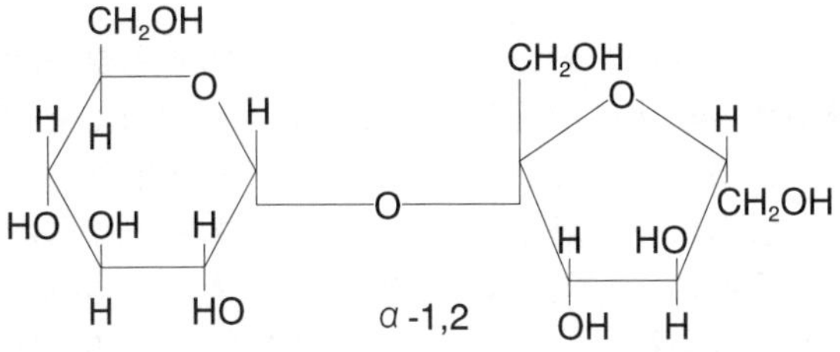

α-1,2

蔗糖

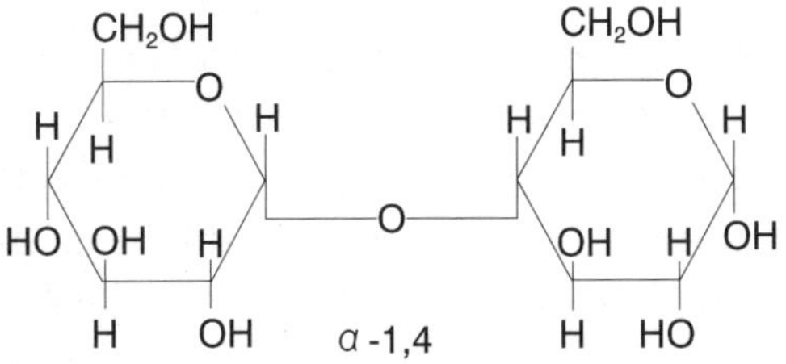

α-1,4

麥芽糖

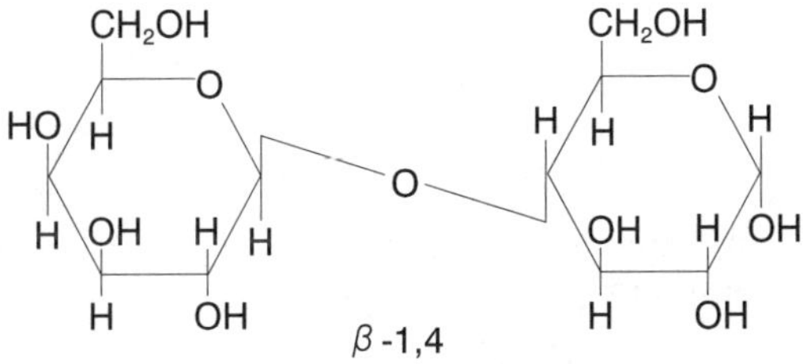

β-1,4

乳糖

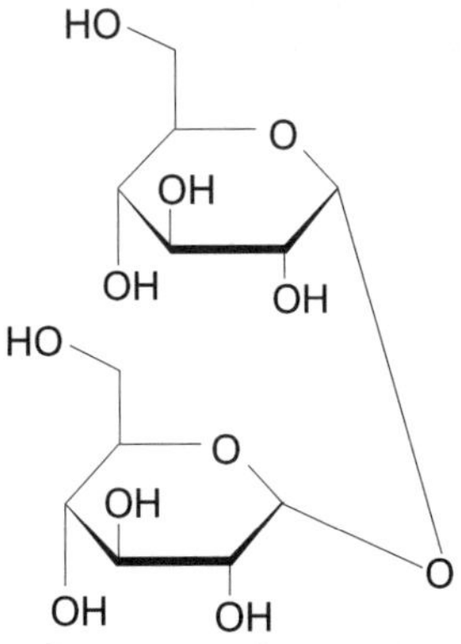

α,α-海藻糖

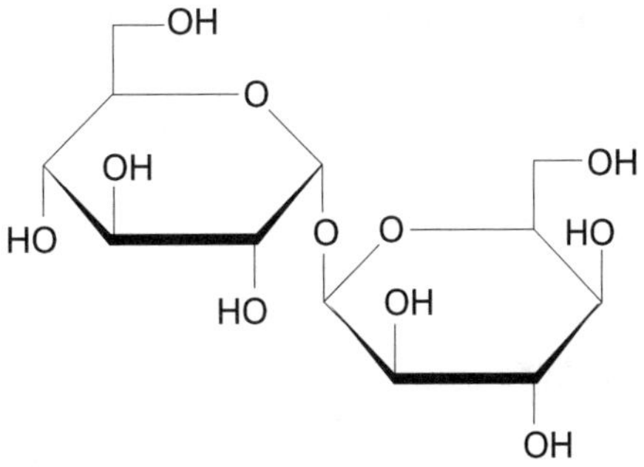

α,β-海藻糖

2-7 常見寡醣之種類

寡醣又稱低聚糖，由3～9個單醣分子聚合而成，在人體小腸內無法被消化分解，會進入大腸讓益生菌利用，因而會改變腸道生態，使人體消化道菌叢生態正常化，並增加益生菌數目。常見之寡醣有棉子糖、水蘇糖及寡果糖，其個別特性分述如下：

1. 棉子糖（raffinose）

棉子糖是由1個葡萄糖分子、1個果糖分子和1個半乳糖分子所鍵結而成之非還原性三醣；主要存在於棉籽、甜菜、豆科植物種子、馬鈴薯及各種穀物糧食等，而工業上生產棉子糖主要有從甜菜糖蜜和棉籽萃取兩種方式。棉子糖可促進雙歧桿菌和乳酸桿菌等益生菌之繁殖，並有效抑制腸道有害菌之生長，以建立健康的腸道菌群環境。

2. 水蘇糖（stachyose）

水蘇糖是由1個葡萄糖分子、1個果糖分子和2個半乳糖分子所鍵結而成之四醣。可從水蘇屬植物如地靈和羅漢茱中萃取，屬於功能性低聚糖，不被人體消化道酵素分解。水蘇糖具有較強的耐高溫及耐酸性，可作為雙歧桿菌之益生質，能迅速改變人體消化道菌叢生態。

3. 寡果糖（fructooligosaccharide, FOS）

寡果糖又稱低聚果糖或蔗果三醣族寡糖，後者稱呼主要是因為蔗糖分子之果糖殘基會經由β-1,2-糖苷鍵連接1～3果糖分子而形成蔗果三、四和五醣組成之混合物。寡果糖多存在於天然植物中，包括菊芋、蘆筍、洋蔥、大蒜、牛蒡及某些草本植物，可作為雙歧乳酸桿菌之益生質及難消化之低熱量甜味劑，具有可促進腸胃功能及抗齲齒等功用，近年來備受業界重視和開發。目前在日本和歐洲已將寡果糖廣泛應用於乳製品、乳酸飲料、烘焙食品及飲料中。

4. 環狀糊精（cyclodextrin, CD）

環狀糊精是由6個以上之D-葡萄糖以α-1,4糖苷鍵連接而形成之環狀寡醣，主要是由環狀糊精葡萄糖基轉移酶（cyclodextrin glucanotransferase）作用於澱粉所產生。常見之環狀糊精有α-環狀糊精（α-CD）、β-環狀糊精（β-CD）和γ-環狀糊精（γ-CD）三種，組成之葡萄糖數目分別為6、7和8個。環狀糊精藉由包覆各種化合物分子，可用於食品、香料和醫藥等方面，增加易受氧化和光分解物質之穩定性，另對揮發性香料具有保護作用；此外，環狀糊精可吸附異味和苦味，進而將其加以去除。

小博士解說

為何吃豆類易產生脹氣？

因豆類富含棉子糖，當其進入體內後，由於無法被消化道酵素分解利用，會直接進入到大腸被產氣菌分解利用，因而產生脹氣，此乃為何吃豆類會有脹氣的原因。

常見寡糖之結構

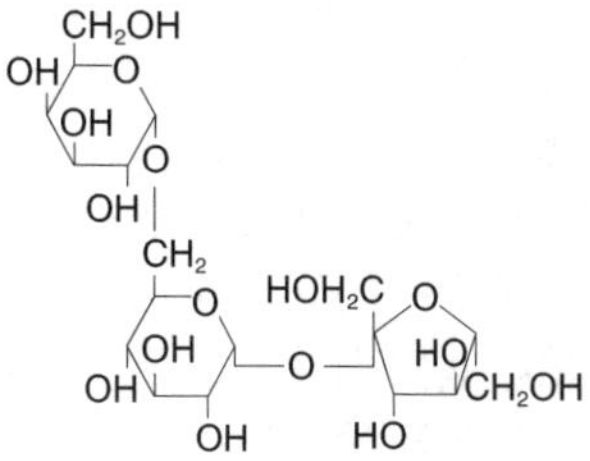

棉子糖

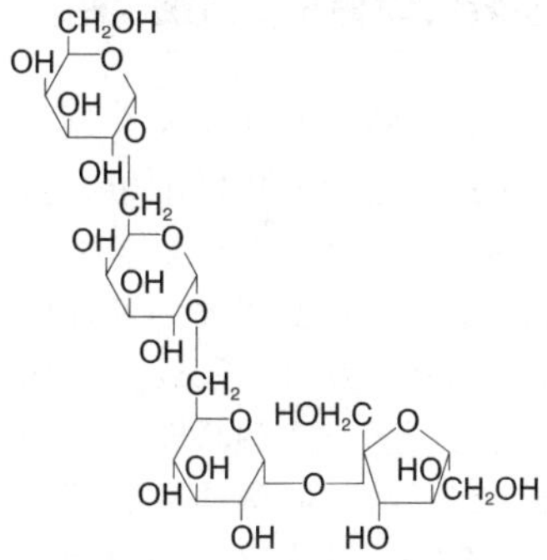

水蘇糖

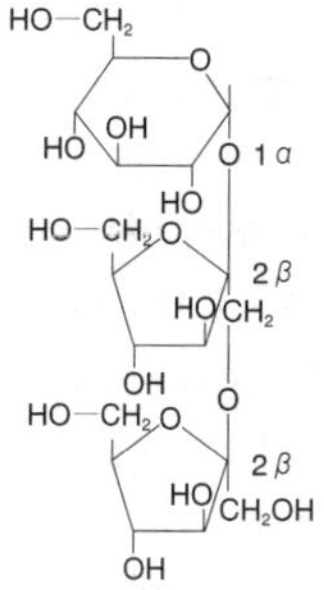

蔗果三醣 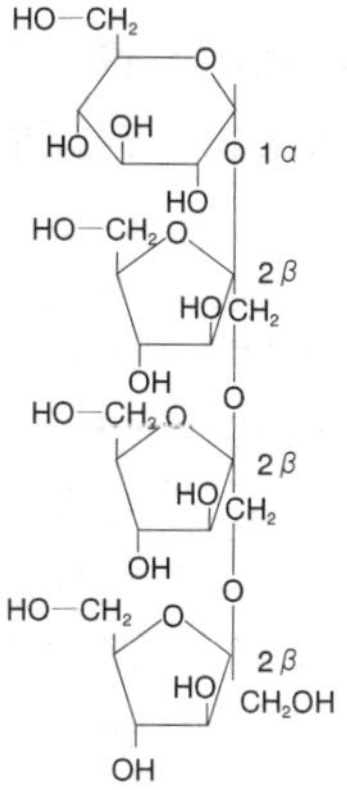　　蔗果四醣 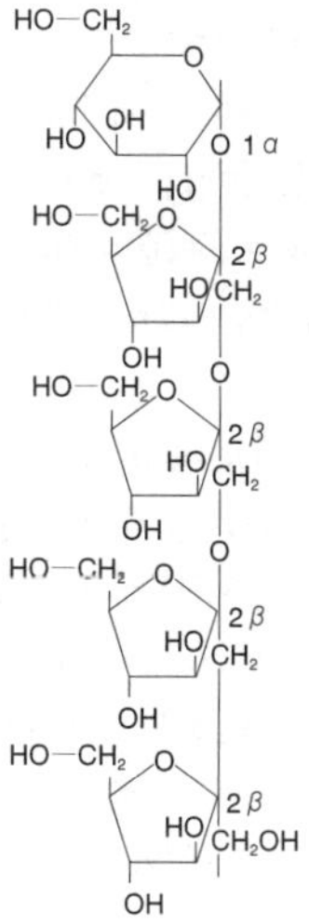　　蔗果五醣

三種主要類型環糊精的化學結構

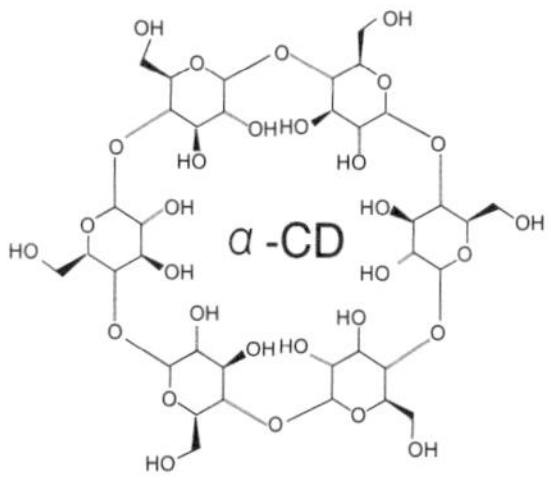

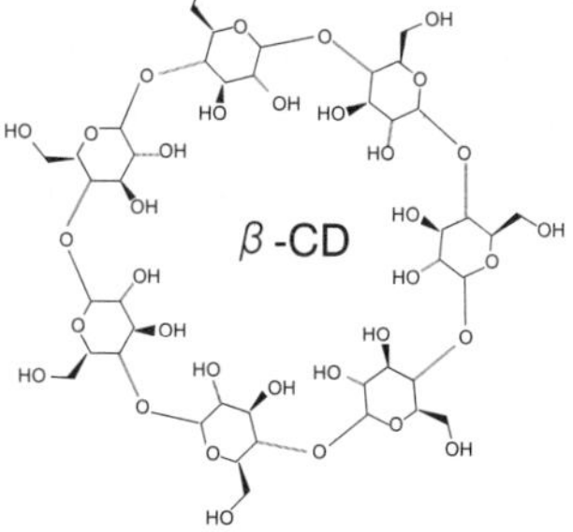

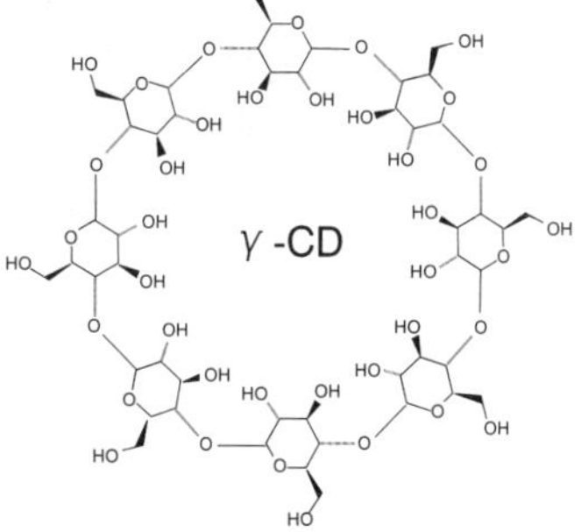

α-CD　　β-CD　　γ-CD

2-8 常見多醣之種類

多醣是由許多單醣所形成之聚合物，又稱為聚醣（glycan），若是由單一種之單醣所組成，會將醣類英文字尾之「ose」改為「an」，如澱粉僅由葡萄糖所構成，故亦可稱之為「glucan」（葡聚醣）。常見之多醣有直鏈澱粉、支鏈澱粉、纖維素和肝糖，而這些多醣都是D-葡萄糖之聚合物，其中之差異為糖苷鏈之形式與聚合物中分支之多寡。其個別特性分述如下：

1. 直鏈澱粉（amylose）

澱粉（starch）是植物儲存葡萄糖之形式，通常由直鏈澱粉和支鏈澱粉兩種類型之多醣組合而成。直鏈澱粉一般約由250～4,000個D-葡萄糖以α-1,4-糖苷鏈鍵結而成。

2. 支鏈澱粉（amylopectin）

支鏈澱粉亦是以D-葡萄糖為基本結構，經由α-1,4及α-1,6兩種糖苷鏈鍵結而成。其結構為樹枝狀，含主鏈及分支側鏈結構，這兩者之直鏈部分都是以α-1,4鍵結，僅主鏈和支鏈分支點上以α-1,6鍵結，主鏈約相隔20～25個葡萄糖分子，便會形成分支側鏈結構。支鏈澱粉之分子量遠大於直鏈澱粉。

3. 肝糖（glycogen）

是一種儲存在動物肝臟或肌肉之葡萄糖聚合物，亦稱為動物澱粉。結構與植物之支鏈澱粉類似，主鏈是D-葡萄糖以α-1,4鍵結，主鏈和支鏈分支點上亦以α-1,6鍵結，只是肝糖具有更多分支，約相隔10～15個葡萄糖分子，會有1個分支側鏈結構。

4. 纖維素（cellulose）

纖維素是自然界存在最大量之多醣，與直鏈澱粉相同之處是皆由D-葡萄糖以直鏈狀連接而成，主要不同為鍵結方式不同，直鏈澱粉是以α-1,4鍵結，而纖維素是以β-1,4鍵結。人體因沒有分解纖維素之酵素，故無法利用它；但纖維素之衍生物可應用在食品加工上，如羧甲基纖維素（carboxymethyl cellulose, CMC）可作為增稠劑，在果醬或番茄醬添加，可增加黏度；另其會吸水膨脹，有飽食感，故有業者作為減肥食品之增量劑。

5. 其他多醣

除上述四種多醣外，另在食品工業作為食品膠體（food gums）或水合膠體（hydrocolloid）之最主要來源亦為多醣，這些多醣之特性為含有大量羥基，具有強的親水性，易於水合和溶解，故可作為增稠劑或凝膠劑。多醣之水合膠體主要有植物、藻類及微生物等來源，植物來源除上述澱粉和纖維素外，還包括果膠、種子膠（如關華豆膠和刺槐豆膠）、植物滲出物（如阿拉伯膠）；另海藻膠則有洋菜（agar）、紅藻膠（鹿角菜膠，carrageenan）和褐藻膠（align）等；此外，微生物膠主要有三仙膠（xanthan）。一般使用水合膠體之濃度不用太高（約0.25～0.5%），即能產生極大的黏度，甚至形成凝膠。

直鏈澱粉結構

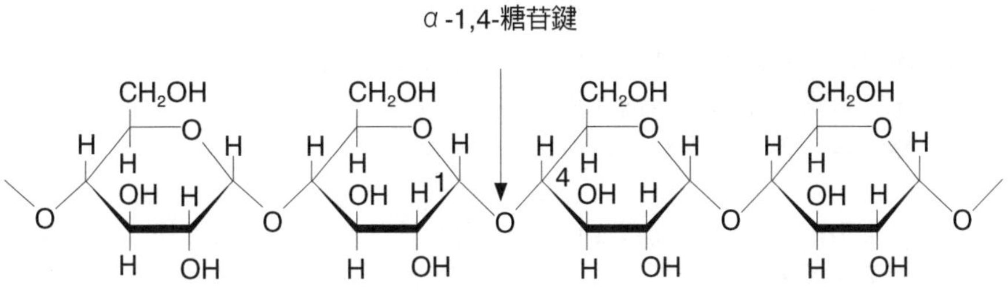

α-1,4-糖苷鍵

支鏈澱粉及肝糖結構

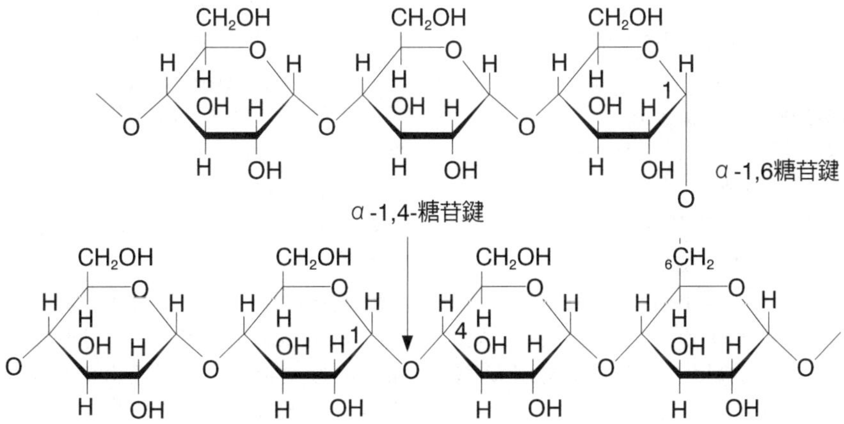

α-1,6糖苷鍵

α-1,4-糖苷鍵

纖維素結構

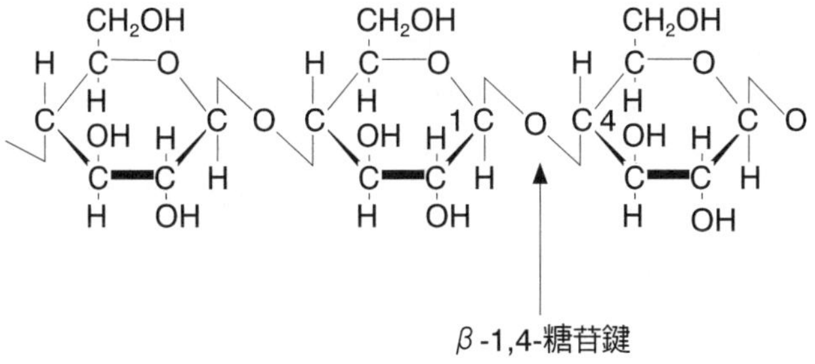

β-1,4-糖苷鍵

2-9 常見之多醣水合膠體

多醣之所以能作為水合膠體，主要是因其加入後，會與大量水結合而改變水溶液之流變性質。而形成之膠體溶液主要功能有二種，一是增稠作用：當多醣分子加入後不會形成或較少交聯作用，僅吸收水而限制溶液之流動性，會使黏度增加，此即為增稠作用。另一是凝膠作用：當多醣分子加入後會形成較多交聯作用，如形成三維網狀結構（three-dimensional network），此即為凝膠作用。

常見之多醣水合膠體有下列幾種（果膠於下一單元介紹）：

1. 關華豆膠（guar gum）

關華豆膠亦稱為瓜爾膠（guaran），由關華豆（瓜爾豆）種子中萃取而得，是一種聚半乳甘露糖，甘露糖和半乳糖比例約為2：1，屬於不帶電之中性多醣。關華豆膠易水合產生高黏度，本身不會凝膠，在食品之主要用途為增稠劑，如沙拉醬。常與其他食用膠如CMC、紅藻膠及三仙膠複合使用，以促進凝膠強度。

2. 刺槐豆膠（locust bean gum）

由刺槐樹（角豆樹）之種子萃出而得之聚半乳甘露糖，甘露糖和半乳糖比例約為4：1。與關華豆膠一樣，屬不帶電之中性多醣、本身不會凝膠且可與其他食用膠複合使用，在食品之用途為增稠劑及安定劑，可用冰淇淋、沙拉醬、果醬及蛋糕等。

3. 洋菜（agar）

洋菜存在於石花菜及龍鬚菜中，又稱瓊脂，可作為微生物培養基，其特性為具熱可逆性，是一種穩定之凝膠。在食品之主要用途為可製作布丁、果凍、茶凍和咖啡凍等。

4. 紅藻膠（carrageenan）

紅藻膠亦稱為鹿角菜膠，是由紅藻萃取而得含硫酸基之聚半乳多醣，常見有κ、ι及λ三種類型，在二半乳糖單位中分別含有1、2及3個硫酸基。κ-紅藻膠在鉀離子存在下，會形成較硬且不透明之凝膠；ι-紅藻膠在鈣離子存在下，會形成透明且富彈性之凝膠；λ-紅藻膠具有良好增稠性但不會凝膠。

5. 褐藻膠（align）

褐藻膠是由褐藻萃取而得之多醣，商品褐藻膠大多以褐藻酸（alginic acid）之鈉鹽形式存在，主要由D-甘露糖醛酸（D-mannuronic）和L-古洛醛醛酸（L-guluronic acid）組合而成之聚合物。褐藻酸分子之L-古洛糖醛酸易與鈣離子作用，形成類似蛋盒（egg box）結構之凝膠。

6. 三仙膠（xanthan）

三仙膠是一種微生物多醣，可溶於冷水或熱水中，於低濃度下即可形成高黏度之溶液，安定性高，不易受溫度、pH值和其他鹽類影響。在食品之用途非常廣，可作為增稠劑及安定劑，如添加於冰淇淋或番茄醬中。

多醣膠體之主要功能

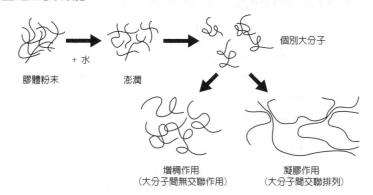

膠體粉末　　　　澎潤

+ 水

個別大分子

增稠作用
（大分子間無交聯作用）

凝膠作用
（大分子間交聯排列）

關華豆膠與刺槐豆膠之組成分子

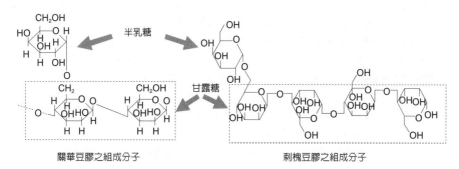

半乳糖

甘露糖

關華豆膠之組成分子

刺槐豆膠之組成分子

褐藻酸鹽與鈣離子形成類蛋盒凝膠

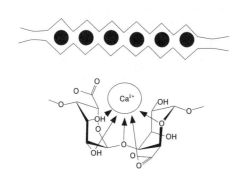

Ca^{2+}

紅藻膠之三種常見類型

OSO_3^-　CH_2OH

$κ$-紅藻膠

OSO_3^-　CH_2OH

OSO_3^-

$ι$-紅藻膠

CH_2OH　OSO_3^-

R　^-O_3SO

^-O_3SO

$λ$-紅藻膠

2-10 果膠之結構及其凝膠機制

果膠是存在高等植物細胞壁之黏合性物質，是異質多醣，主要是由半乳糖醛酸及其甲基酯衍生物所聚合而成，另含有少量之鼠李糖（rhamnose）及其他中性糖（如半乳糖、阿拉伯糖及木糖）。果膠質存在於植物中，以蔬菜和果實含量較多，尤其以柑橘及蘋果為主要來源。

果膠依甲基酯化程度不同可分為三種類型：

1. 原果膠（protopectin）

存在於未成熟的蔬果中，分子量較大、甲基酯化比例較高之果膠質多醣，不溶於水，質地較硬。

2. 果膠酯酸（pectinic acid）

於水果成熟過程，果膠酯酶（pectin esterase）會將半乳糖醛酸上之甲基酯水解，使甲基酯化比例下降，原果膠會轉變成水溶性較高之果膠酯酸；而此時聚半乳糖醛酸酶（polygalacturonases）會作用在去甲基酯之位置，使其分子量由大變小，而水果質地會由硬變軟。

3. 果膠酸（pectic acid）

果膠若經果膠酯酶持續作用，會使甲基酯慢慢被去除，最終變成完全不含甲基酯化之聚半乳糖醛酸；而聚半乳糖醛酸酶亦持續作用降解，使水果過熟，組織嚴重軟化且汁液滲出。

果膠主要是以果膠酯酸為主，半乳糖醛酸上會有不同程度之甲基酯（甲氧基），而依甲氧基程度高低可分為高甲氧基果膠（高於7%）和低甲氧基果膠（低於7%）。此時之果膠在特定條件下是可以凝膠，而原果膠及果膠酸則無法凝膠。下列分別就高及低甲氧基果膠之凝膠機制加以說明：

(1) 高甲氧基果膠（high methoxyl pectin, HMP）

高甲氧基果膠所含羧基較少，甲氧基較多，其凝膠條件為pH值須降至2.8～3.5，以確保羧基不解離，才能使果膠分子間形成較多之氫鍵鍵結。此時還需加入60～65%以上的糖，以降低果膠與水之作用力，以促進凝膠之形成。故高甲氧基果膠需在具有足夠糖和酸之條件下才能凝膠，又稱糖-酸-果膠凝膠。

(2) 低甲氧基果膠（low methoxyl pectin, LMP）

低甲氧基果膠所含甲氧基較少，羧基較多，故不必刻意調整pH值，但需加入二價的金屬離子，如鈣或鎂等，則二價金屬離子會和已解離之羧基離子形成架橋作用，有助於成膠之堅實性。因此，可利用此法來製作低糖果醬。

果膠之主要用途是利用凝膠製作果醬及果凍，不同酯化程度之果膠需依特定之方式，才能滿足不同之要求。此外，果膠還可作為增稠劑和安定劑，如可作為飲料和冰淇淋的安定劑與增稠劑。

果膠依甲基酯化程度不同可分為三類

	原果膠	果膠酯酸	果膠酸
成熟度	未成熟	成熟	過熟
溶解度	不溶於水	膠狀的	溶於水
凝膠性	無法凝膠	可凝膠	無法凝膠
甲基酯含量	非常多	中等	幾乎沒有
質地	硬	適中	軟

高及低甲氧基果膠之凝膠條件

	高甲氧基果膠	低甲氧基果膠
甲氧基含量	7%以上	7%以下
甲基酯化程度	55~75%以上	50%以下
凝膠條件	酸（pH值2.8~3.5）、糖（60~65%以上）	二價金屬離子（鈣或鎂）

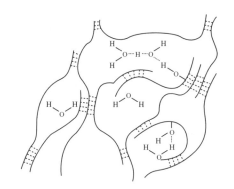

高甲氧基果膠凝膠機制

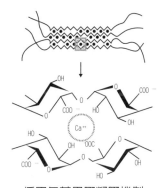

低甲氧基果膠凝膠機制

原果膠、果膠酯酸及果膠酸之結構

(a) 原果膠及果膠酯酸

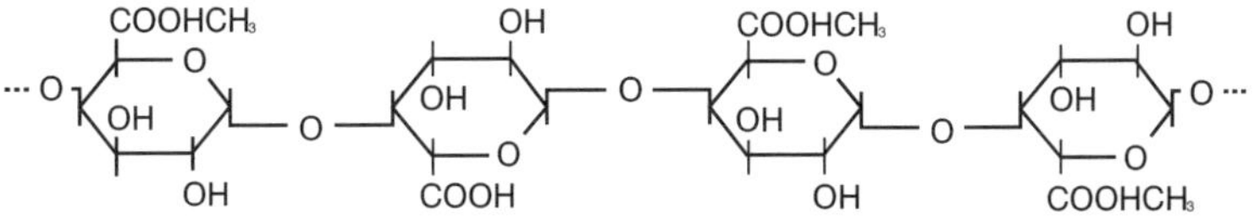

(b) 果膠酸

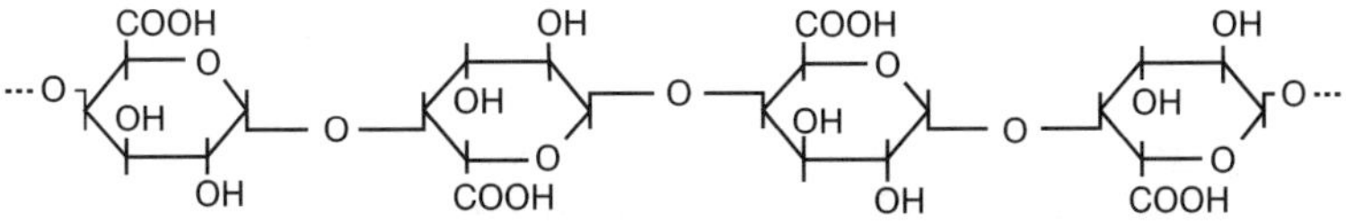

第3章
脂類

孫藝玫

3-1 脂類分類與油脂結構

油脂可增加食物的口感及外觀，而人體需要脂類，除供給能量外，其他生理功能包括儲存能量、攜帶脂溶性維生素（如維生素A、D、E、K）、細胞膜以及膜的訊息傳導構成成分。油脂中的必需脂肪酸，是人體所需要但是無法合成或合成量不足的脂肪酸，一定要由食物中獲取，否則會造成缺乏症，因此脂質不僅對食品重要，也是重要的營養素。

脂類分類

脂類大致可以分為膽固醇、中性脂肪（三酸甘油酯）、磷脂質、游離脂肪酸等四類，但是食用脂類（lipids）一般是依其在常溫的狀態分為油（oil）或脂（fat）二類，也可依其來源為動物或植物而分類。

1. 油：常溫下為液態，多為植物性油脂，含較多不飽和脂肪酸，如：大豆油、花生油、葵花油、芥子油、橄欖油。

2. 脂：常溫下為固態，多為動物性油脂，含較多飽和脂肪酸，如：豬油、奶油、可可脂（植物性）。

油脂中的必需脂肪酸是人體所需要但是無法合成，或是合成量不足的脂肪酸，一定要由食物中獲取，否則會造成缺乏症。而人體所需的必需脂肪酸包括n6（或ω6）系列之亞麻油酸（C18:2）與n3（或ω3）系列之次亞麻油酸（C18:3），必須由飲食中獲取。

油脂結構

脂質種類依結構分可為疏水性或雙親性（兼具親水性與疏水性），某些脂質因為其雙親性的特質，能在水溶液環境中形成囊泡、脂質體或膜等構造。生物體內的脂質若依酮酸基與異戊二烯脂質的不同來分，約可分為八類，但一般只分類成單純脂質與複合脂質二類。

1. 單純脂質

單純脂質為三酸甘油脂結構，即由三分子脂肪酸（fatty acid）與一分子甘油（glycerol）結合而成。脂肪酸的不同使不同油脂有不同的性質。

2. 複合脂質

(1) 卵磷脂：卵磷脂（lecithin）屬於一種複合物，是存在於動植物組織以及卵黃之中的一種黃褐色的油脂性物質，其構成成分包括磷脂、膽鹼、脂肪酸、甘油、糖脂、甘油三酸酯及磷脂（如磷脂醯膽鹼、磷脂醯乙醇胺和磷脂醯肌醇）。卵磷脂可加入巧克力中，當作防止可可粉（cocoa）和可可油（cocoa butter）發生分離的乳化劑，所以可知卵磷脂會被用到許多天然乳化劑或潤滑劑的物質或藥物中。也有研究顯示，大豆來源的卵磷脂對於降低血液中之膽固醇和甘油三酸酯水平以及增高高密度脂蛋白具有顯著的效果。

(2) 固醇類：固醇類（又稱為類固醇，steroid）是屬於脂類的一類，特徵是有一個四環的母核。所有固醇類都是從乙醯輔酶A生合成路徑所衍生的。不同的固醇類附在其環上的官能團有所不同，但其基本結構都是一個相同的結構。

三酸甘油酯（triglyceride），R_1、R_2、R_3代表三個分子去掉-OH基的脂肪酸或-H基

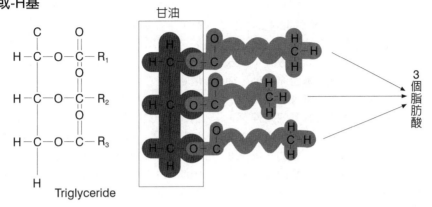

Triglyceride

卵磷脂

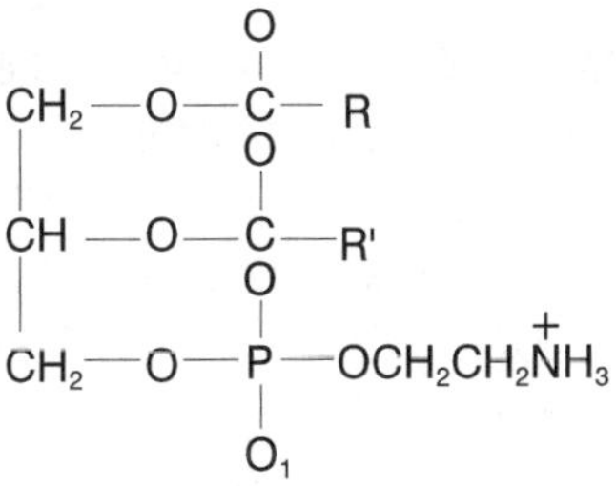

$$CH_2-O-\overset{\overset{\textstyle O}{\|}}{C}-R$$
$$CH-O-\overset{\overset{\textstyle O}{\|}}{C}-R'$$
$$CH_2-O-\overset{\underset{\textstyle O_1}{|}}{P}-OCH_2CH_2\overset{+}{N}H_3$$

α-腦磷脂

$$CH_2-O-\overset{\overset{\textstyle O}{\|}}{C}-R$$
$$CH-O-\overset{\overset{\textstyle O}{\|}}{C}-R'$$
$$CH_2-O-\overset{\underset{\textstyle O_1}{|}}{P}-OCH_2CH_2\overset{+}{N}(CH_3)_3$$

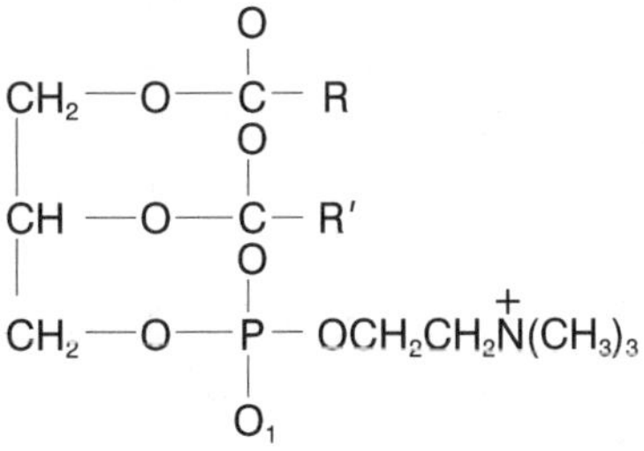

α-卵磷脂

固醇類

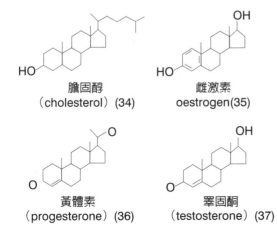

膽固醇
（cholesterol）(34)

雌激素
oestrogen(35)

黃體素
（progesterone）(36)

睪固酮
（testosterone）(37)

在中國大陸固醇類被稱為甾體（甾，音義同災），形象化地表述了這類化合物共通的結構特徵：三條雙線代表三條支鏈，「田」字形代表四個環。

3-2 脂肪酸結構（一）

飲食中之油脂以三酸甘油酯為主，占95%以上。基本化學結構是一分子甘油（glycerol）與三分子脂肪酸（fatty acids）接合。每個油脂都含有甘油，而油脂的特性主要取決於所含的脂肪酸，不同的脂肪酸使油脂擁有不同的性質，所以食用油如植物來源的玉米油、橄欖油、花生油、芝麻油、大豆油、葵花油等，與動物來源的豬油、奶油等，都有不同的特性與風味。以下，先了解一下脂肪酸的不同。

1. 脂肪酸之命名

脂肪酸的構成元素主要是碳、氫、氧。分子的骨架是由碳原子串連而成，碳元素以C代表，一端為甲基（CH3-），另一端為酸（-COOH），碳原子之間以共價鍵相接，中間的碳原子上都連接有兩個氫原子。即基本結構為一連串的碳分子（C）與氫分子（H）的連結，於一端接以酸基（-OOH）。

2. 脂肪酸之分類

脂肪酸之分類是以碳數或碳鏈長度來分。天然的脂肪酸分子所含的碳原子個數通常為偶數，以Cn表示，C代表碳原子，n代表碳原子的數目。脂肪酸依照碳數可分為短鏈、中鏈與長鏈三類。碳鏈越長，在室溫下越容易凝固而呈固態。

碳原子之間如果全部以單鍵（C-C）結合，就稱為「飽和脂肪酸」；如果有雙鍵（C=C），就稱為「不飽和脂肪酸」。脂肪酸之雙鍵數目可以符號Cn:x表示，n為碳原子個數，x為雙鍵個數。如C18:2表示18個碳的不飽和脂肪酸有2個雙鍵。

不飽和脂肪酸又可以依照雙鍵個數分為「單元不飽和脂肪酸」與「多元不飽和脂肪酸」兩類。單元不飽和脂肪酸含有一個雙鍵，多元不飽和脂肪酸含有兩個或以上的雙鍵。雙鍵越多表示飽和度越低，或越不飽和。油脂含不飽和脂肪酸越多，室溫下呈液體狀態，含飽和脂肪酸越多，則為固體型態。脂肪酸的碳鏈越長，在室溫下也越容易為固態。

3. 食物中的飽和（saturated）與不飽和（unsaturated）脂肪酸

食物中的脂肪酸，主要來自穀物如玉米、大豆等，或動物性油脂，如牛奶、乳酪、肉類的脂肪等。一般將脂肪酸依其結構分成四大類：

(1) 飽和脂肪酸（saturated fatty acids）：主要存在動物製品中，例如全脂奶、起司、牛、羊、豬肉等。植物方面，例如椰子油、棕櫚油等。

(2) 多元不飽和脂肪酸（polyunsaturated fatty acids）：多元不飽和脂肪酸可分亞油酸（Omega-6）及亞麻酸（Omega-3），主要存在於芥花籽、玉米、黃豆、葵花籽油及一些魚油內。多元不飽和脂肪酸又稱必需脂肪酸。

脂肪酸之名稱與其主要食物來源

1.飽和脂肪酸

中文名稱	英文名稱	碳數	雙鍵數	天然食物來源
酪酸	Butyric acid	4	0	乳汁
己酸	Caproic acid	6	0	乳脂、棕仁油
辛酸	Caprylic acid	8	0	乳脂、棕仁油
癸酸	Capric acid	10	0	乳脂、棕櫚油
月桂酸	Lauric acid	12	0	椰子油、棕仁油
肉豆蔻酸	Myristic acid	14	0	椰子油、一般油脂
棕櫚酸	Palmitic acid	16	0	一般植物油脂
硬脂酸	Stearic acid	18	0	一般動植物油脂
花生酸	Arachidic acid	20	0	一般動植物油脂
山酸	Behenic acid	22	0	一般動植物油脂
二十四脂酸	Lignoceric acid	24	0	一般動植物油脂

2.不飽和脂肪酸

中文名稱	英文名稱	碳數	雙鍵數	天然食物來源
肉豆蔻烯酸	Myristoleic acid	14	1	乳脂
棕櫚烯酸	Palmitoleic acid	16	1	乳脂、魚油、種籽
油酸	Oleic acid	18	1	橄欖油、一般動植物油脂
鱈烯酸	Gadoleic	20	1	魚油
芥子酸	Erucic acid	22	1	菜籽油
亞麻油酸	Linoleic acid	18	2	一般植物油
次亞麻油酸	Linolenic acid	18	3	亞麻子油、芥花油
花生油酸	Arachidonic acid	20	4	一般動物油脂
二十碳五烯酸	Eicosapentanoic acid (EPA)	20	5	魚油
二十二碳六烯酸	Docohexanoic acid (DHA)	22	6	魚油

3.各類不飽和脂肪酸之食物來源（甲基端又稱為n或ω端）

族類	脂肪酸	碳數	雙鍵數	天然食物來源
n3、ω3	次亞麻油酸	18	3	黃豆油、芥花油、堅果
	EPA	20	5	魚
	DHA	22	6	魚
n6、ω6	亞麻油酸	18	2	一般植物油
	花生油酸	20	4	一般動物組織與油脂
n9、ω9	油酸	18	1	一般植物油

3-3 脂肪酸結構（二）

(3) 單元不飽和脂肪酸（monounsaturated fatty acids）：主要存在於橄欖油、花生油及芥花籽油中。此種脂肪酸有助降低體內低密度膽固醇（low density lipoprotein, LDL；俗稱壞膽固醇），而不會影響高密度膽固醇含量。

(4) 反式脂肪酸（trans fatty acids）：植物油如大豆油、葵花籽油、棉子油以及部分動物脂肪和魚油等，多含高度不飽和脂肪酸（polyunsaturated fatty acids），其油質特性是較不穩定且容易氧化，所以有時會經氫化（partial hydrogenated）的加工處理，使之成為較穩定的半固態或固態油脂，如人造牛油（margarine）及白油（shortening）等。

經部分氫化的油脂會從高度不飽和脂肪酸（polyunsaturated fatty acids）轉化為不易氧化的飽和脂肪酸（saturated fatty acids），但同時也有可能會產生反式脂肪（trans fat）。反式脂肪可分為共軛與非共軛構造，天然存在的反式脂肪為共軛性脂肪，並不具健康方面的負面效應。高溫精製油脂也會有反式脂肪產生，但與人造加工的部分氫化油脂相比較，仍屬微量。

依我國現行法規規定，反式脂肪的定義係指食品中非共軛反式脂肪（酸）之總和。此部分定義包括上述之天然存在、精製過程中產生及部分氫化過程產生之三種來源。

人造的反式脂肪被認為是比飽和脂肪更不健康的脂肪，一些國家和地區已經禁止在食品中使用部分氫化植物油，許多國家要求食品製造商必須在產品標示上註記反式脂肪的含量，或如美國即將正式全面禁用部分氫化植物油於食品中。我國衛福部則於2015年9月7日發布食用氫化油衛生標準草案，擬訂於三年後部分氫化油不得使用於食品中，對於天然存在與精製過程中產生之反式脂肪以及不產生反式脂肪之完全氫化油則未限制。

各式油品的飽和脂肪酸與單元及多元不飽和脂肪酸的含量

油品種類	飽和脂肪酸	單元不飽和脂肪酸	多元不飽和脂肪酸
大豆油	14～15	22～25	57～63
花生油	13～19	42～50	29～36
玉米油	12～15	24～27	54～61
芥花油（菜籽油）	6～7	57～63	28～32
橄欖油	14	70～72	11～14
葡萄籽油	12	15	73
葵花籽油（>70%油酸）	10	83	4
葵花籽油（<60%亞麻酸）	10	45	40
棉子油	25～28	17～18	51～54
芝麻油	31～15	41	44～45
亞麻籽油	6～9	10～22	68～89
棕櫚油（油棕）	49～51	37～39	9～10
豬脂	38	44～48	10～14
牛脂	46～51	42～44	4～10
羊脂	54	36	10
雞脂	31	48	21
深海魚油	28	23	49
奶油	67	29	4

反式脂肪結構

飽和脂肪	「順式」不飽和脂肪酸	「反式」不飽和脂肪酸
飽和的碳原子（每個碳原子與2個氫原子結合）以單鍵連接	不飽和的碳原子（每個碳原子與1個氫原子結合）以雙鍵連接，「順式」結構	不飽和的碳原子（每個碳原子與1個氫原子結合）以雙鍵連接，「反式」結構

3-4 油脂的化學變化（一）

脂質自氧化作用（lipid autoxidation）是一種自由基連鎖反應（free radical chain reaction），反應的發生是由於不飽和脂肪酸因輻射作用、助氧化劑或酵素的存在，促使不飽和的雙鍵與氧分子結合，進行連鎖的化學反應，而使食用油脂產生醛、酮及低級脂肪酸等揮發性物質的不良結果，以致產生油耗味，影響食品風味。整個反應可分為三個階段，即：開始期（initiation stage）、連鎖生長期（propagation stage）、終止期（termination stage）。

脂質的自氧化包括的現象很多，其中也涵蓋脂質受到活性氧（如：單態氧）氧化，所形成的超氧化物影響。單態氧（又名單重氧、單線態氧，singlet oxygen）是一種自由基氧（free oxygen radicals），屬反應性氧族（reactive oxygen species, ROS），不如分子氧的三重基態（triplet oxygen）穩定。

脂質過氧化（lipid peroxidation）也算是一種自氧化反應，引發其機制有三種：自由基反應（free radical reaction）、光氧化（photo-oxidation- singlet oxygen）與酵素作用（enzymic action）。

1.油脂酸敗

不飽和脂肪酸中的雙鍵會影響脂肪酸的安定性。雙鍵位置的碳與氧作用，開始一連串的反應，造成油脂酸敗，損害油脂品質，產生不良的顏色和氣味。油脂酸敗可分為二類：

(1)水解酸敗

油脂與水反應生成甘油和脂肪酸的反應叫水解，是可逆反應。水解酸敗多發生於加熱時，外來水分會將油脂水解成游離脂肪酸和甘油，產生異味。水解酸敗程度可經游離脂肪酸（FFA）的量（即酸價的值）檢驗得知。

微生物也會把油脂水解為游離的甘油與脂肪酸，低鏈的脂肪酸本身就有異味，而脂肪酸可經酵素反應產生具揮發性的低碳酮，甘油也會被氧化為有異臭的1,2-環氧丙醛。

(2)氧化酸敗

油脂氧化酸敗會生成過氧化物，並進而降解產生醛、酮、酸等具黏稠、膠狀甚至固化的聚合物。不飽和油脂雙鍵越多，安定性越差；儲存溫度越高，氧化反應越快。氧化酸敗發生於將熱油長期暴露於空氣中，空氣中之氧與不飽和油脂起化學作用而產生油脂氧化現象。油脂中因氧化而產生不穩定的過氧化物，會使油脂之過氧化價（PV）提高。

由於氧化後的脂類會變色並產生類似金屬或硫磺的味道，所以防止富含脂肪食品的氧化是非常重要的。某些含脂食物，比如橄欖油本身就含有天然抗氧化劑，所以能部分避免氧化，但仍然對光氧化很敏感。

脂質自氧化作用

1. 開始期（initiation stage）

飽和雙鍵上的碳氫化合物受到其他化學活性物質的作用，以移去氫原子而形成一自由基。此步驟通常較慢，是此反應的決定步驟。

$$RH \rightarrow R \cdot + H \cdot$$

2. 連鎖生長期（propagation stage）

此階段爲一系列過氧化基及新的自由基的形成之反應。

$$R \cdot + O_2 \rightarrow ROO \cdot$$
$$ROO \cdot + RH \rightarrow ROOH + R \cdot$$

3. 終止期（termination stage）

在此階段，兩個自由基相互作用產生非游離基的產物而致使反應終止。

$$R \cdot + R \cdot \rightarrow RR$$
$$ROO \cdot + ROO \cdot \rightarrow ROOR + O_2$$
$$RO \cdot + R \cdot \rightarrow ROR$$
$$ROO \cdot + R \rightarrow ROOR$$
$$2RO \cdot + 2ROO \cdot \rightarrow 2ROOR + O_2$$

影響油脂酸敗速率的因素（無法完全避免油脂酸敗，只能減慢其氧化反應）

影響因素	具體措施
水分	一般認爲油脂含水量超過0.2%，水解酸敗作用會加強。所以，在油脂的保管和調運中，要防止水分的浸入。
雜質	非脂肪物質會加速油脂的酸敗，一般油脂中以不超過0.2%的非脂肪物質爲宜。
空氣	空氣中的氧氣是引起酸敗變質的主要因素，因此，油脂應嚴格密封儲存，減少與氧氣的接觸。
光照	日光中的紫外線會加速氧的活化和油脂中游離基的生成，加快油脂氧化酸敗的速率，因此，油脂應儘量避光保存，以免被光激化產生氧化反應。
溫度	溫度越高，油脂酸敗速度越快，溫度每升高10℃，酸敗速度約加快一倍。溫度降低會延緩或中止酸敗過程。
包裝材料	應選用不透光且不透氧的密封材質，以降低與光和氧的接觸。
抗氧化劑或阻氧化劑	添加抗氧化劑或阻氧化劑，使其與氧先行結合，減少氧與油脂的反應。

3-5 油脂的化學變化（二）

2.油脂氫化

氫化脂肪或稱氫化油（hydrogenated oils），是一種人工合成的脂肪，其主要成分與動物脂肪相同。氫化是對自然油脂進行化學改造，因常溫下液態的植物油中的不飽和脂肪酸容易氧化且不耐長時間高溫烹調，為了提高油的穩定度，便加入氫分子使之與不飽和脂肪分子中的雙鍵發生加成反應而成較飽和、半固態形式的氫化脂肪。

(1) 油脂氫化的目的：油脂氫化的目的是因氫化的油脂不易變壞、熔點較高、化學狀態穩定、製造出的食物口感較佳、增添可使食品酥脆、能長期保存等優點。市售的氫化脂肪都是沒有完全氫化的脂肪，因為完全氫化的脂肪通常較堅硬，應用價值低；油脂氫化反應是可逆的，因此，部分已氫化過的脂肪分子會脫氫而變回不飽和脂肪。這種過程即會產生反式脂肪，而改變氫化條件（溫度壓力），可以減少反式脂肪的產生。

在一般加工食品中加入氫化油，是非常普遍的事情，例如包裝麵包、薯片、餅干、人造牛油、香脆包裝食品、速食麵、咖啡伴侶、奶茶沖劑中的奶精等都會加入氫化脂肪。而在很多西方快餐食品中，都會用這種氫化脂肪炸食品的，尤其是麥當勞炸薯條的用油。

(2) 反式脂肪酸（trans fatty acids）或反式脂肪（trans fats）：肉製品或乳製品中天然的脂肪如反覆煎炸，也會生成反式脂肪。但人類食用的反式脂肪主要來自經過部分氫化的植物油，部分氫化過程會改變脂肪的分子結構，但也將一部分的脂肪改變為反式脂肪。

目前市售氫化脂肪中含有反式脂肪，是植物油氫化的副反應而形成的物質，多數學者認為其對人體的健康不利，比飽和脂肪更會增加心臟病等的疾病（如心肌梗塞、動脈硬化等心血管疾病）。因為研究顯示反式脂肪會使低密度脂蛋白膽固醇（LDL）上升，並使高密度脂蛋白膽固醇（HDL）下降。

3.油脂交酯化

油脂交酯化反應（inter-esterification）用於修飾天然油脂的性質，改變不飽和油物理性狀，以修飾不飽和油脂的物性（如脂肪形態，熔點，質地，穩定性等，但不會產生反型脂肪）並可在比氫化反應較低的溫度下進行交酯化反應。交酯化作用是指三酸甘油酯上3個脂肪酸在人為的處理下，使用脂肪酶（lipase）、錫、鉛、鋅、鎘等金屬或其化合物等的催化劑，使分子間脂肪酸互相置換的情形。

脂肪結構

$$CH_3(CH_2)_7CH{=}CH(CH_2)_7\overset{O}{\underset{}{C}}{-}OH \; + \; H_2 \longrightarrow CH_3\,(CH_2)_7\overset{H{-}H}{\underset{}{CH{=}CH}}(CH_2)_7\overset{O}{\underset{}{C}}{-}OH$$

Oleic acid（不飽和）

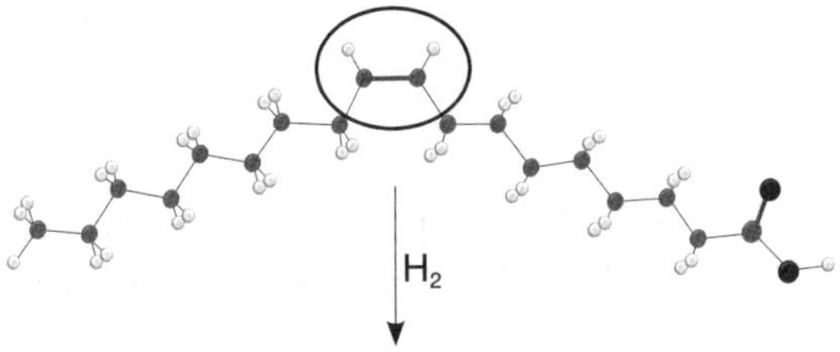

$$CH_3(CH2)_7\overset{H\;H}{\underset{H\;H}{C{-}C}}{-}(CH_2)_7\overset{O}{\underset{}{C}}{-}OH$$

H_2

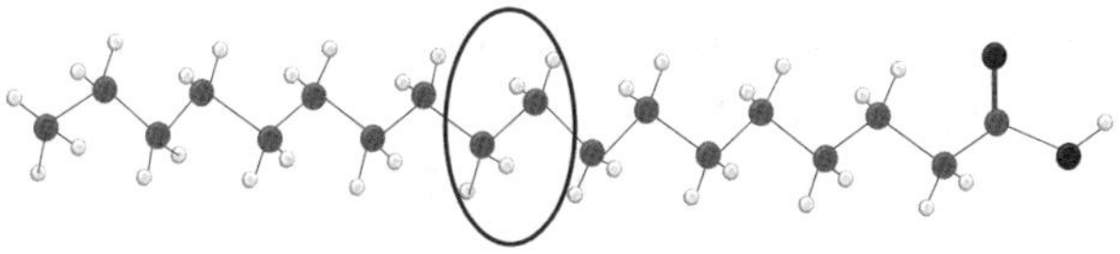

Stearic acid（飽和）

油脂交酯化反應

$$
\begin{array}{c}
CH_2OCOR_1 \\
CHOCOR_1 \\
CHOCOR_1
\end{array}
\;+\;
\begin{array}{c}
CH_2OCOR_2 \\
CHOCOR_2 \\
CH_2OCOR_2
\end{array}
\quad \xrightarrow[\text{脂肪酶}]{\text{NaOMe}}
$$

$$
\begin{array}{c}
CH_2OCOR_2 \\
CHOCOR_1 \\
CH_2OCOR_2
\end{array}
\;+\;
\begin{array}{c}
CH_2OCOR_1 \\
CHOCOR_2 \\
CH_2OCOR_1
\end{array}
$$

交酯化

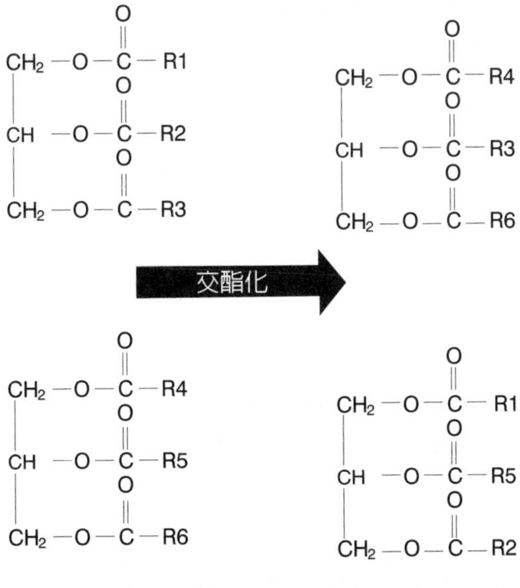

3-6 油脂品質鑑定（一）

油脂的品質，無法只靠外觀的顏色或味覺來主觀判斷，而需透過各種分析方式來確認。一般油脂品質會分析有：水分（moisture）、不純物（impurities）及不皂化物（unsaponifiables, M.I.U.）、游離脂肪酸（FFA）、過氧化價、碘價以及活性氧法（active oxygen method, AOM）、折光指數、比重、黏度、色澤等方法。當油脂劣變，自由態脂肪酸增多時，此三種溫度均降低。但常見的使用過的油脂品質測量，多以酸價與過氧化價爲主。以下就常見之分析方法加以說明。

1. 酸價（acid value, AV）

油脂酸敗的程度可用酸值（酸價，acid value）來表示，爲油品劣敗常用的指標。

油脂經加熱後，游離脂肪酸增多，故酸價會隨加熱時間增加。酸價高之原因也可能是油脂精煉程度較低，或由於溫度較高、含水量過多、含有某些金屬離子，或長期存放與空氣接觸氧化，導致油脂劣變。酸價高的油脂不宜儲存、也不宜食用。酸價越高的油脂，越不利其保存，使用中的油脂其酸價會增高，油脂的品質也隨之下降。而酸價愈高，油脂的發煙點就會降低，油炸時較易冒煙，且會有刺鼻味。品質良好之精製油

的酸價爲0.2mg KOH/gram以下，而一般大型食品廠均將油炸油換油時機定在酸價0.5以下。

(1) 定義：中和1克油脂中的游離脂肪酸所需的氫氧化鉀（KOH）毫克量。

(2) 測定原理

RCOOH + KOH → RCOOK + H_2O
酸價(mgKOH/g) = [(V-B) × 56.11 × N] /W

V = 滴定所消耗之0.1N氫氧化鉀之mL數
B = 空白滴定所消耗之0.1N氫氧化鉀之mL數
W = 樣品之重量
N = 氫氧化鉀之濃度

2. 碘價（iodine value, IV）

脂肪酸的不飽和雙鍵可鍵結兩個碘原子，故以碘價來了解脂肪酸不飽和的程度。因爲不飽和脂肪酸會與碘反應，每100公克油脂所能吸收碘的克數即爲油脂的碘價。不飽和脂肪酸的碘價自然比飽和脂肪酸要高，而且碘價可用來預測脂肪結構。

碘價愈高，表示油脂含較多的多元不飽和脂肪酸，安定性較差，高溫使用，容易產生過氧化脂質，造成細胞病變，對人體有害。碘價愈低，表示油脂含愈多的飽和脂肪酸，安定性高，可高溫使用不變質，但是容易累積在血管內，造成血脂肪過高。

小博士解說

發煙點（smoke point）爲油脂加熱剛起薄煙時的溫度，引火點（flash point）是指煙與空氣混合引起燃燒時之溫度，著火點（fire point）則是只單純的油脂燃燒時所需的溫度。

植物性油、脂肪酸與碘價關係

關係	每種食用油皆由三種脂肪酸所組成，由此三種脂肪酸的比例就可以測出其碘價，碘價的數值範圍則是由0～200，再依據碘價數據高低來判定油脂的用途。植物性油因其不飽和度之不同，依碘價而分以下三類：		
分類	乾性油	半乾性油（Semi-drying oils）	不乾性油（Non-drying oils）
碘價數據	130以上	100～130	100以下
主成分	含有少量之油酸、固體脂肪酸及多量亞油酸、次亞油酸等高級不飽和脂肪酸之甘油酯	含有多量之亞油酸及油酸	主成分為油酸
例子	桐油和亞麻仁油	大豆油、菜子油和棉子油	橄欖油、蓖麻油及花生油等
補充	1.多元不飽和脂肪酸含量很高的油脂「碘價」都在100以上，依中央標準局油脂的歸類，都屬於沙拉油類，較適用於冷食、涼拌、或打沙拉醬專用，不能高溫加熱，遇熱容易氧化，產生自由基，變成過氧化脂質 2.根據美國國家營養協會公布，油的組成分子中多元不飽和脂肪酸：飽和脂肪酸：單元不飽和脂肪酸，三者的比例是1：2：3，才能達到碘價約70的標準，也才是適合煎、煮、炒、炸的食用油		

✚ 知識補充站

過氧化價（peroxide value, POV）

或稱最初之過氧化物值（Initial peroxide value, IPV），因為是在採取樣品後立即測定氧化酸敗的程度，數值以meq/kg表示，如果低於5.0 meq/kg，即表示樣品尚未酸敗。

最初之過氧化價是用來測定油脂中已經發生氧化的程度，但卻不能測試油脂的氧化潛在性。過氧化價是最常用來判斷油脂氧化程度的方法之一，但過氧化物為油脂氧化初期產物，之後會裂解生成其他產物，或進一步聚合生成其他物質，因此過氧化價低，並不一定代表油脂氧化程度低，故油脂氧化程度最好利用過氧化價、茴香胺價（anisidine value）、己醛值、硫巴比妥酸價（TBA）等數值一併評估之。

TBA法（thiobarbituric acid method）

油脂氫化作用中所產生的丙二醛，亦可以用來作為氧化指標值，利用丙二醛的作用以產生紅色的產物，利用光度分光儀量其在波長535 nm的吸光度，即為該油脂某一氧化作用過程中的TBA值。

3-7 油脂品質鑑定（二）

(1) 定義：每100克油脂所吸收碘（鹵化碘、氯化碘ICl或溴化碘IBr）的克數。

(2) 測定原理

$$碘價(g) = [12.69 \times S \times (V_1 - V_2)] / m$$

S：0.1N硫代硫酸鈉標準溶液標定濃度（mol/l）

V1：空白溶液滴定所用0.1N硫代硫酸鈉標準溶液體積（ml）

V2：待測樣品滴定所用0.1N硫代硫酸鈉標準溶液體積（ml）

m：待測樣品重量（g）

3. 過氧化價（peroxide value, POV）

利用油脂氧化中的初級產物，氫過氧化物（ROOH）來氧化碘離子（I^-）使其成為碘分子（I_2），再由硫代硫酸鈉（sodium thiosulfate）與碘分子的氧化還原作用，以定出油脂的過氧化物價。

當油脂儲存不當，氧化後會產生過氧化物，過氧化價是測定油脂中的過氧化物含量。過氧化物含量增加至某一程度後，會自行分解，過氧化價又會降低，因此過氧化價可作為油脂酸敗初期的指標。過氧化價愈高，表示樣品氧化程度越高，油脂酸敗油耗味愈明顯。一般出廠之精製油新油，過氧化價均控制在1以下。

(1) 定義：油脂1,000克中所含過氧化物的毫克當量數。

(2) 測定原理：利用氫過氧化物氧化碘離子使其成為碘分子，再由硫代硫酸鈉與碘分子氧化還原作用定量油脂的氧化指標值。

$$POV = [(滴定ml數) \times Na_2SO_3的mol數 \times 1000] / 樣品克數$$

4. 皂化價（saponification value, SV）

油脂不同，油脂皂化所需要的氫氧化鈉毫克數也不同；同一種油脂也可能會有不同的皂化價，因其生長的地理、氣候及提煉的方式而有所不同。皂化價可用來決定油脂脂肪酸分子量大小與油脂含雜質的多寡，油脂中如果存在較多雜質，皂化價就低。用皂化1 g脂肪所需KOH的毫克數表示。

(1) 定義：可皂化1 g脂肪所需KOH的毫克數。

(2) 測定原理：油脂與氫氧化鉀乙醇溶液共熱時，發生皂化反應，剩餘的鹼可用標準酸液進行滴定，從而可以計算出中和油脂所需的氫氧化鉀毫克數。反應式如下：

$$RCOOH + KOH \rightarrow RCOOK + H_2O$$
$$C_3H_5(COOR)_3 + 3KOH \rightarrow 3RCOOK + C_3H_5(OH)_3$$
$$KOH（過剩的）+ HCl \rightarrow KCl + H_2O$$
$$皂化價 = 56.1 \times C \cdot (V - V_0) / m$$

C = 0.5 mol/L的鹽酸標準溶液的濃度（mol/L）

V = 試樣耗用鹽酸標準溶液之體積（ml）

V_0 = 空白試驗消耗鹽酸標準溶液之總體積（ml）

m = 試樣之質量（g）

56.1 = 1 mol/L鹽酸標準液1 ml相當於氫氧化鉀的克數

油脂氧化

定義

油脂氧化即為油脂中的過氧化物增多，油脂發生氧化分解、氧化聚合、氧化酸敗，其成分與理化性質發生變化，對油脂品質影響很大；其性質的變化可以許多方法測得，如過氧化物的值、氧吸收量、生成揮發性物質的含量、折光指數、比重、黏度、色澤等各種方法。因此油脂氧化多以測定某一性質的變化情況，來表示油脂的氧化或酸敗的情形。

過氧化物的生成量

(1)碘量法：原理是油脂中的過氧化物與碘化鉀作用產生碘I_2，再用硫代硫酸鈉滴定之，這樣可以透過測定碘的含量間接求出過氧化物的含量。它是油脂氧化的早期指標。

(2)硫氰酸鐵法：其原理是亞鐵離子可被氫過氧化物氧化成三價鐵離子，其反應式為：$Fe^{2+} + 2H^+ + O \rightarrow Fe^{3+} + H_2O$，然後加入硫氰酸銨與$Fe^{3+}$形成紅色的硫氰酸鐵。透過比色即可測出過氧化物的含量。

(3)AOM法：測定原理是：將油脂樣品不間斷地通入$100 \sim 150°C$的空氣流，然後定時測定油脂樣品的過氧化值（POV）。

過氧化物分解產物

(1)硫代巴比妥酸值的測定（TBA法）：其原理是在酸性條件下2分子TBA與過氧化物的分解產物丙二醛（MDA）起縮合反應，生成紅色化合物，與其他醛類生成黃色化合物，其中紅色化合物在532 nm處有最大吸收率，黃色反應物在450 nm處有最大吸收率，根據硫代巴比妥酸值（TBA）的大小可以判定油脂氧化的程度。

(2)總羰基化合物的測定：如三氯苯氣相色譜法，即油脂用環乙烷：乙醚（99:1）溶解通過Florisil柱除去碳氫化合物的干擾，再用乙醚提取，提出物與三氯苯在Forisil柱上反應，然後在氣相色譜儀上進行測定。

揮發性反應物含量的變化

(1)氣液色譜法：利用氣相色譜可以直接測定油脂中較小分子揮發性物質，以判斷油脂氧化的程度。

(2)Rancimat法：油脂安定指數（oil stability index, OSI）測定時，會將一定溫度的熱空氣帶入樣本，加速油脂的氧化，產生揮發性的有機酸會被帶入一個含水的導電室，從而改變水的導電性，再連續測量導電室的電導率。

重量變化

測定原理是將油脂樣品等溫地保持在流動的空氣流或氧氣流中，採用高靈敏度的記錄電子天平連續地檢測到重量小的變化，在氧化期可觀測到重量顯著的增長。

氧化起始溫度

用壓力差示掃描量熱法(PDSC)，可觀察油脂的氧化穩定性和熱穩定性。 PDSC圖中樣品的氧化起始溫度可用於預測油脂的氧化穩定性。氧化起始溫度越低，油脂越容易降解，其穩定性越差。

油脂中脂肪酸的含量

利用氣相色譜可以測定油脂中脂肪酸的含量。氧化使油脂中不飽和脂肪酸的相對含量下降，而飽和脂肪酸的相對含量上升。 因此脂肪酸的組成隨儲存時間變化的快慢，可以從一定程度反映油脂的抗氧化能力，油脂抗氧化能力越高，其脂肪酸的組成變化越慢。

氧吸收量

以靜態法為例，裝於密封容器中的油脂樣品在一定溫度、濕度及光照條件下儲存，定期抽取頂部的氣體樣本，分離後進行氣相色譜分析。頂部氧氣含量下降越快，說明樣品吸氧越多，其抗氧性越差。

3-8 油脂品質鑑定（三）

5.色澤（color）

不同油脂會有不同的顏色，沙拉油（黃豆油）顏色淡黃透明，軟質棕櫚油因富含β-胡蘿蔔素，色澤呈現橙黃色。油脂在加熱後，會產生許多化學反應，導致油脂顏色加深。因此可由油炸食品的顏色來判定油品質的好壞，通常新鮮的油所炸出來的食品，顏色是漂亮的金黃色。油炸油易變黑的原因可能是油炸溫度過高、被炸物殘渣因高溫碳化（應時常將油炸油充分過濾）、油炸油安定性不佳等原因。

油脂色澤測量方法，在油脂工廠大都依照諾威朋比色計（Lovibond Tintometer）之方法，將試樣裝於長度5又1/4"液槽中，以諾威朋比色計測定其顏色。通常檢測紅色R值及黃色Y值，數值愈高，顏色即愈深。

6.活性氧法（active oxygen method, AOM）

活性氧法是一種表示油脂抗氧化性能的指標。在一定條件下測定油脂樣品之預定過氧化價所需之小時數，以表示抗酸敗之指數。此法是用來測定油脂的安定性。AOM值愈高，油脂安定性愈佳。AOM值越大表示油脂中的雜質較少，有利油脂的保存。越穩定的脂質（油），達成預定值（100 mEq/kg）的時間越久，很耗時，因為穩定的油或脂肪可能需超過48小時才能達到過氧化濃度。雖然AOM法還在使用，但已被快速自動化技術取代。

一般食用油AOM值達30小時以上者，較適合高溫烹調及油炸使用。氫化植物油之AOM值可達100小時以上。軟質棕櫚油，較耐炸，炸時油煙少，油的安定性甚佳（AOM約50～100小時），其耐炸時間約為沙拉油的5～10倍。沙拉油的安定性差（AOM僅10小時），油煙多，對人體危害較大，所以一般並不適宜作為油炸使用。添加抗氧化劑（BHA、BHT、TBHQ）亦可提升油脂AOM值。

(1) 定義：在一定速度、溫度和濃度下灌入氣泡的脂質安定性。它測一定時間（hours）內，在特別控制環境下，樣品到達預先決定的過氧化價（一般是100 mEq/kg油）的時間。時間長度為抗拒酸敗的指標。

(2) 測定原理：將試樣油20 mg放入一定的試管中，將試管放入97.8℃水浴槽裡，以每秒2.33 ml的速度將清淨空氣吹入油中，並定時測過氧化物價。當植物油過氧化物價達到100 mol/kg，而固型脂達到20 mol/kg時，所需要的小時數，就是AOM值。

7.油脂安定性指數（oil stability index, OSI）

OSI法應用與AOM法相似的原理，將定時檢測過氧化值改為檢測分解產物對水的導電度的影響並透過電腦記錄，從而使該方法操作簡單、快速。油脂安定指數是以恆溫的空氣通過油脂樣品後，氧化的脂質生成的揮發酸會溶在水中；以氣泡形成的有機酸為穩定的產物，會使水的導電度上升。此法最大優點是可同時做多個樣品。油脂安定性愈高，OSI值亦愈大。

(1) 定義：油脂安定指數的定義是時間（h）內導電度改變至預定值的速率。

(2) 測定原理：將空氣以5.5psi的壓力通入5克、120℃的油脂中，使油脂氧化產生可溶性揮發性物質，再利用電極測定水中導電度大小，由此可計算油脂氧化誘導期的時間。

一般食用油的用途

大豆油	大豆油又稱大豆沙拉油，是由大豆中提取的植物油脂。大豆提取之後的下腳料為豆粕，用於飼料和食品工業等，是優良的蛋白質來源。 沙拉油含7～8％的亞麻油酸，為人體必需脂肪酸，因其為不飽和油脂，不適合長時間儲存，易產生異味。因此製造油炸油（如烤酥油）時，通常會將其部分氫化，以利提升油炸油穩定性。
花生油	一般花生油為烘焙花生所製之花生油，含天然營養素如胡蘿蔔素（人體內轉為Vit.A）、Vit.E、卵磷脂及多酚類物質，單一不飽和脂肪酸頗高，適合各類烹調方法。但以花生油油炸會出現較多泡沫。 花生油不含膽固醇，亦與部分植物油同樣會對氣溫產生自然變化，如長期放置於攝氏10度下，油的清澈度會降低或變成白色或有白色沉澱物，但當溫度提升時，油會轉回清澈，對油質是絕對沒有影響的。
玉米油	玉米油氣味淡，適用於低溫煎炒或調配沙拉醬汁，由於玉米油內的天然物質如多酚類物質豐富，煙點比一般常用油低，所以不大適合高溫烹調。 玉米油含豐富的多元不飽和脂肪酸，是人體的必須脂肪酸，有助體內酵素活動分解及吸收脂肪功能，對兒童大腦中央神經、視網膜健康發展、血壓及荷爾蒙分泌有一定幫助。
芥花籽油	芥花籽油氣味清淡，色澤較淺，煙點高，適合煎炒煮炸等及調配各類沙拉醬汁，為一多用途油種。 芥花籽油的飽和脂肪酸是常用油中最低的，單一不飽和脂肪酸僅次於橄欖油，而其Omega-3脂肪酸亦是常用油中較高的。
初榨橄欖油	初榨橄欖油果酸味較重，水分較多，不適宜東方式烹調，更不適合高溫煮炸。初榨橄欖油是由橄欖壓搾出的第一次油，故保存了橄欖的天然抗氧化物，更含豐富的橄欖多酚。橄欖多酚能預防人體脂肪氧化並抑制自由基的形成，可減少罹癌的機率，並能預防心臟血管疾病的產生。橄欖油的單一不飽和脂肪酸是常用油中最高的，是非常健康的油種，但由於其必需脂肪酸不高，不適合長期使用這單一油種。
純正橄欖油	純正橄欖油果酸味及水分皆較初榨橄欖油輕微，但仍不大適宜高溫煮炸。 純正橄欖油是由初榨橄欖油及精煉橄欖油調配而成，所以抗氧化功能沒有初榨橄欖油顯著，但仍是一健康油選。
葵花籽油	葵花籽油非常適合各類烹調，煙點高而氣味清淡，含非常高的多元不飽和必需脂肪酸，但較易氧化，開瓶後必須盡快享用或存放於冰箱內。 美國葵花籽油協會的新中油酸葵花籽油種（NuSun Sunflower Oil），其單一不飽和脂肪酸可高達72％，而飽和脂肪酸低於10％，油質非常隱定，適宜各種烹調及高溫煮炸，不含反式酯肪酸，受很多家庭及食物製造商歡迎。
豬油	豬油為由豬肉提煉出，初始狀態是略黃色半透明液體的食用油。於低室溫即會凝固成白色固體油脂。由於過重與心血管病大量增加，以及女士注意窈窕身材健美，普遍人會較多選擇其他食油。豬油除了飽和脂肪及膽固醇外，另外一個危險因子是動物會把攝取的毒素（如農藥、環境荷爾蒙及重金屬）集中至內臟、骨髓及脂肪中，尤其是飼料用油的安全標準過於寬鬆。
奶油	奶油（butter，中國大陸稱黃油，香港稱牛油），是由新鮮或者發酵的鮮奶油或牛奶透過攪乳提製的奶製品。奶油可直接作為調味品塗抹在食品上食用，以及在烹飪中使用，例如烘焙、製作醬料和煎炸食品等。它是世界上許多地區的日常食物。 冷藏的奶油是固體，但會在室溫軟化至可供塗抹的程度，並在攝氏32至35度（華氏90至95度）融化成稀薄的液體。奶油的顏色主要是淡黃色，也可以是非常深的黃色或接近白色的淺黃。顏色取決於動物的飼料或添加的食用色素，如胭脂樹紅或胡蘿蔔素。

第4章
蛋白質

程仁華

4-1 胺基酸的一般性質

蛋白質是生物體內最重要的活性分子，而胺基酸則是構成蛋白質的基本單位，想要了解蛋白質，便要先從胺基酸開始。與碳水化合物跟脂質不一樣的地方在於，胺基酸是由碳、氫、氧、氮四個原子所組成，多了一個氮原子。基本的胺基酸結構包含了一個胺基（-NH$_2$）、一個羧基（-COOH），而胺基與羧基會接在α碳原子上；α碳原子除了接上胺基、羧基跟一個氫原子之外，另外還會接上所謂的支鏈，用R代表不同的鍵結，以此構成胺基酸的基本結構。最簡單的胺基酸為支鏈（R）接上氫原子後的甘胺酸（glycine）。

胺基酸根據支鏈的化學特性大致可分為極性和非極性二大類：非極性胺基酸的支鏈是碳氫化合物，為疏水性，可分為脂肪族胺基酸、芳香環胺基酸以及含硫胺基酸，會隨著支鏈長度的增加而更不溶於水。極性胺基酸的支鏈則可以和水形成氫鍵，所以溶於水，也就是親水性，可分為酸性胺基酸、鹼性胺基酸、醯胺基（amide group）胺基酸以及羥基（hydroxyl group）胺基酸。以下根據不同支鏈分支一一做介紹：

1. 非極性胺基酸，包括：

脂肪族胺基酸——丙胺酸（alanine）、纈胺酸（valine）、白胺酸（leucine）、異白胺酸（isoleucine）和脯胺酸（proline），而纈胺酸、白胺酸與異白胺酸則構成所謂的支鏈胺基酸（branched chain amino acid, BCAA）。

芳香環胺基酸——苯丙胺酸（phenylalanine）和色胺酸（tryptophan）。

含硫胺基酸——甲硫胺酸（methionine）（對光和氧敏感，容易在加工的過程中流失）。

2. 極性胺基酸，包括：

支鏈為氫原子——甘胺酸（glycine）。

支鏈為羥基——絲胺酸（serine）、酥胺酸（threonine）和酪胺酸（tyrosine）。

支鏈為硫胺基——半胱胺酸（cysteine）。

支鏈為醯胺基——天門冬醯胺（asparagine）和麩胺醯胺（glutamine）。

支鏈為羧基——天門冬胺酸（aspartic acid）和麩胺酸（glutamic acid）〔為味精（monosodium glutamate, MSG）的主要成分〕。

支鏈為鹼基——組胺酸（histidine）、離胺酸（lysine）和精胺酸（arginine）（花生為相對高的精胺酸食物來源，占花生總蛋白質的11%）。

根據胺基酸的營養價值及生理功能，則可分為必需胺基酸（身體無法自行製造，必須經由食物獲得）、半必需胺基酸（特殊情況下才需要額外補充）與非必需胺基酸（可由必需胺基酸合成獲得）：

1. 必需胺基酸：纈胺酸、白胺酸、異白胺酸、苯丙胺酸、色胺酸、甲硫胺酸、酥胺酸與組胺酸（嬰兒的必需胺基酸）。

2. 半必需胺基酸：離胺酸與精胺酸（為尿素循環的中間產物，若有代謝上的問題則會變成必需胺基酸）。

3. 非必需胺基酸：甘胺酸、丙胺酸、脯胺酸、絲胺酸、半胱胺酸、酪胺酸、天門冬醯胺、麩胺醯胺、天門冬胺酸與麩胺酸。

胺基酸的一般性質

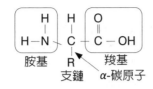

胺基   α-碳原子   支鏈   羧基

20種不同的胺基酸結構

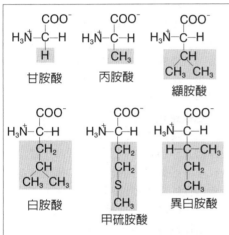

甘胺酸　丙胺酸　纈胺酸　白胺酸　甲硫胺酸　異白胺酸

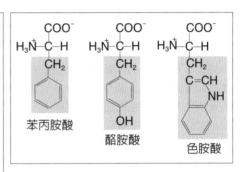

苯丙胺酸　酪胺酸　色胺酸

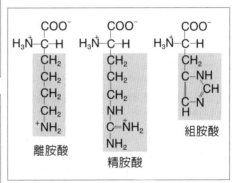

離胺酸　精胺酸　組胺酸

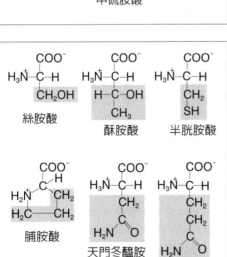

絲胺酸　酥胺酸　半胱胺酸　脯胺酸　天門冬醯胺　麩胺醯胺

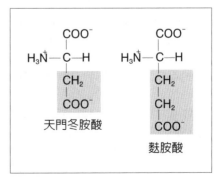

天門冬胺酸　麩胺酸

4-2 蛋白質的一般性質

前一節提到，胺基酸是構成蛋白質的基本單位，不同的胺基酸經由不同的鍵結串連並摺疊出不同的立體結構，形成蛋白質的特殊功能。以下針對蛋白質分子的四種不同結構一一做介紹：

1. 一級結構

為胺基酸的基本排列次序，用來串聯胺基酸的主要鍵結為胜肽鍵，胜肽鍵是由兩個胺基酸分子脫水後所形成的鍵結（圖A）。在一級結構中，部分的胺基酸可以用雙硫鍵（圖B）結合，半胱胺酸即為主要提供雙硫鍵的胺基酸。一級結構的蛋白質鏈最短從20個胺基酸到數千個胺基酸分子串連在一起都有，每一種蛋白質分子都有自己特有的胺基酸組成和排列順序，由其排列順序決定特定的空間結構，而蛋白質的一級結構則決定了蛋白質的二級、三級等高級結構。

2. 二級結構

二級結構透過骨架上的羧基和醯胺基團之間形成的氫鍵維持，氫鍵是穩定二級結構的主要作用力。常見的二級結構為α螺旋、β平板以及β轉角，通常含有2～16個胺基酸殘基。

α螺旋（圖C）的特徵是：(1)通常為右手螺旋；(2)每個螺旋圈包含3.6個胺基酸殘基，每個殘基距離為0.15 nm，螺旋上升1圈的距離（螺距）為$3.6 \times 0.15 = 0.54$ nm；(3)影響α螺旋形成的主要因素是胺基酸側鏈的大小、形狀及所帶電荷等性質。

β平板（圖D）：一種伸展、呈鋸齒狀的肽鏈結構。β平板可分為順向平行（肽鏈的走向相同，即N、C端的方向一致）和逆向平行（兩肽段走向相反）結構。

β轉角（圖E）：此結構指多肽鏈中出現的一種180°的轉折。β轉角通常由4個胺基酸殘基所構成，第1個殘基的C＝O與第4個殘基的-NH-形成氫鍵，以維持轉折結構的穩定。常見的β轉角共有兩種類型，第一型的特點是「第1個胺基酸殘基羧基氧與第4個殘基的醯胺氮之間形成氫鍵」；第二型的第3個殘基往往是甘胺酸。這兩種轉角中的第2個殘基大都是脯胺酸。含有5個胺基酸殘基以上的轉角又常稱為環（圖F）。

3. 三級結構

三級結構是在二級結構的基礎上由側鏈相互作用折疊成立體形狀所形成的。胺基酸的側鏈分為親水性的極性側鏈和疏水性的非極性側鏈。正常情況下，介質為水的球蛋白折疊會傾向把多肽鏈的疏水性側鏈埋藏在分子的內部，而疏水作用是由於疏水側鏈出自避開水的需要而被迫相互靠近。疏水作用是維繫蛋白質三級結構最主要的動力，除疏水作用（疏水鍵）之外，維繫蛋白質的三級結構的鍵結還包含了氫鍵、離子鍵、凡德瓦力和雙硫鍵等（圖G）。

4. 四級結構

由二個或二個以上相同或不同的三級結構分子，再結合成一較大的複合體，組成四級結構。血紅素（圖H）就是四級結構最好的例子，每個血紅素分子為兩條α鏈及兩條β鏈所構成的四元體。構成四級構造的每一單位分子稱為次體，通常各次體之間以非共價鍵（主要為疏水鍵，其次則為氫鍵或離子鍵）結合。

A.胜肽鍵

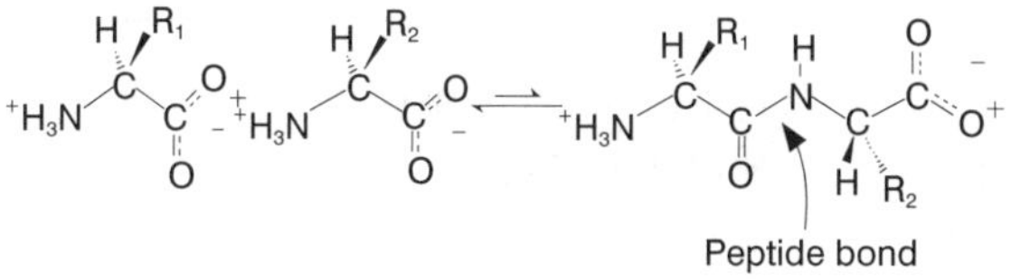

Peptide bond

B.雙硫鍵

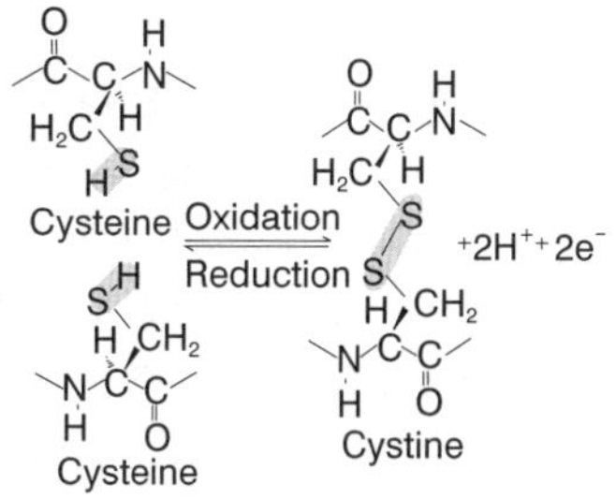

Cysteine Oxidation Reduction Cystine

$+2H^+ + 2e^-$

Cysteine Cystine

C.α螺旋

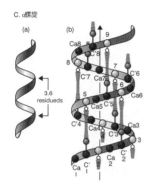

C. α螺旋

(a) (b)

3.6 residueds

D.β平板（順向平行）

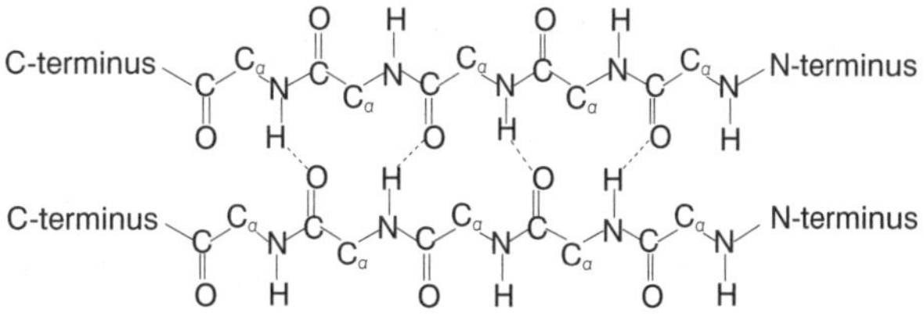

C-terminus N-terminus

C-terminus N-terminus

E.β轉角

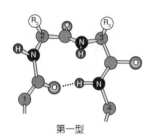

第一型　第二型

F.環

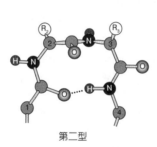

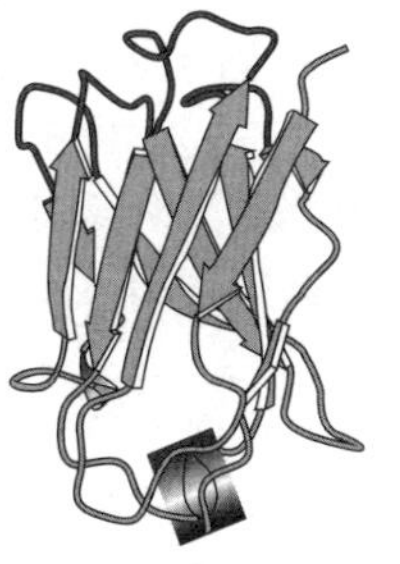

H.四級結構：血紅素

α chain 1

β chain 1

Heme
（原血紅素）

β chain 2　Heme　α chain 2

G.三級結構

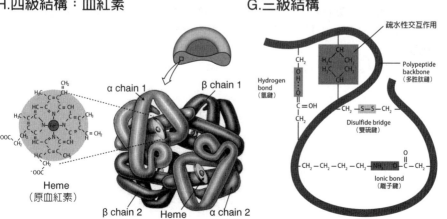

疏水性交互作用

Hydrogen bond
（氫鍵）

Polypeptide backbone
（多胜肽鏈）

Disulfide bridge
（雙硫鍵）

Ionic bond
（離子鍵）

4-3 蛋白質營養價值評估（一）

蛋白質是三個巨量營養素中的其中一個，每公克雖然提供4大卡的熱量，但是相較於碳水化合物與脂質，蛋白質的主要功能並不是提供熱量，其主要功能在於：構成新組織、細胞，修補身體受傷組織，合成酶與酵素、免疫球蛋白增加身體抵抗力，滲透壓的調節，若蛋白質不足則會造成水腫的問題，無法維持血液的酸鹼平衡等。因此評估不同蛋白質的營養價值並選擇優良的蛋白質來源，尤其對於一些需要限蛋白的慢性病患者（腎臟相關疾病），更是一門重要的課題（表A）。

食品蛋白質的好壞通常取決於胺基酸的種類、多寡與消化率。一般而言，動物性蛋白質的營養價值通常會比植物性蛋白質要來的高，不過黃豆蛋白亦被稱為植物性牛奶，也是很好的植物性蛋白質來源，對於素食者尤其重要。而雞蛋與牛奶蛋白質通常被用來作為參考蛋白質。

在先前章節已經提及，所謂的必需胺基酸指的是身體無法自行製造，必須由食物當中所獲得，而必需胺基酸也是製造非必需胺基酸的主要材料。

依其在人體營養之重要性區分為：

1. 必需胺基酸

在人體中不能合成的胺基酸，必須從飲食中取得者，大概有9種。

2. 非必需胺基酸

身體中自行獲得之氮源與碳源以合成胺基酸。

依化學性質分類：

1. 簡單蛋白質：為胺基酸或其衍生物，可由酸、鹼或酵素水解產生。
2. 複合蛋白質：為複合物，由單純蛋白質和非蛋白質結合而成。
3. 衍生蛋白質：單純蛋白質或複合蛋白質之分解物。

食物當中若缺乏某種胺基酸，則稱為限制胺基酸（表A），例如：穀類蛋白缺乏離胺酸，富含甲硫胺酸（離胺酸則為穀類蛋白的限制胺基酸）；豆類蛋白缺乏甲硫胺酸，而含適量的離胺酸（甲硫胺酸則為豆類蛋白的限制胺基酸），若穀類蛋白能與豆類蛋白合併食用，則可彌補不足的胺基酸來源。

以下就幾種不同的食品蛋白質評估方法作介紹：

1. 蛋白質消化率

是反應食物蛋白質在消化道內被分解和吸收程度的一項指標，是指在消化道內被吸收的蛋白質占攝入蛋白質的百分比。食品蛋白質的平均消化率為92%，其計算公式參考右頁C。

A. 以雞蛋為參考蛋白質來看其他食品蛋白質的限制胺基酸

胺基酸	食物種類					
	雞蛋	動物蛋白	穀物類	豆類	堅果種子	蔬菜水果
n		1,726	170	153	153	572
異白胺酸	54	46.7 (4.7)	39.8 (4.6)	45.3 (4.2)	42.8 (6.1)	38.5 (10.8)
白胺酸	86	79.6 (6.0)	86.3 (26.3)	78.9 (4.2)	73.5 (9.0)	59.1 (19.6)
離胺酸	70	84.3 (7.1)	30.5 (9.8)	67.1 (3.8)	43.5 (12.7)	49.2 (13.3)
甲硫胺酸 / 半胱胺酸	57	37.7 (3.3)	41.1 (4.3)	25.3 (2.8)	37.7 (11.7)	23.6 (7.2)
苯丙胺酸 / 酪胺酸	93	74.9 (8.2)	83.0 (9.2)	84.9 (6.3)	88.0 (16.9)	64.0 (18.4)
酥胺酸	47	43.4 (2.6)	33.6 (5.4)	40.0 (3.3)	37.9 (5.4)	35.1 (8.7)
色胺酸	17	11.4 (1.5)	12.1 (3.3)	12.3 (2.4)	15.4 (4.6)	10.8 (3.9)
纈胺酸	66	51.2 (5.6)	51.1 (6.9)	50.5(4.0)	55.6 (10.3)	45.9 (12.6)

B. 蛋白質的分類

依物理形狀	依化學性質	營養性質
纖維狀蛋白質	簡單蛋白質	完全蛋白質
球狀蛋白質	複合蛋白質	部分完全蛋白質
	衍生蛋白質	不完全蛋白質

C. 蛋白質消化率計算公式

$$消化率 = \frac{總攝取氮素量-（總糞便氮素量 - 內因性糞便氮素量）}{總攝取氮素量} \times 100$$

4-4 蛋白質營養價值評估（二）

2.胺基酸評分法

又稱爲蛋白質化學評分，是目前廣爲應用的一種食物蛋白質營養價值評分方法，不僅適用於單一食物蛋白質的評價，還可用於混合食物蛋白質的評價。胺基酸評分法的基本步驟是將被測食物蛋白質的必需胺基酸組成與推薦的理想蛋白質或參考蛋白質胺基酸（通常爲雞蛋或是牛奶）模式進行比較，並計算胺基酸分數，其計算公式參考右頁D。雖然胺基酸評分法是個測得蛋白質營養價值的簡單方式，但是此方法的缺點爲未考慮蛋白質的消化吸收問題，因此建議搭配其他的檢測方式，才能夠更全方位的了解食物中蛋白質的營養價值。

3.生物評估法

生物評估法共分爲三種：蛋白質效率比值（protein efficiency ratio, PER）、生物價（biological valence, BV）及淨蛋白質利用率（net protein utilization, NPU）。蛋白質效率比值指的是試驗動物攝取1公克蛋白質能夠增加的體重克數，其計算公式參考右頁E。蛋白質效率比值越高，代表此食品蛋白質的品質越好，當蛋白質效率比值爲2以上，通常會被視爲優良蛋白質來源。生物價指的是每100克食物來源蛋白質轉化成人體蛋白質的質量。它由必需胺基酸的絕對質量、必需胺基酸所占比重、必需胺基酸與非必需胺基酸的比例、蛋白質的消化率和可利用率共同決定，是常見的蛋白質評估方式，其計算公式參考右頁F。食品中蛋白質生物價最高的爲全蛋（94）。淨蛋白質利用率是指攝取之蛋白質中的氮元素被身體利用的比率，與「生物價」檢測法之間的差異在於，淨蛋白質利用率除檢測蛋白質的利用程度外，也顧慮到被人體消化的效率，其計算公式參考右頁G。

4.酵素評估法

蛋白質經過一系列的加工過程之後，會影響、改變原本蛋白質在生物體內的消化程度，若須了解經過加工之後的蛋白質消化程度有何影響，則可使用酵素評估法作爲評估工具。常見的評估方式會利用體內的蛋白質消化酵素，例如：胰蛋白酶、胰凝乳蛋白酶或是胜肽酶來水解受測的蛋白質，根據其水解程度以了解其消化率。

5.微生物評估法

某些微生物有自己特定的蛋白質分解酵素，因此觀察、利用微生物在試驗蛋白質中的生長情形，也可以知道蛋白質的營養價值。

D. 胺基酸評分法計算公式

$$胺基酸價 = \frac{1公克待測蛋白質之某一必需胺基酸mg}{1公克參考蛋白質所同一必需胺基酸mg} \times 100$$

E. 蛋白質效率比值計算公式

$$蛋白質效率 = \frac{體重增加克數}{蛋白質攝取克數}$$

F. 蛋白質生物價計算公式

$$生物價 = \frac{保留氮量}{吸收氮量} \times 100$$

$$= \frac{總攝取氮量 -（糞便氮量 - 代謝性氮量）-（尿氮 - 內因性氮）}{總攝取氮量 -（糞便氮量 - 代謝性氮量）} \times 100$$

G. 淨蛋白質利用率計算公式

$$生物價 = \frac{保留氮量}{攝取氮量} \times 100$$

$$= \frac{總攝取氮量 -（糞便氮量 - 代謝性氮量）-（尿氮 - 內因性氮）}{總攝取氮量} \times 100$$

4-5 蛋白質的變性作用（一）

食品蛋白質在加工或是儲存的過程中受到酸、鹼、溫度、尿素、有機溶媒、重金屬、熱、紫外光、X光以及壓力等物理或化學的破壞，引起蛋白質自然之分子結構的改變，並引起生理活性的消失，稱為蛋白質變性（denaturation）。變性作用破壞了蛋白質的鍵結，像是：氫鍵、疏水鍵、離子鍵等，使蛋白質分子展開形成不規則結構，如果變性條件劇烈持久，蛋白質的變性是不可逆的（無法復原），例如雞蛋加熱；如果變性條件不劇烈，這種變性作用是可逆的（可以再復原），說明蛋白質分子內部結構的變化不大，例如牛奶加熱。一般而言，蛋白質的變性只破壞二級、三級及四級結構，通常不會影響其一級結構。

蛋白質變性後可能會造成一些特性上的改變，好的改變例如：食物中的蛋白質變性後，分子結構鬆散，不能形成結晶，較容易被蛋白酶水解消化以及細菌、病毒加熱，酸、重金屬因蛋白質變性而去除活性，達到滅菌、消毒的效果；而不好的改變則可能會造成生物活性喪失，蛋白質的生物活性是指生物體內的蛋白質所具有的酶、激素、抗原與抗體、血紅蛋白的載氧能力等生物學功能，而生物活性喪失是蛋白質變性的主要特徵。

影響蛋白質變性的原因將分成物理性因素——溫度、壓力以及其他；化學性因素——酸鹼值、有機溶質、清潔劑、離液鹽及其他，以下一一做討論。

1. 溫度

隨著溫度的變化，蛋白質的性質也隨之變化。一般來說，在低溫時蛋白質的活性較弱，並且溫度越低、活性越弱。一般而言，低溫時蛋白質不發生變性作用，但是也可能會造成某些蛋白質的變性；溫度越高、活性越強，在高溫加熱後，蛋白質活性喪失，發生變性作用，溫度若在適合變性的範圍內增高10℃，則變性速率將會增為600倍。然而高溫變性後的蛋白質，例如蝦子加熱之後依然保有其營養價值，其中的蛋白質反而更易為人體消化系統所分解吸收。影響蛋白質高溫變性的因子有蛋白質濃度、含水量、糖醇類以及胺基酸的組成等。

2. 壓力

蛋白質的分子結構在超過50 kPa之高壓便會使蛋白質變性，且主要為非共價鍵受影響，尤其是立體結構中的空隙體積越大，越容易受到高壓的影響而發生變性。與溫度不同的是，溫度越高越容易造成蛋白質變性，但高壓下變性通常發生在溫度較低的情況。高溫下的蛋白質變性通常是不可回復的；而高壓下變性的蛋白質通常都可以再回復，但是需要較長的時間。

蛋白質的變性作用

活化形
蛋白質

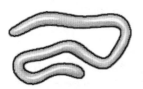

不活化形
蛋白質

無法回復
永久變性

例如：煮熟的雞蛋

活化形
蛋白質

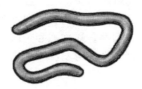

不活化形
蛋白質

可以回復
短暫變性

例如：加熱的牛奶

4-6 蛋白質的變性作用（二）

3.其他物理性因素

食品加工過程除了溫度與壓力之外的物理因素造成蛋白質變性之外，其他的物理性因素還包含了攪拌、揉捏以及拍打等機械性處理。蛋白質溶液在攪拌的過程中拌入空氣，例如做蛋糕時需要快速攪拌蛋白，讓蛋白與空氣混合，製造出蛋糕綿密的口感。

4.酸鹼值

強酸、強鹼使蛋白質變性，是因為此時蛋白質分子內解離區域的靜電排斥相當強，很容易就使得蛋白質伸展，造成氫鍵斷裂。例如食物中的蛋白質進到胃中遇到胃酸，因為胃酸為強酸，因此可以使得蛋白質變性，更易於被腸道消化吸收。

5.有機溶質

有機溶質例如尿素、乙醇、丙酮等，它們可以提供自己的羥基或羧基上的氫或氧去形成氫鍵，從而破壞了蛋白質中原有的氫鍵，使蛋白質變性，而這些化合物也同時能夠提高疏水性胺基酸的水溶性，進而破壞蛋白質的疏水鍵，達到變性的目的。

6.清潔劑

清潔劑又稱為界面活性劑，同時具有親水性及疏水性的一端，介於蛋白質的疏水性及親水性的區域之間，因此可以破壞蛋白質的疏水性交互作用，使得蛋白質伸展變性，而這種變性通常也是屬於不可回復的變性作用。

7.離液鹽

離液鹽可以弱化蛋白質的疏水鍵，而造成蛋白質的變性。低濃度的離液鹽有促進靜電作用力的效果，因此可以強化蛋白質的立體結構，但是高濃度的離液鹽則會破壞蛋白質的結構，造成蛋白質的變性。

8.其他化學性因素

其他化學性因素例如，重金屬鹽使蛋白質變性，是因為重金屬陽離子可以和蛋白質中游離的羧基形成不溶性的鹽，產生這種不溶的鹽會造成不可回復的結果，例如重金屬中毒（水俁病、痛痛病）通常影響身體的蛋白質分子，產生不可逆的反應造成嚴重的問題；像是市面上用來毒老鼠的藥劑，通常也都含有重金屬。

溫度造成的蛋白質變性

天然態

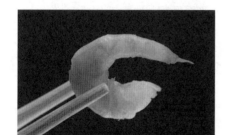

高溫造成的蛋白質變性

攪拌造成的蛋白質變性

天然態

機械性處理造成的蛋白質變性

起司製造過程蛋白質的變性（酸及酵素）

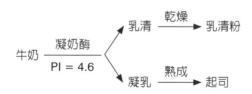

4-7 蛋白質的呈色反應及定量分析（一）

胺基酸組成蛋白質，其在水溶液中電價的不平衡。接近中性時，胺基酸是以兩性離子（zwltterion）存在，具有正、負電荷。每個胺基酸有不同的支鏈，利用支鏈極性和非極性的特性，以測定蛋白質中不同的胺基酸。蛋白質的支鏈可與特定的化學試劑作用產生特定的呈色反應，我們便可以將這樣的特性應用在食品蛋白質的定性與定量分析。

蛋白質的呈色反應

1. 寧海準測試（ninhydrin reaction）

α胺基及羧基之胺基酸和寧海準進行呈色反應，通常會出現藍紫色的化合物，而蛋白質是由許多α胺基酸所組成，因此可以用來測試蛋白質的存在。特別的是，脯胺酸與寧海準試劑作用會產生黃色複合物，與其他胺基酸顏色不同。

2. 雙縮尿素測定法（biuret reaction）

此測定法用來測待測液中蛋白質或胜肽之存在。當待測液中含有蛋白質或胜肽，以鹼性硫酸銅稀液處理時，會形成粉紫紅色至深紫紅色的產物。而呈色反應的深淺與胜肽的數目有關，分子量小的胜肽，反應後呈現會偏向粉紅色；分子量大的胜肽，反應後呈現則會偏向藍紫色。

3. 薑黃蛋白測定法（xanthoprotein test）

此測定法針對具苯環之蛋白質或胺基酸，如：酪胺酸及色胺酸經濃硝酸硝化後產生黃色物質（硝基苯衍生物）。但苯丙胺酸則不易被硝化，必須有濃硫酸之催化才會有反應，經加入氨水則轉為橙色。樣本中加入2ml濃硝酸，經過加熱，黃色沉澱產生表示有芳香環胺基酸存在。

4. 米隆反應（Millon reaction）

含有酪胺酸的蛋白質分子，其羥基與米隆試劑（含硝酸、亞硝酸、硝酸汞、亞硝酸汞的混合物）反應，產生紅色化合物，代表有酚環的胺基酸。樣本加入1ml米隆試劑，加熱60～70℃，紅色產生表示有酪胺酸。

5. 乙醛酸反應（glyoxylic acid reaction）

亦稱Adamkiewitz反應。含有色胺酸的蛋白質溶液加入乙醛酸混勻後，慢慢加入濃硫酸，在兩液接觸面處會呈現紫紅色環，表示樣本含有吲哚環的胺基酸（色胺酸）。

寧海準呈色反應

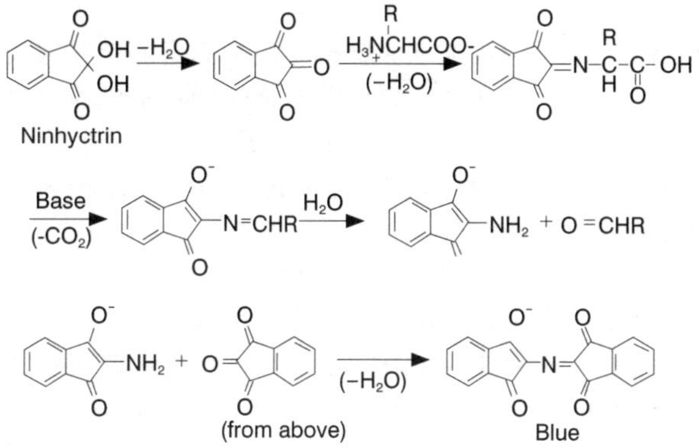
Ninhyctrin
-H2O
H3NCHCOO-
(-H2O)
Base
(-CO2)
H2O
N=CHR
NH2
O=CHR
(from above)
(-H2O)
Blue

雙縮尿素測定法

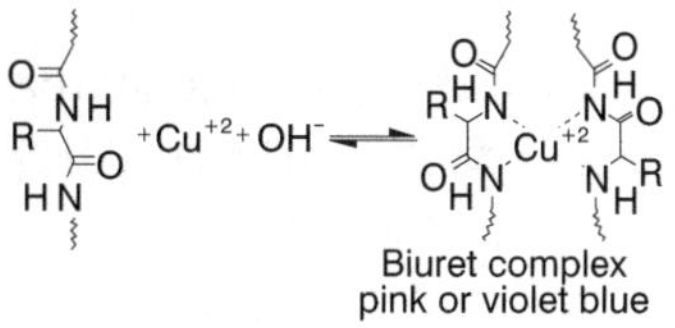
Cu+2
OH-
Biuret complex
pink or violet blue

薑黃蛋白測定法

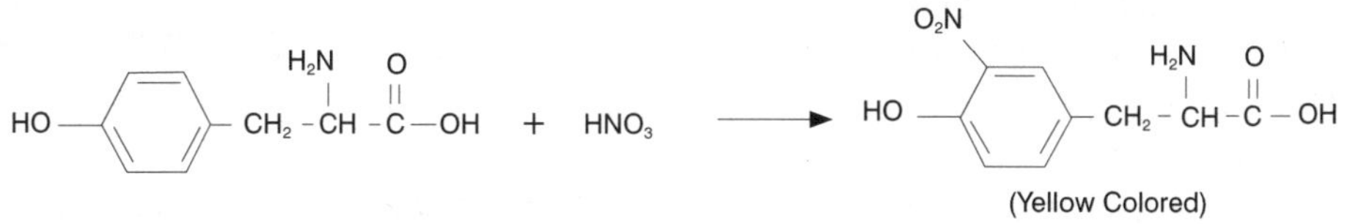
HNO3
(Yellow Colored)

米隆反應

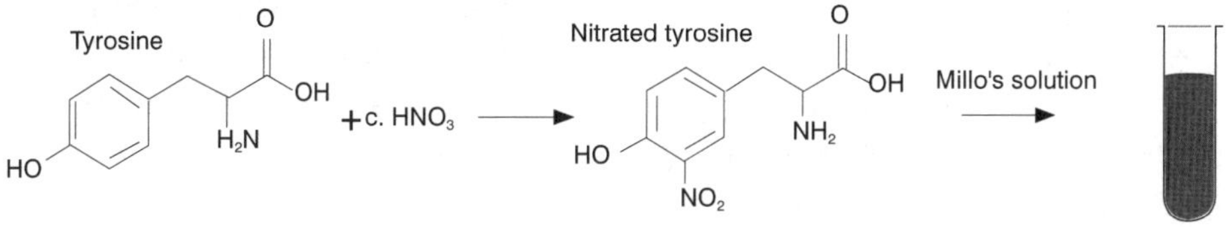
Tyrosine
c. HNO3
Nitrated tyrosine
Millo's solution

乙醛酸反應

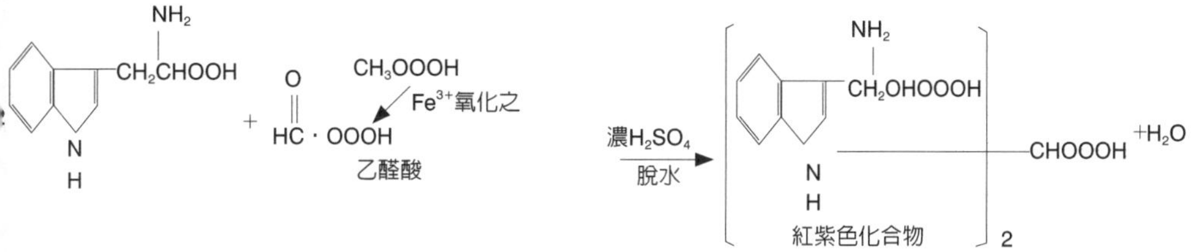
CH3OOOH
Fe3+氧化之
乙醛酸
濃H2SO4
脫水
紅紫色化合物
+H2O

4-8 蛋白質的呈色反應及定量分析（二）

6. 坂口反應（Sakaguchi reaction）

為檢測含有精胺酸蛋白質的呈色反應。待檢測樣品在鹼性溶液中加入α萘酚和次氯酸鈉後，若含有精胺酸則會出現紅色產物，此反應可用於精胺酸的定性和定量測定。

7. 福林酚反應（Folin-ciocalteu reaction）

含有酪胺酸的酚基蛋白質溶液與福林酚試劑反應，生成深藍色化合物。藍色的深淺與蛋白質含量成正比。

蛋白質的定量分析

1. 凱氏定氮法（Kjeldahl method）

其原理為分解→蒸餾→滴定。將蛋白質待測樣品與濃硫酸一起加熱，使其中的氮轉化為硫酸銨。待測樣品的分解過程會從深色漸漸變得無色且透明，接著溶液中加入少量氫氧化鈉，然後蒸餾，此時銨鹽會轉化成氮。而總氮量會由反滴定法確定，滴定所得的結果乘以6.25就可以得到蛋白質含量。

2. 紫外線吸收法

蛋白質溶液在280 nm波長處有最大吸收值。在一定的濃度範圍內，蛋白質溶液的光吸收值與其含量成正比，因此可由標準曲線圖作定量測定。紫外線吸收法測定蛋白質含量的優點是迅速、簡便，但是容易受到不純物質所干擾。

3. 染料結合法（dye binding method）

也稱為考馬斯藍染色法（coomassie blue staining），亦稱Bradford法（1976年由Bradford建立）。當蛋白質與考馬斯亮藍試劑（Coomassie brilliant blue G-250）結合後會變為藍色，蛋白質與色素結合物在595 nm波長下有最大光吸收。其光吸收值與蛋白質含量成正比，因此可用於蛋白質的定量測定。此方法的優點為：試劑配製簡單、操作簡便快捷、反應靈敏度高，是一種常用的微量蛋白質快速測定方法。

4. 二金雞納酸法（bicinchoninic acid assay）

此法的操作過程為，蛋白質先與二價銅離子作用進行還原成一價銅離子，而一價銅離子再與二金雞納酸反應呈現出紫色化合物，結果在562 nm波長下測定蛋白質樣本與對照組比較其吸光度而求得蛋白質含量。

坂口反應

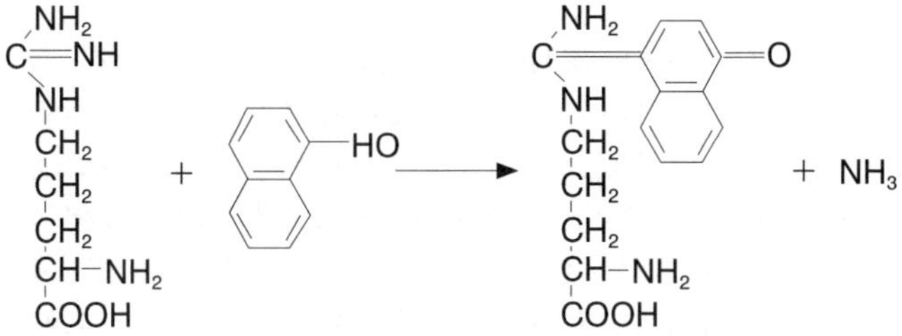

凱氏定氮法

一、分解

蛋白質 + $H_2SO_4 \xrightarrow[\triangle]{催化劑}$ $(NH_4)_2SO_4 + SO_2\uparrow + CO_2\uparrow + H_2O\uparrow$

$(NH_4)_2SO_4 \rightarrow NH_3\uparrow + (NH_4)HSO_4$

$2(NH_4)HSO_4 \rightarrow 2NH_3\uparrow + SO_2\uparrow + H_2O$

二、蒸餾

$(NH_4)_2SO_4 + 2NaOH \rightarrow 2(NH_4)_2SO_4 + N_2SO_4$

$NH_4OH \xrightarrow{蒸汽} NH_3\uparrow + H_2O$

$2NH_3 + H_2SO_4 \rightarrow (NH_4)_2SO_4$

三、滴定

$2NAOH + H_2SO_4 \rightarrow Na_2SO_4 + 2H_2O$（樣本）

$2NAOH + H_2SO_4 \rightarrow Na_2SO_4 + 2H_2O$（空白）

考馬斯亮藍試劑

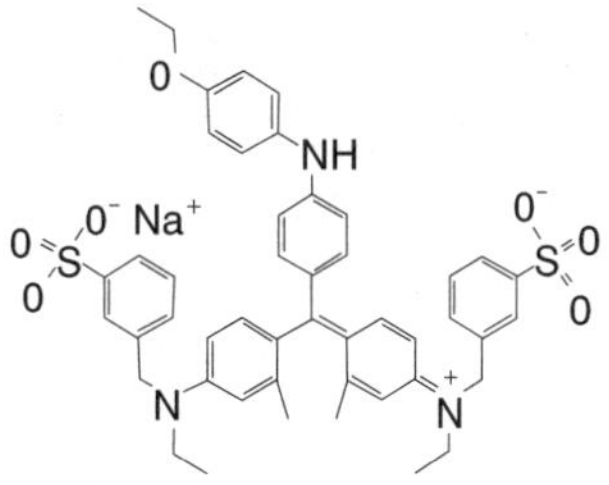

Coomassie Brilliant Blue G-250 Dye
$C_{47}H_{48}N_3NaO_7S_2$
MW 854.02

二金雞納酸法

第一步

Protein + $Cu^{2+} \xrightarrow{OH^-} Cu^{1+}$

第二步

$Cu^{1+} + 2BCA \rightarrow$

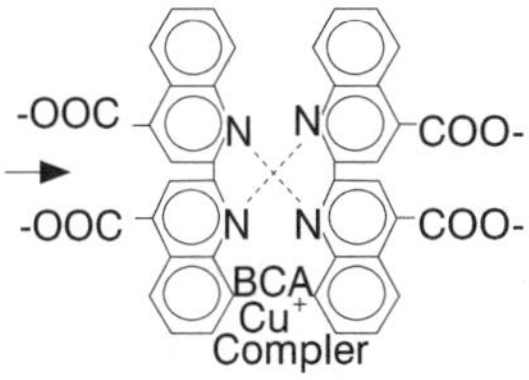

BCA
Cu$^+$
Compler

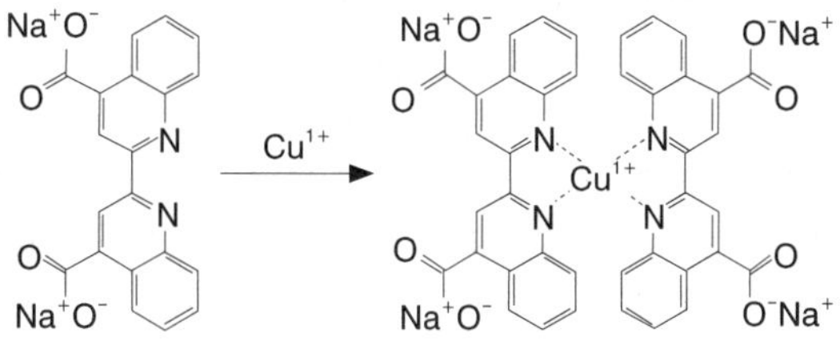

Bicinchoninic Acid
(BCA) sodium salt

BCA-Copper
反應

4-9 食品蛋白質的功能性質（一）

蛋白質是食品的重要成分，除了提高食物的營養成分之外，對於食品的特性也扮演著很重要的角色，這是因為各種蛋白質有著不同的功能性質，因而可以在食品加工中發揮出不同功能。食品蛋白質的功能特性包括：水合性（hydration）、溶解性（solubility）、乳化性（emulsifying）、黏著性（viscosity）、吸香性（flavor binding）、起泡性（foaming）、凝膠性（gelation）以及麵糰型成性（dough formation）等，其食品應用參考右頁表。影響食品蛋白質的功能特性主要有三個因素，分別為內在因素、環境因素以及加工處理，更多詳細的因素請參考下節右頁表列。以下針對不同的食品蛋白質的功能特性一一作介紹：

1. 水合性：水合性指的是透過蛋白質的胜肽鍵和胺基酸支鏈與水分子間的相互作用而表現出來的結合水的特性。蛋白質的許多功能特性多取決於蛋白質的水合性，例如分散性、濕潤性、增稠性、黏度、持水能力、凝膠作用、凝結、乳化和起泡等。

不同的胺基酸與水的結合能力不同。極性胺基酸、離子化的胺基酸，對於結合水量相對較大，而影響蛋白質水合能力的因素包含了：濃度、pH值、溫度、離子強度以及其他成分的存在等，水合能力大小依序為：極性帶電荷胺基酸＞極性不帶電荷胺基酸＞非極性胺基酸。食品中的例子為：動物被屠宰後，僵直期內肌肉組織的水合性最差，是由於肌肉的pH值從6.5下降到5.0左右（通常在pH值等於5時保水性最差，而在pH值等於5以下或以上時，保水性卻可增加），肉的嫩度下降，導致肉的品質不佳；蛋白質的水合能力一般會隨著溫度的升高而降低（溫度增加破壞氫鍵，降低水合性）。蛋白質的水合性可影響食品蛋白質的嫩度、多汁性、柔軟性，所以水合性對於蛋白質品質十分重要。

2. 溶解性：蛋白質分子表面疏水性區域越少和電荷頻率越大，則相對的溶解度越大。影響蛋白質溶解度的因素包括了：(1)pH值：當酸鹼值在蛋白質的等電點時通常溶解度最低。(2)離子（鹽）強度：在低濃度（0.1～1 mol/L）的時候可以增加溶解度，此時稱為鹽溶（salting-in），而當濃度大於1 mol/L時，蛋白質在水中的溶解度便會開始降低，甚至產生沉澱，此時稱為鹽析（salting-out）。(3)溶劑類型：酒精與丙酮的介電常數（dielectric constant）比水要來的小，因此蛋白質在此溶劑中的溶解度會較低。(4)溫度：蛋白質的溶解度在特定範圍內（0～40℃）會隨溫度的升高而增加；隨著溫度的進一步升高，蛋白質分子發生伸展、變性，蛋白質的溶解度便會跟著下降。(5)蛋白質濃度。

3. 乳化性：蛋白質是兩性分子，同時具有親水與疏水端，因此能夠自由的活動在油－水界面中。安定乳化性的主要鍵結包括了：氫鍵、靜電作用力和疏水鍵，部分的雙硫鍵也參與乳化的安定性。影響蛋白質乳化的因素包含了：pH值、離子強度、溫度、低分子量的表面活性劑、糖、蛋白質類型和使用的油的熔點等。食品中的代表為：牛乳、蛋黃醬、冰淇淋等。

食品蛋白質的功能特性及其應用

功能特性	蛋白質類型	食品應用
水合性	肌肉蛋白	香腸
溶解性	大豆蛋白	豆漿
乳化性	牛乳蛋白	牛乳
黏著性	明膠	果凍
吸香性	大豆蛋白	素肉
起泡性	雞蛋蛋白	蛋糕
凝膠性	肌肉蛋白	魚漿製品
麵糰形成性	大麥蛋白	麵包

影響蛋白質溶解度的因素

影響因素 ── pH值

── 離子強度

── 溶劑類型

── 溫度

HLB值之界面活性劑利用

HLB值	用途
1～3	消泡劑
4～8	W/O乳化劑
7～9	濕潤劑
7.5～15	O/W乳化劑
13～14	洗髮劑

4-10 食品蛋白質的功能性質（二）

4.黏著性：蛋白質是一種具有可溶性的大分子聚合物，因此黏稠度很大；分子結構較爲鬆散的螺旋結構的黏著性較緊密摺疊的高。影響蛋白質流體黏著性的主要因素是：分子形狀、大小、柔軟性、水合程度、溫度以及蛋白質濃度等。蛋白質溶液的黏著性反應了它對流動的阻力，不僅可以穩定食品中的被分散成分，同時也直接提供良好的口感，或間接改善口感。蛋白質溶液的黏度是液態、醬狀食品（飲料、肉湯、湯汁等）的主要功能性質。

5.吸香性：蛋白質經由各種化學鍵（氫鍵、凡德瓦力、疏水鍵以及靜電作用力）和物理吸附力與有味道的物質結合。影響蛋白質吸香性的因素包含了酸鹼度（在鹼性比在酸性更能增進吸香性）、鹽吸狀態下高於鹽溶狀態、添加還原劑破壞雙硫鍵也可增加吸香性，以及蛋白質經部分變性後會增加吸香性等。蛋白質的吸香性對於食品有正反兩面的作用，正面作用像是蛋白質可以用作香氣的載體或改良劑，在加工含有植物蛋白質的仿眞肉製品時（素食產品），可以成功模仿肉的味道。

6.起泡性：泡沫通常是指氣泡分散在含有表面活性劑的連續液相或半固體的分散體系。許多加工食品是泡沫型產品，如攪拌奶油、蛋糕、麵包、冰淇淋、啤酒等。蛋白質能作爲起泡劑主要取決於蛋白質的表面活性和成膜性，例如做蛋糕時，水溶性蛋白質在蛋白中攪拌時可被吸附到氣泡表面來降低表面張力，又因爲攪拌過程中的變性，使泡沫更加穩定。添加鹼性物質可以增加泡沫體積（例如做麵包時用來發酵的小蘇打粉）；而添加糖則可以穩定泡沫。大多數情況下，泡沫中的氣體爲空氣或二氧化碳，而通常用會使用表面活性劑以保持界面，防止氣泡聚集，降低表面張力，並且在氣泡之間形成有彈性的保護層。各種泡沫的氣泡大小取決於液相的表面張力和黏稠度，分布均勻的細微氣泡可以使食品產生黏稠性、細膩和鬆軟的口感。

7.凝膠性：凝膠性在蛋白質食品的製備中扮演著重要的角色，包括各種乳品、果凍、凝結蛋白、明膠凝膠、加熱的碎肉或魚製品、大豆蛋白質凝膠和麵包麵糰的製作等。蛋白質凝膠作用可用來形成固態黏性凝膠，而且還能增稠，提高吸水性和顆粒黏結、乳狀液或泡沫的穩定性。參與凝膠的化學鍵包括了：氫鍵、疏水鍵、靜電作用力以及雙硫鍵等。高溫會破壞氫鍵，相反的，低溫則有助於氫鍵的形成，因此以氫鍵爲主的凝膠爲熱可逆反應，例如：明膠；另外，大豆蛋白在鈣和鎂離子的存在下，可經由靜電作用力形成凝膠，例如：豆腐的製作。

8.麵糰形成性：小麥蛋白是衆多食品蛋白質中唯一具有形成彈性麵團特性的蛋白質，當小麥麵粉與水於室溫下混合、揉搓，形成強內聚性和彈性的麵糰，再經過發酵、烘焙便製成麵包，而黑麥和大麥的麵糰形成性則較差。麵筋蛋白主要是由穀膠蛋白和小麥穀蛋白組成，在麵粉中占總蛋白量的80%，麵糰的特性與它們的性質有關。

影響食品蛋白質功能性質的因素

內在因素

蛋白質組成	蛋白質結構
簡單蛋白質 / 結合蛋白質	同質 / 異質

環境因素

酸鹼度	氧化還原狀態	鹽類 / 離子	水
碳水化合物	脂質	表面活性劑	香味

加工處理

加熱	加酸 / 鹼	離子強度	還原劑
儲存條件	乾燥條件	物理 / 化學 / 酵素修飾	

4-11 蛋白質的化學反應及其衍生物（一）

不同胺基酸的支鏈在不同的環境條件下有不同的反應，因此食品蛋白質在加工或是儲存的環境下，可能受到溫度、酸鹼度、光線或是氧氣的影響，因而產生各種化學反應和衍生物，這些化學反應與衍生物可能有助於食品的色香味表現，但也可能產生對人體有害的物質。主要的化學反應包括：熱裂解反應（pyrolysis）、消旋光反應（racemization）、交聯反應（cross-linking reaction）氧化反應（oxidation）、光氧化反應（photooxidation）、梅納反應（Maillard reaction），針對不同的化學反應在以下一一做介紹：

1. 熱裂解反應

正常情況下，加熱會造成蛋白質結構上的變化。一開始緩和的加熱，並不會破壞或生成共價鍵，一級結構也不會受到破壞；然而當溫度持續上升時，食品中的酵素、微生物等活性被破壞，達到殺菌、殺菁效果，易於保存食物以及衛生安全，而且不至於產生不良的顏色或味道，質地也不會有所改變，此時大部分的蛋白質都已變性。例如：黃豆中的胰凝乳蛋白抑制劑會在加熱過程中被破壞，從營養的角度是有好處的。

然而，蛋白質在高溫燒烤的情況下（200℃以上）會因為熱裂解反應，產生有毒的致癌物質，對人體有害。例如：色胺酸在高溫下持續加熱會產生強烈致癌性的環狀衍生物——咔啉（carbo-line）。

2. 消旋光反應

消旋光反應指的是胺基酸的結構產生變化的過程，例如從原本的L型轉為D型異構物，而促使消旋光反應的催化劑可能是在高溫或是高鹼的情況下。D型胺基酸可以再經由鹼處理透過β移除作用（β-elimination reaction）去除D型胺基酸，特別是半胱胺酸；而經過消旋光反應之後產生的D型胺基酸不容易被人體消化，人體當然也辦法使用D型胺基酸來合成需要的蛋白質。

3. 交聯反應

食品蛋白質在生物體內或加工過程，分子間可以透過其支鏈上的特定基團經由交聯反應聯結在一起，形成更大的分子從而使蛋白質變性。加工過程造成的交聯反應包括了：在氧化劑（例如：空氣中的氧）存在的情況下，硫氫基－雙硫鍵的交換反應、輻射造成蛋白質的互相聚合、轉麩醯胺酶催化反應以及高溫加熱產生的離胺基丙胺酸衍生物。而交聯反應後的蛋白質，可能會造成消化率及蛋白質利用率下降。

消旋光反應

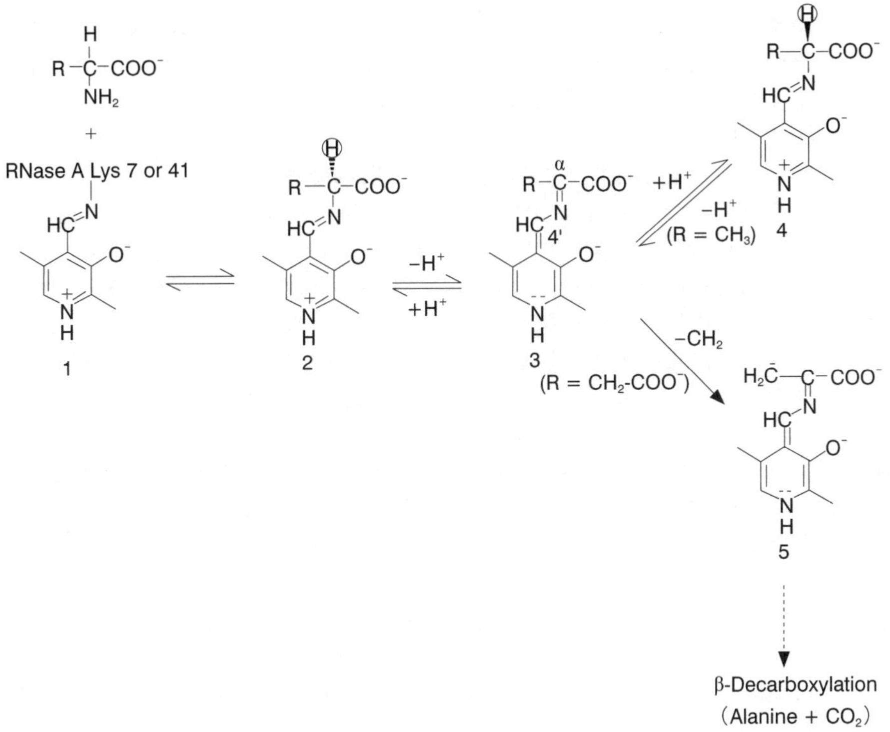

RNase A Lys 7 or 41
−H⁺
+H⁺
α
4'
+H⁺
−H⁺
(R = CH₃)
−CH₂
(R = CH₂-COO⁻)
1
2
3
4
5
β-Decarboxylation
(Alanine + CO₂)

交聯反應

Primary Amine
Carboxylic Acid
EDC
o-Acylisourea Active Ester
Crosslinked Proteins
Isourea By-product

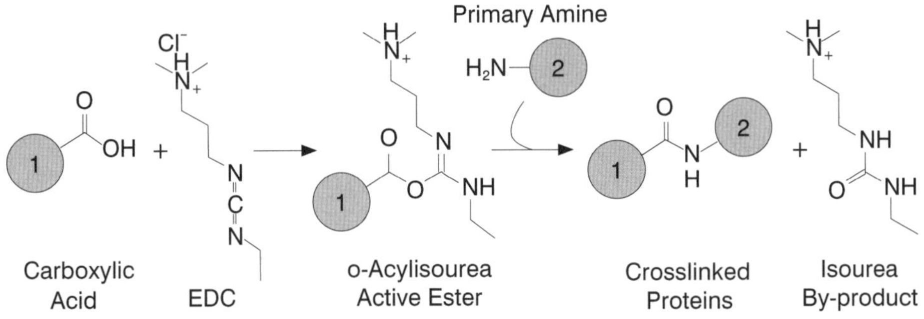

4-12 蛋白質的化學反應及其衍生物（二）

4.氧化反應

在氧化劑存在的情況下，會促進胺基酸的氧化反應，容易受氧化的胺基酸爲甲硫胺酸、半胱胺酸、色胺酸、組胺酸及精胺酸等。而食品添加物中的氧化劑主要是用來殺菌、漂白或是有預防褐變的功能，但是若這些氧化劑添加物碰上了容易受氧化的胺基酸，會造成胺基酸產生不可逆的氧化反應，使得胺基酸的消化率下降。蛋白質的氧化直接的或間接的受到活性物質的誘導，可以包括自由基或非自由基基團，此爲誘導物的分類；依反應作用之區別，分爲直接誘導反應和間接誘導反應。

5.光氧化反應

含有光敏感物核黃素（維生素B2）的食品，例如：牛奶，在光和氧氣存在的情況下，容易使食品蛋白質發生光氧化作用。對光氧化反應敏感的胺基酸包含了：半胱胺酸、甲硫胺酸、組胺酸、色胺酸以及酪胺酸等。以輻射照射法來保存食物，一般小於10kGry，不需要進行毒理測試。含硫胺基酸殘基和芳香族胺基酸殘基在放射線照射下最容易引起分解。

6.梅納反應

梅納反應又稱爲羰胺反應（carbonyl-amine browning），是一種廣泛分布於食品工業中的非酶褐變反應，指的是食物中的還原糖（除了蔗糖之外大部分的醣類）與胺基酸（特別是離胺酸殘基）在常溫或加熱時發生的一系列複雜的反應，生成了棕黑褐色的大分子物質，賦予食物色香味，但也有可能降低蛋白質的營養價值。影響梅納反應的因素包含了：(1)反應物（必須要存在還原糖與胺基；(2)pH值（偏鹼性較易產生梅納反應，例如：麵包刷蛋液偏鹼性，麵包烤完呈褐色）；(3)溫度（溫度增加可加速反應的進行）；(4)水分（水活性約在0.7時，反應速率最快）。

組胺酸與精胺酸的氧化反應

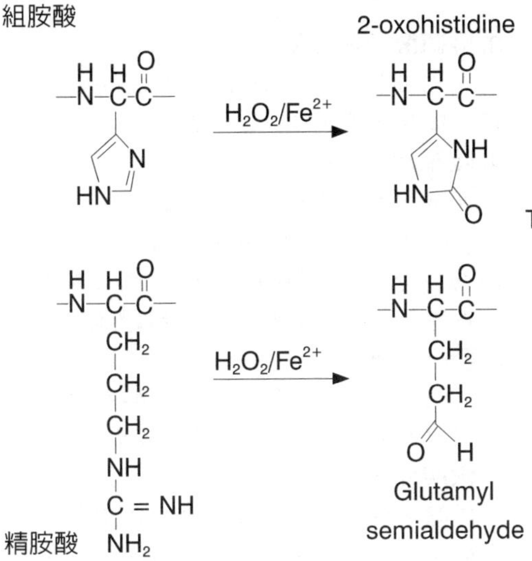

組胺酸

2-oxohistidine

H_2O_2/Fe^{2+}

精胺酸

H_2O_2/Fe^{2+}

Glutamyl
semialdehyde

色胺酸的光氧化反應

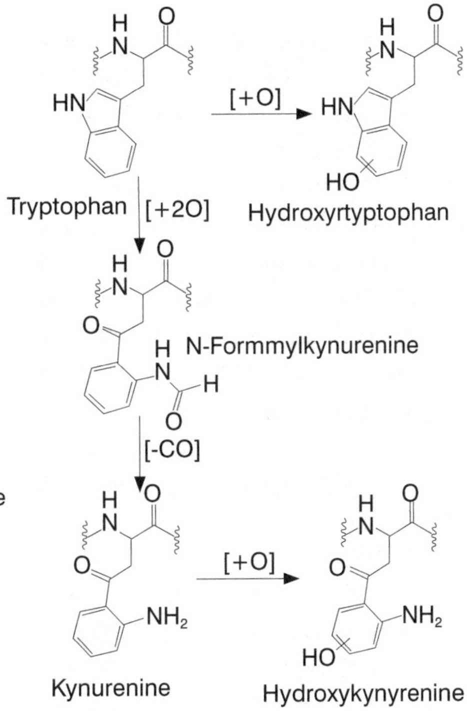

Tryptophan [+2O]

[+O] →　Hydroxyrtyptophan

N-Formmylkynurenine

[-CO]

Kynurenine

[+O] →　Hydroxykynyrenine

梅納反應

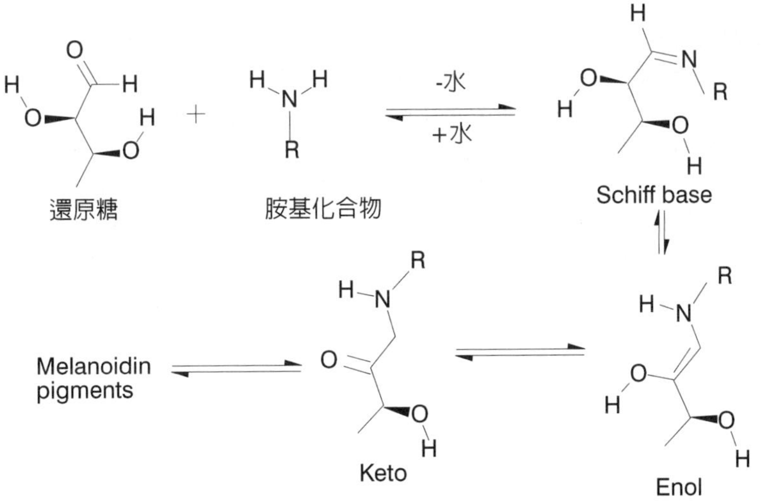

還原糖　　　　胺基化合物

-水
+水

Schiff base

Melanoidin
pigments

Keto

Enol

4-13 蛋白質的側鏈基因和修飾作用

修飾蛋白質的主要目的在於：保護容易反應的支鏈基團、改善功能及提高營養價值，但是有些蛋白質經過修飾後也有可能會降低營養價值。蛋白質的修飾作用分成：化學修飾法——烷化作用（alkylation）、磷酸化反應（phosphorylation）、亞硫酸分解作用（sulfitolysis）、胺基酸併入反應（incorporating reaction）、酯化反應（esterification）；酵素修飾法——水解反應（hydrolysis）、普拉斯丁反應（plastein reaction）、交聯反應（cross-linking reaction），針對不同的蛋白質修飾作用在以下一一做介紹：

1. 烷化作用

利用碘醋酸（iodoacetate）或是碘乙醯胺（iodoacetamide）作用在離胺酸的胺基和含硫胺基酸的硫氫基，可以有效抑制因形成雙硫鍵所引起的聚合反應。在食品的應用上可以造成蛋白質溶解度增加，改善雞蛋蛋白的乳化性以及起泡性。

2. 磷酸化反應

牛奶中的酪蛋白是用來製作乳酪的主要胺基酸，而酪蛋白是一種含磷的蛋白質。所謂的磷酸化作用是指在蛋白質分子中加入一個磷酸，例如在絲胺酸、酥胺酸或是離胺酸經過磷酸化之後加入一個磷酸，使這些胺基酸也可以應用於生產乳酪的製品。

3. 亞硫酸分解作用

利用亞硫酸鹽分解乳清蛋白的雙硫鍵，提高乳清蛋白的溶解度。

4. 胺基酸併入反應

通常利用N-羧酸酐型（N-carboxy anhydride）離胺酸或是甲硫胺酸（通常為植物性蛋白質的限制胺基酸）插入其他胺基酸上，以增加蛋白質的營養價值。

5. 酯化反應

含羧基的天門冬胺酸和麩胺酸在酸性的情況下，可與醇類進行酯化反應。

6. 水解反應

依照水解程度的不同，蛋白質經由蛋白酶水解之後，可以成為部分水解的胺基酸或是完全水解的胺基酸鏈。經過水解後的胺基酸鏈較容易被吸收，但是水解後的蛋白質氣味較差。

7. 普拉斯丁反應

指的是蛋白質部分水解之後，再經由木瓜蛋白酶或胰凝乳蛋白酶的逆反應將胜肽產物重新合成蛋白質，因此可以改善蛋白質的胺基酸組成，並應用於治療苯丙酮尿症配方的奶粉。

8. 交聯反應

轉麩醯胺酶（transglutaminase）能在蛋白質分子間引入共價交聯，該酶催化醯基轉移反應，導致離胺醯基殘基與麩醯胺殘基形成共價交聯，產生新形式的蛋白質，可以改善蛋白質的營養價值以及滿足食品加工的需要。

烷化作用

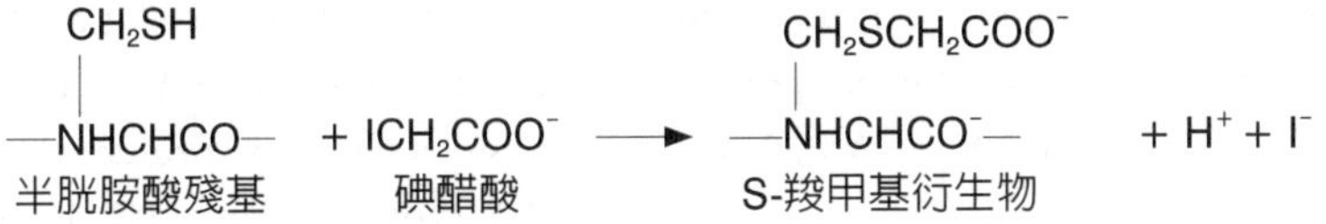

$$CH_2SH$$
$$—NHCHCO— \quad + ICH_2COO^- \quad \longrightarrow \quad —NHCHCO^- \quad \quad + H^+ + I^-$$

半胱胺酸殘基　　碘醋酸　　　　　　　　　　S-羧甲基衍生物

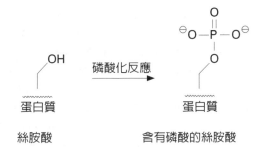

絲胺酸的磷酸化反應

絲胺酸 → 磷酸化反應 → 含有磷酸的絲胺酸

蛋白質　　　　　　　　　蛋白質

絲胺酸　　　　　　　　含有磷酸的絲胺酸

酯化作用

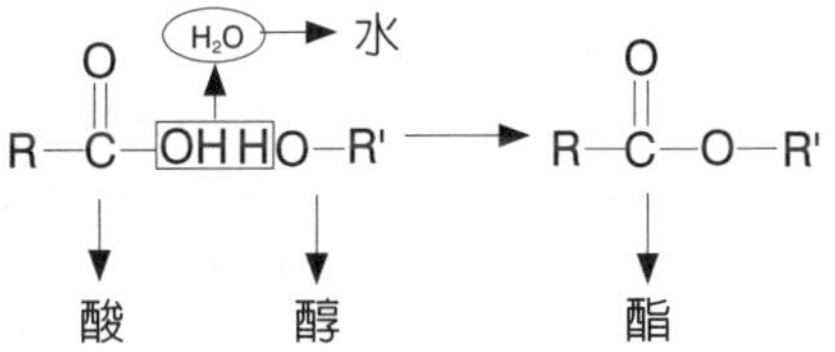

$$R—C(=O)—OH \quad HO—R' \quad \longrightarrow \quad R—C(=O)—O—R'$$

H_2O → 水

酸　　　醇　　　　　酯

水解反應

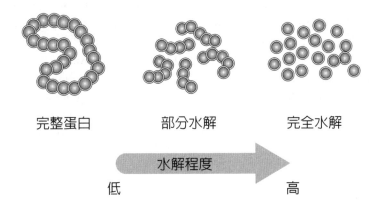

完整蛋白　　　　部分水解　　　　完全水解

水解程度

低　　　　　　　　　　　　　高

參考文獻

1. Alexov EG, Gunner MR. Incorporating protein conformational flexibility into the calculation of pH-dependent protein properties. *Biophys J*. 1997; 72(5), 2075-93.

2. Bradford MM. A rapid and sensitive method for the quantitation of microgram quantities of protein utilizing the principle of protein-dye binding. *Anal Biochem*. 1976; 72, 248-54.

3. Brown RE, Jarvis KL, Hyland KJ. Protein measurement using bicinchoninic acid: elimination of interfering substances. *Anal Biochem*. 1989; 180(1), 136-9.

4. Chou KC, Cai YD. Predicting protein quaternary structure by pseudo amino acid composition. *Proteins*. 2003; 53(2), 282-9.

5. Cohen P. The role of protein phosphorylation in neural and hormonal control of cellular activity. *Nature*. 1982; 296(5858), 613-20.

6. Davies MJ, Truscott RJ. Photo-oxidation of proteins and its role in cataractogenesis. *J Photochem Photobiol B, Biol*. 2001; 63(1-3), 114-25.

7. Ford JE. A microbiological method for assessing the nutritional value of proteins 4. Analysis of enzymically digested food proteins by sephadex-gel filtration. *Br J Nutr*. 1965; 19, 277-93.

8. Friedman M. Applications of the ninhydrin reaction for analysis of amino acids, peptides, and proteins to agricultural and biomedical sciences. *J Agric Food Chem*. 2004; 52(3), 385-406.

9. Kauzmann W. Some factors in the interpretation of protein denaturation. *Adv Protein Chem*. 1959; 14, 1-63.

10. Li Q, Dahl DB, Vannucci M, Hyun joo, Tsai JW. Bayesian model of protein primary sequence for secondary structure prediction. *PLoS ONE*. 2014; 9(10), e109832.

11. Nagaraj RH, Shipanova IN, Faust FM. Protein cross-linking by the Maillard reaction. Isolation, characterization, and in vivo detection of a lysine-lysine cross-link derived from methylglyoxal. *J Biol Chem*. 1996; 271(32), 19338-45.

12. Rasch E, Swift H. Microphotometric analysis of the cytochemical Million reaction. *J Histochem Cytochem*. 1960; 8, 4-17.

13. Thorpe SR, Baynes JW. Maillard reaction products in tissue proteins: new products and new perspectives. *Amino Acids*. 2003; 25(3-4), 275-81.

14. Wiles PG, Gray IK, Kissling RC. Routine analysis of proteins by Kjeldahl and Dumas methods: review and interlaboratory study using dairy products. *JAOAC Int*.

15. Yamashita M, Arai S, Tsai SJ, Fujimaki M. Plastein reaction as a method for enhancing the sulfur-containing amino acid level of soybean protein. *J Agric Food Chem*. 1971; 19(6), 1151-4.

第5章
維生素

陳祖豐

5-1 維生素概論

1992年，波蘭發行了芬克紀念郵票。芬克是第一位發明「維生素」一詞的科學家，這個名詞現在已經成爲全世界每天數以億計人必斤斤計較的營養名詞。他認爲人體必須攝取某些少量卻關鍵的有機物質，否則將導致疾病，而這也是現代營養學家對於維生素的基本定義。

隨著化學純化與分析技術的發展，科學家了解到維生素並非只有胺基化合物一類，例如，維生素C爲脂肪族（aliphatic series），維生素A與D爲脂環族（alicyclic series），維生素B_2與B_{12}爲芳香族（aromatic series），維生素B_1與B_6則爲雜環類（heterocyclic series）。一般而言，維生素具有以下特點：(1)生物體內含量低，通常在毫克（mg）或微克（μg）範圍。(2)必須能夠調節人體新陳代謝或能量轉換過程。(3)缺乏某種維生素，將導致特有的疾病。本章將就維生素的種類、特性以及在生物體內的酵素作用加以介紹。

維生素的概念可追溯至1880年，俄羅斯醫學家魯寧（N. Lunin）證實，如果動物僅攝取牛奶主要的營養如脂質、蛋白質及碳水化合物，將會因爲缺乏其他營養成分而瀕臨死亡，可惜此一研究在當時並未受到重視。「維生素」一詞最早是由波蘭生物化學家芬克（Kazimierz Funk）發現並命名。1912年他從糙米中分離出可治療腳氣病（beri-beri disease）的有效成分——維生素B_1，芬克認爲在人體在生長過程中，如果缺乏某些關鍵有機物質，將會引起與新陳代謝有關的疾病。因此，他以拉丁文vita（生命）與維生素B_1結構中的胺基（-amin）組合成爲vitamin一詞，用來表示生命不可或缺的營養。

維生素又名維他命，是維持人體生理與活動必須的少量有機化合物。通常維生素無法由生物體自行生成，必須藉由飲食或轉換方式才能獲得。維生素與其他營養素如醣類、蛋白質或脂質的不同之處在於，維生素不能產生能量，但卻對生物體內的新陳代謝作用具有維持與調節功能。舉例而言，許多維生素是酵素的輔酶，或是輔酶的主要組成成分。因此，雖然維生素在人體內所需的含量並不多，但是在人體的成長、發育、與新陳代謝過程中扮演著非常重要的角色。若缺乏維生素，將導致嚴重的健康與免疫問題，相反地，如果攝取過量的維生素，將導致身體中毒等問題。

從1912年發現並命名維生素B開始，維生素被人類發現至今已超過一百年。這一百年間，科學家們對食物中的營養物質與人體健康做出了大量研究，一共有17位科學家爲此獲得諾貝爾科學獎。因此，若說維生素是諾貝爾獎的獎庫一點都不爲過。值得一提的是，1938年，德國科學家孔恩（Richar Kuhu）因研究類胡蘿蔔素和維生素獲頒諾貝爾化學獎，但因納粹的阻撓而被迫放棄領獎。隨之的1940年到1942年，諾貝爾獎因第二次世界大戰爆發的影響而第二次被迫中斷。

1992年波蘭發行的芬克紀念郵票

維生素的種類、名稱、來源、可預防之疾病及功能

維生素依照其化學結構的極性大小，可區分為脂溶性（lipophilic）與水溶性（hydrophilic）兩大類。脂溶性維生素包括維生素A、D、E、K等，而水溶性維生素則有維生素B群、C與葉酸等。

	化學名稱	來源	可預防之疾病	功能
脂溶性				
vitamin A	視網醇（retinol）	牛奶、蛋黃、魚肝油、黃色蔬菜（紅蘿蔔、玉米、芒果等）	乾眼症	抵抗疾病、維持上皮細胞生長、合成視色素
vitamin D	膽鈣化醇（ergocaliferol）	魚肝油、蛋、牛肉、牛奶、皮膚經紫外線照射後合成	佝僂病	在腸道吸收鈣與磷，並沉積於骨質部位
vitamin E	生育酚（tocopherol）	小麥、綠色蔬菜、蛋黃、肉類等	不育症	合成精子、懷孕哺乳與肌肉功能之基礎營養
vitamin K	凝血維生素（phylloquinone）	綠葉蔬菜、肝臟、蛋、黃豆、由消化道內細菌合成	延長凝血時間	生成凝血酶
水溶性				
vitamin B$_1$	硫胺素（thiamine）	胚芽、米糠、燕麥、麵粉、酵母、肉類、蛋、肝臟	腳氣病、神經炎	控制碳水化合物代謝、維持神經系統正常
vitamin B$_2$	核黃素（riboflavin）	起司、蛋、酵母、番茄、綠色蔬菜、肉類、肝臟	核黃素缺乏症	細胞呼吸所需的輔酵素FAD
vitamin B$_3$	泛酸（pantothenic acid）	酵母、蛋、肉類、牛奶、肝臟、蜂蜜、甘蔗	皮膚炎、白髮、心智發展遲緩	氧化代謝過程所需輔酵素的基礎
vitamin B$_5$	菸鹼酸（nicotinic acid）	肉類、魚類、酵母、小麥、黃豆與花生	癩皮病、皮膚炎、舌炎	細胞代謝過程中的輔酵素NAD、NADP的基礎
vitamin B$_6$	吡哆醇（pyrodoxine）	牛奶、魚類、肉類、蔬菜及由小腸內細菌合成	貧血、口腔炎、皮膚炎、體重下降	蛋白質代謝過程中的重要輔酵素
vitamin B$_7$ (vit. H)	生物素（biotin）	蔬菜、小麥、蛋、豆類	皮膚病變、缺乏食慾、掉髮	脂肪合成與能量生成
vitamin B$_9$	葉酸（folic acid）	綠色蔬菜、黃豆、肉類、肝臟及由小腸內細菌合成	惡性貧血	DNA生成及紅血球成熟
vitamin B$_{12}$	氰鈷胺酸（cyanocoba lamin）	肝臟、魚類、肉類、蛋、牛奶及由小腸內細菌合成	男性惡性貧血、延緩生長及脊髓退化	生成紅血球及複製染色體
vitamin C	抗壞血酸（ascorbic acid）	檸檬、柑橘類、番茄、蔬菜	壞血病、破壞免疫系統、骨質血管易碎、神經傳導失常	形成膠原纖維的重要成分、促進牙齒及紅血球等細胞間質生長

5-2 脂溶性維生素（一）

維生素A

1906年，科學家推論，牛隻的健康除了需要一般的營養之外，另與某些未知的營養有關。1912年至1913年，美國科學家Elmer McCollum和Marguerite Davis發現魚肝油中含有一系列視網醇的衍生物，是維持生命和健康必需的微量因子，又具有抗乾眼病效果。後來在1920年Jack Cecil Drummond把這個能預防乾眼症和夜盲症的脂溶性成分正式命名為維生素A。1928年美國科學家Thomas Moore與德國化學家Paul Karrer證明，只要在氧化劑的作用下，胡蘿蔔素可以轉化為維生素A，並儲藏在大鼠肝臟中。此一研究也確認食物中的青菜、蘿蔔含有大量的胡蘿蔔素，可透過肝內氧化的作用，轉化為維生素A。

維生素A有A_1和A_2兩種，並以三種形式存在：視網醛（retinal）、視網醇（retinol）、視網酸（retinoic acid）（註：一級醇經氧化後會形成一級醛或一級酸；一級醛經氧化後會形成一級酸）。自然界以A_1較多，A_2只存在於部分淡水魚肝臟。維生素A是由20個碳組成的雙鍵不飽和碳氫化合物，結構中的羥基可被轉化為醛類、酸類或者酯類（通常為乙酸酯或者棕櫚酸酯）。由於維生素A的化學結構具有共軛雙鍵，因此具有多種順反異構物，生物體內的維生素A_1與A_2主要是以全反式結構存在，

如右頁所示。維生素A與胡蘿蔔素可在密封充氮氣、乾燥以及避光的環境下保存很長時間，但是如果在高溫、有光及氧氣的環境下，維生素A與胡蘿蔔素會非常容易且快速地產生氧化、異構化或者聚合等現象。

維生素A、視網醇與類胡蘿蔔素等習慣上以SI（systematic internatinal）表示，如μmol/l或μmol/g。為了單一化維生素A與類胡蘿蔔素在食物中含量的表示法，視網醇當量（retinol equivalent, RE）用以表示食物中1 μg全反式視網醇、6 μg全反式β-胡蘿蔔素，或者12 μg類胡蘿蔔素。另外，一般在食物營養上習慣以國際單位（international unit, IU）來表示維生素A的營養補充品，1 IU等於0.300 μg全反式視網醇，或0.6 μg全反式β胡蘿蔔素。為避免二者互相混淆，我們習慣以IUa來表示維生素A，而以IUc來表示β胡蘿蔔素。過量維生素A有毒性，成人的上限攝取量為3000 μg視網醇。常見中毒症狀有頭痛、食慾不振、皮膚發癢、毛髮脫落、多種器官傷害等。酯化視網醇與類胡蘿蔔素都是脂溶性，吸收途徑與脂肪相同。

值得注意的是，類胡蘿蔔素的生物有效性會因為來源不同而有所變化，儲存在油脂中的類胡蘿蔔素能夠被生物完全使用，但未煮熟的蔬菜中的類胡蘿蔔素吸收率則變得相當低。

維生素A₁、A₂與胡蘿蔔素的化學結構

A₂經去氫化後比A₁多了一個雙鍵。

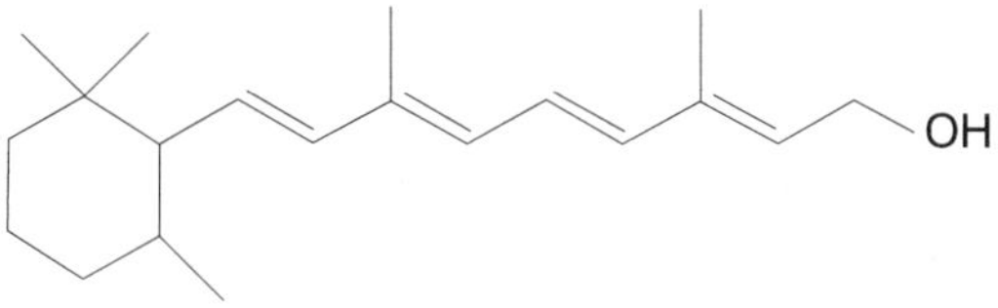

微生素 A₁
（視網醇）

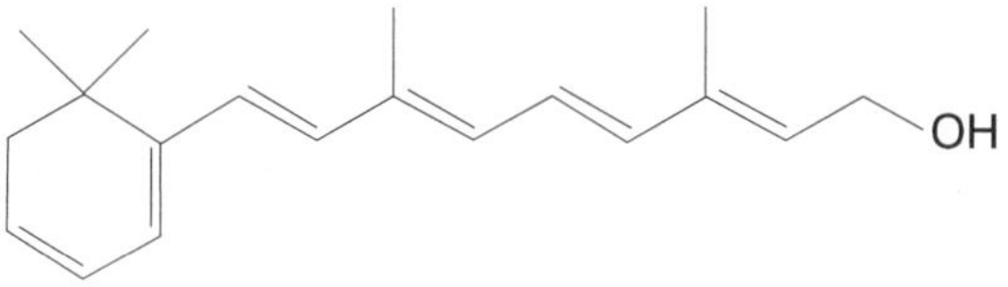

微生素 A₂
（二氫視網醇）

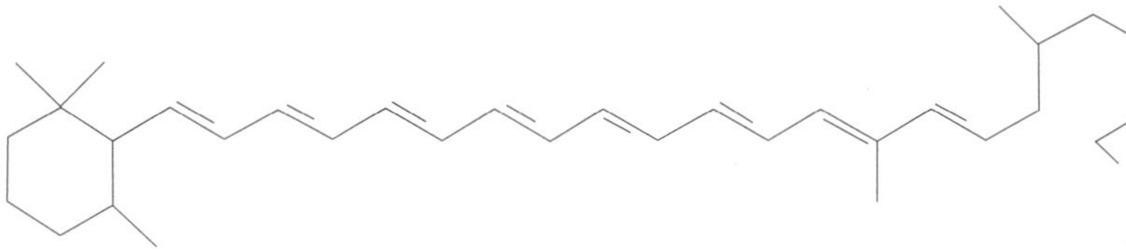

β-胡蘿蔔素
（維生素A原）

✚ 知識補充站

為何生物體內的維生素A是以全反式為主？

由於順式與反式異構體彼此之間原子的排列不同，它們的物理與化學性質也有不同。一般來說，反式異構體比順式異構體穩定。這是因為順式異構體中兩個相同基團處於同側，可能造成偶極矩的疊加，增加不對稱性；而反式異構體中兩個基團以雙鍵為中心形成中心對稱，所造成的偶極矩可以相互抵消。

生物體內屬於高溫環境，因此具有熱穩定性的全反式結構為較適合的存在型態。類胡蘿蔔素都是以全反式結構為主，在加工或者不適當的儲藏條件下可能轉變為順式構物，也就失去了維生素A的功能性。此外，光照、酸化、氧化都可能導致全反式結構變質。

5-3 脂溶性維生素（二）

維生素D

維生素D事實上是指固醇類中的多種化合物。維生素D_3（或稱膽鈣醇），是由在動物皮膚中的前驅物7-脫氫膽固醇吸收紫外光後生成。維生素D的植物形式被稱爲維生素D_2或麥角固醇。天然的飲食通常不足以供應人體所需的維生素D，因此暴露於陽光或另行補充有維生素D的食品是必要的。因此維生素D不是眞正的維生素，因爲有足夠曝曬於陽光下的個體並不需要藉由膳食補充。維生素D不具有顯著的生物活性。它必須在體內被代謝爲1,25-二羥膽鈣醇（1,25-dihydroxycholecalciferol）的形式。這一轉變發生在兩個步驟：(1)肝臟：維生素D_3被酶羥基化，成爲25羥基-膽鈣醇。(2)腎臟：25-羥基-膽鈣醇作爲基質，經酶轉化後，生成1,25-二羥膽鈣醇。

佝僂病（rickets）是缺乏維生素D所引起的。1920年，Elmer McCollum及其同事發現魚肝油既能治癒眼病，又能治佝僂病，他們斷定魚肝油中含有抗佝僂病因子，這種因子必定是屬於維生素的一種，他們將其稱爲維生素D。在一般植物中都含有維生素D前驅物——麥角固醇（ergosterol），可以轉變成爲維生素D_2，或是皮膚經過陽光照射將7-去氫膽固醇（7-dehydrocholesterol）轉變爲維生素D_3。

美國鹽湖城Intermountain醫療中心研究人員於2009年提出缺乏維生素D會增加中風、心臟病以及死亡風險的新證據。由於維生素D爲脂溶維生素，攝取過多的維生素D可能會累積在體內，而造成腎臟、心臟等軟組織鈣化的負面影響。依據衛生福利部食品藥物管理署的建議，國人每人每天之維生素D攝取量，未滿1歲幼兒和50歲以上年長者建議攝取10 μg（400 IU），1歲以上到50歲是5 μg。維生素D相對穩定，因此食物在加工時較不易轉變。但是如果是在陽光與空氣下，或者已經酸敗的油品中，維生素D仍舊會被氧化破壞。

維生素E

1922年，美國加州大學發現一種可能對動物生育有影響的維生素，將其命名爲維生素E，但直到1936年，才從麥胚油中提煉出結晶的維生素E。維生素E是母育酚（methyl-tocol, or benzopyranols）衍生物的通稱，通常以兩種類型的結構存在：生育酚（tocopherol）和生育三烯酚（tocotripherol）。生育三烯酚的結構具有異戊二烯單元的雙鍵，能夠把不同的取代基接在位置5、6、7、8以及芳香環上，產生許多衍生物，例如α、β、δ生育酚和α、β、γ、和δ生育三烯酚。

維生素E爲微帶黏性的淡黃色油狀物，在無氧條件下較爲穩定，甚至加熱至200℃以上也不被破壞。但在空氣中維生素E極易被氧化，顏色變深。維生素E易於氧化，在自然飲食中最常見的形式是γ生育酚，其次是α生育酚，在食品中抗氧化能力爲δ > γ > β > α，但在生物體內則完全相反。

維生素D₂（左）及D₃（右）的結構

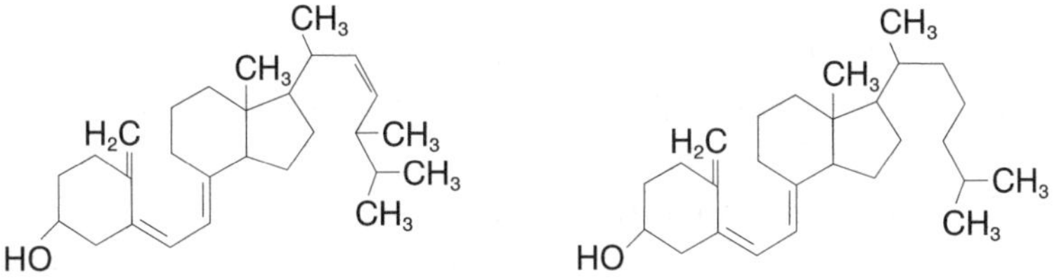

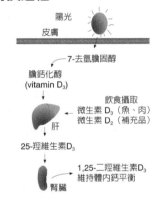

維生素D的合成途徑與轉換過程

陽光

皮膚

7-去氫膽固醇

膽鈣化醇
(vitamin D₃)

飲食攝取
維生素 D₃（魚、肉）
維生素 D₂（補充品）

肝

25-羥維生素D₃

1,25-二羥維生素D₃
維持體內鈣平衡

腎臟

生育酚（tocopherol）和生育三烯酚（tocotripherol）的結構

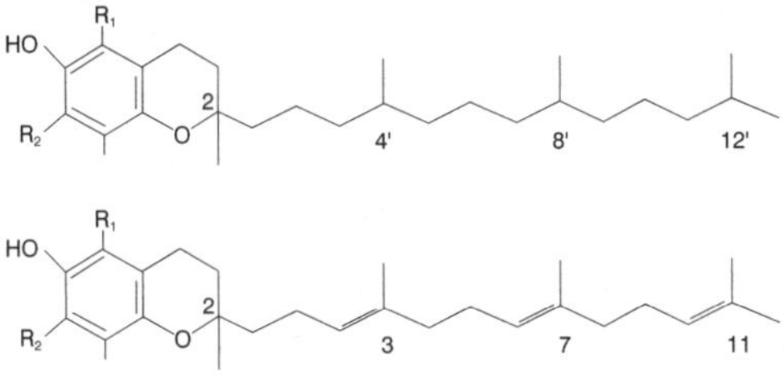

R¹	R²	
CH₃	CH₃	α-生育酚
CH₃	H	β-生育酚
H	CH₃	γ-生育酚
H	H	δ-生育酚

R¹	R²	
CH₃	CH₃	α-生育酚
CH₃	H	β-生育酚
H	CH₃	γ-生育酚
H	H	δ-生育酚

✚ 知識補充站

抗老回春的營養素：維生素E

根據美國醫學會的一項研究報告，每日服用200mg者和服用60mg者及800mg者的比較結果顯示，維生素E對老年人免疫力的提升有正向效果。

生物細胞在能量代謝的過程中所產生的自由基，具有氧化脂質（如低密度脂蛋白LDL）、細胞膜及胞內蛋白質和DNA的能力，攝取適量的維生素E可減少動脈壁堆積膽固醇，防止細胞受損，提高氧的利用率。但需注意的是，研究發現如果長期補充高劑量，不但沒有預防疾病的功效，反而會提高發生心臟病的風險。新鮮蔬果及其他食物中所含的抗氧化成分，對人體才真正有益。

5-4 脂溶性維生素（三）

維生素E因具有兩個芳香環及一長鏈脂肪酸的化學基本結構，可經由和體內的接受體結合，影響基因調控；芳香環上的氫氧基則使維生素E成爲有效的抗氧化劑。

維生素E以小麥胚芽、全穀類、堅果類、植物油、豆製品和蛋黃等食物中的含量較多。天然的維生素E完全是右旋型（L-form），合成的是外消旋型（DL-form；左右旋混合），人體只能利用右旋型，因此對合成的維生素E利用率較低。

美國國家膳食建議的標準量，成人每日的用量爲15 mg（約22.5 IU），小孩爲3.5～7 mg（5～10 IU），妊娠及哺乳期需要量略增，其他則依個人的生活模式、飲食習慣及健康狀況加以調整。維生素E屬於脂質性維生素，極少數人在服用後，可能會出現不良反應，通常與用藥量有關。可能的不良反應如下：每日服用400～800 mg，會引起腹瀉、噁心、脹氣、疲勞、眩暈、頭痛、皮膚炎、血栓性靜脈炎、齒齦出血、視覺模糊和視網膜出血。每日用量大於800 mg，會延長凝血時間，若患者合併使用抗凝血劑（例如：warfarin或dicumarol），則出血危險性增加，應特別小心。

維生素K

1934年，丹麥生化學家丹姆（Henrik Dam）發現一種具凝血功能的脂溶性維生素，命名爲「凝血維他命」（Kougalatian vitamin，丹麥語，取第1個字母稱爲維生素K）。爾後另一位美國科學家多西（Edward Adelbert Doisy）從腐敗的魚肉中分離出一種和維生素K有相同功能的結晶。依發現先後，二者分別被命名爲維生素K_1及K_2，兩人也共同獲得1943年諾貝爾生理醫學獎。

維生素K均爲2-甲基-1, 4-萘醌（naphthoquinone）的衍生物，但是在3號碳位置上的烴側鏈不同。有天然脂溶性的K_1、K_2，以及人工合成的水溶性K_3、K_4等數種。天然的維生素K_1（葉綠醌，Phylloquinone）可從綠色植物中提取，而維生素K_2（甲萘醌（menaquinone）和四烯甲萘醌（menatetrenone）則可經由腸道細菌（如大腸桿菌）生成。

維生素K是黃色油狀液體或晶體，熔點爲52℃～54℃。所有維生素K的化學性質都較穩定，能耐酸、耐熱，正常烹調中只有很少損失，但會被光、鹼、氧化劑和紫外線所分解。維生素K_1的3號碳側鏈上具四個異戊二烯（isoprenoid）殘基，其中一個是不飽和的。而維生素K_2的3號碳側鏈上不飽和的異戊二烯鏈數目不等，通常簡稱爲MK-n，n代表異戊二烯鏈的數目。以下圖爲例，稱爲MK-4。維生素K在體內可以儲存的量很少，因此爲減少身體自食物中攝取的需求，身體內會產生一種回收過程，稱爲「維生素K週期」（vitamin K cycle）。已經被還原的維生素KH_2，透過維生素K羧化酶（稱爲γ-麩胺醯基羧化酶），得到維生素K環氧化物，然後再經由環氧化物還原酶轉換成原來的維生素K。

維生素K是四種凝血蛋白（如凝血酶原、抗血友病因子等）在肝臟內合成必需的物質。缺乏維生素K會導致凝血時間延長和引起出血病症。一般人並不需要特別補充維生素K，美國食品營養局建議成人每天攝取量爲70～140 μg。嬰兒則因假設其腸內尚無細菌可合成維生素K，建議自食物中攝取10～20 μg。

正常動脈剖面與動脈壁堆積膽固醇剖面之比較

正常動脈　　　　　　　高程度狹窄症，血栓

維生素K₁與K₂的構造

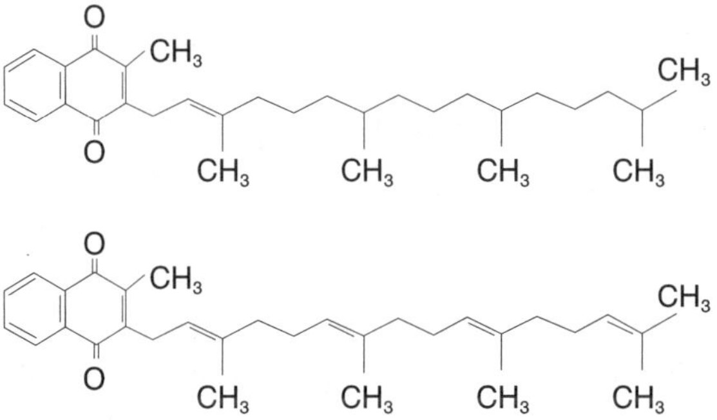

O
‖
CH₃

葉綠醌
（維生素K₁）

CH₃　　CH₃　　CH₃　　CH₃

O
‖

甲萘醌
（維生素K₂）

CH₃　　CH₃　　CH₃　　CH₃

維生素 K 週期

維生素K在體內儲存量很少，身體內會產生的回收過程。

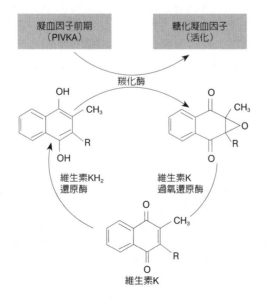

5-5 水溶性維生素：維生素B群（一）

維生素B₁（硫胺素）

維生素B₁，又稱爲硫胺素（thiamine）是第一個被研究了解其化學結構與功能的維生素。它在酸性環境中，甚至高溫加熱下（130～140℃）仍然具有生物活性。但是若在鹼性環境中，只需要在80～100℃下就會失去活性。維生素B₁的生物活性形式是焦磷酸硫胺素（二磷酸硫胺素）。

維生素B₁的結構是嘧啶環（pyrimidine）透過CH₂與噻唑環（thiazole）相連。噻唑環連結乙醇結構，在體內可被磷酸化，產生硫胺素磷酸類，而焦磷酸硫胺就是一個最常見的結構（如右頁圖），作爲相關生化反應的輔酶，如碳水化合物的丙酮酸的氧化脫酸作用、轉酮基作用等。維生素B₁負責將血糖（主要是葡萄糖）轉化爲生物能量，並與神經組織、心臟、紅血球、平滑和橫紋肌等作用，扮演重要角色。

大部分維生素B₁的代謝產物會隨尿液排出，因此有關於維生素B₁引起的毒性報告很少。維生素B₁存在於大部分的植物和動物組織中，但含量通常很少。食品中主要的來源是穀物、動物內臟和肉。由於酵母含有大量的維生素B₁，因此與酵母有關的產品，如麵包、啤酒等之維生素B₁含量較多，穀類麩皮、糙米、花生等次之。動物肝臟和腎臟中也含有維生素B₁。維生素B₁在食品加工過程中很容易分解，高溫加熱、加工過程、咖啡因、酒精，以及其他具氧化性的化合物都會減損維生素B₁的含量。

一個成年人每天需要的維生素B₁約1.2至1.5 mg，對於兒童、孕婦和哺乳期婦女，則需要1.0到5.0 mg。另外對於特殊族群像是慢性酒精中毒病患，以及常喝濃茶、咖啡的人，建議需攝入較一般人更多的維生素B₁。

維生素B₂（核黃素）

維生素B₂，又稱爲核黃素（riboflavin），命名源自於它具有核糖醇（ribotol）結構，以及本身爲黃色（黃素，flavin，源自拉丁語詞）。在20世紀早期，核黃素被稱爲維生素G，因爲它被認爲是生長所需要的飲食因子。維生素B₂在高溫下非常穩定，因此在120℃能保持穩定和活性歷時五到六小時。與維生素B₁相同的是，其在酸性介質中的活性穩定，而若在鹼性介質中活性則會降低。維生素B₂對於可見光非常敏感，如果長期暴露在有光線的環境，可能導致其分解。

小博士解說

富人的疾病

腳氣病（beri-beri），症狀包括體重減輕、身體虛弱且疼痛、腦損傷以及心律不整，嚴重時將導致心臟衰竭而死亡。此一疾病曾經在亞洲地區盛行很長一段時間，當時雖然被認爲是一種營養缺乏症，但是醫生對此疾病卻束手無策。諷刺的是，得到腳氣病的人幾乎都是擁有多樣、豐富且乾淨食物的富人，而只有有限食物的窮人卻不會得到這種疾病。後來才發現，腳氣病是維生素B₁（硫胺素）缺乏所引起的，而這種維生素可在穀物外皮發現。富人爲了美味與口感，除去了穀物外皮，也失去攝取維生素B₁的機會，而窮人因爲食物有限，保留穀物外皮，反而獲得了更多樣的營養。

維生素B₁結構

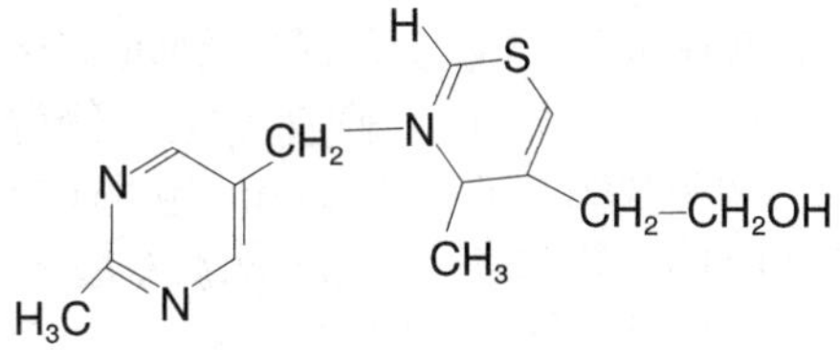

維生素B₁的生物活性結構：焦磷酸硫胺

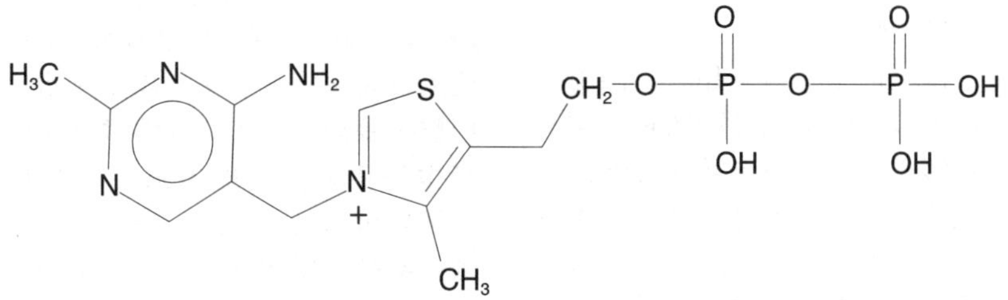

維生素B₂結構

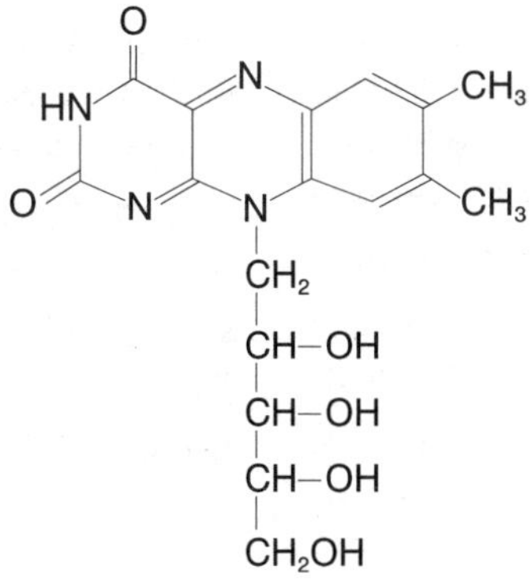

5-6 水溶性維生素：維生素B群（二）

維生素B_2是重要的生物化學成分，因為它是對於碳水化合物、脂肪以及蛋白質在體內作為能量來源的關鍵輔酶。維生素B_2是黃素單核苷酸（FMN）和黃素腺嘌呤二核苷酸（FAD）這兩個重要的輔酶的一部分。黃素核苷酸為黃素酶或黃素蛋白的輔基，這些酶參與丙酮酸、脂肪酸、胺基酸等進行電子轉移之氧化降解的部分。維生素B_2具有抗氧化性質，能合成麩胱甘肽還原酶，保護身體免受自由基攻擊。

維生素B_2可由所有植物和許多微生物自行生成，但不包括高等動物和人類。食品中以酵母含量最多，其次是動物肝臟、腎臟、牛奶以及深綠色蔬菜。維生素B_2的功用類似於維生素B_1，對於產生身體能量非常重要，但是因為屬於水溶性，過量的維生素B_2會經由尿液排出，因此必須不斷地補充。由美國國家科學院國家研究理事會推論，成年男性和女性對核黃素的攝取量是1.3 mg／天和1.1毫克／天；懷孕和哺乳期建議每天增加至1.4 mg和1.6 mg；對於嬰兒是0.3～0.4 mg；兒童是0.6～0.9 mg；對於運動員和具有更高的代謝需要者可增加至2.5 mg。核黃素缺乏症的症狀往往是對光敏感、視力模糊和眼睛布滿血絲，後續的症狀是皮膚和黏膜病變。另由臨床經驗發現缺乏維生素B_2常和缺鐵情形一併出現，因此推測維生素B_2能夠增加鐵的吸收，建議可透過在飲食中添加維生素B_2以減少貧血的風險。

維生素B_3（菸鹼酸）

維生素B_3有兩種形式：菸鹼酸（niacin）和菸鹼醯胺（nicotinamide）。兩者均是無色、針狀結晶，對熱、空氣、光和鹼性環境都很穩定，是維生素B群當中最穩定的一種。菸鹼酸在體內轉變成為菸鹼醯胺後，可與磷酸、核糖和嘌呤結合形成菸鹼醯胺腺嘌呤二核苷酸（NAD）和菸鹼醯胺腺嘌呤二核苷酸磷酸（NADP）輔酶。NAD和NADP合成代謝反應包括如脂肪、碳水化合物、蛋白質、醇類，以及細胞信號傳導和DNA修復等重要的反應。對身體的影響作用例如可降低膽固醇、調節血糖、促進神經系統正常運作、防止和治療精神分裂症、保持皮膚清潔、保持消化系統健康、防止心臟疾病、預防偏頭痛、降低血壓症狀等。其中廣為大眾所知的慢性缺乏維生素B_3的疾病是糙皮病，病徵有皮膚炎、胃腸功能紊亂和精神障礙等徵狀。

維生素B_3的食物來源包括酵母、魚、甜菜根、肝臟和腎臟、雞、紅肉、乳製品、蛋、全穀物產品以及綠葉蔬菜。天然食物的建議攝取量（RDA）為每天15～18 mg，而最高安全劑量於這種維生素依據兩種不同形式而有所不同，對於菸鹼酸的最大安全劑量是120 mg，菸鹼醯胺則為每天300 mg。

維生素B₃結構

菸鹼醯胺腺嘌呤二核苷酸磷酸

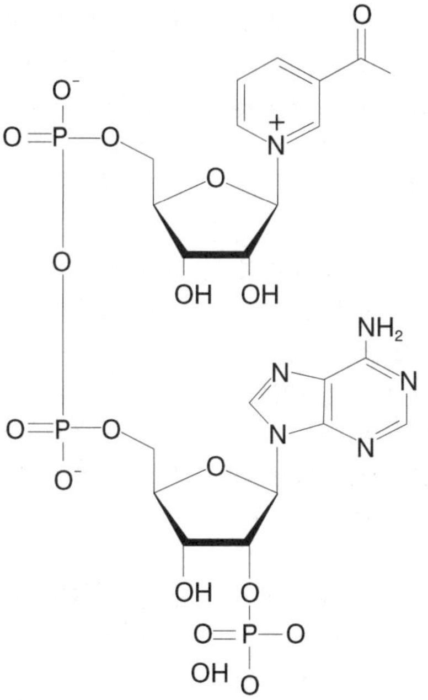

維生素B₃係指菸鹼酸（左）與菸鹼醯胺（右）的總稱。

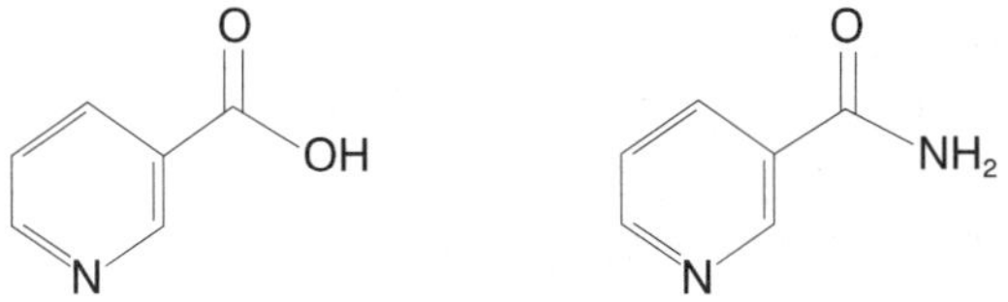

✚ 知識補充站

來自外太空的維生素：維生素B₃

NASA科學家研究隕石的化學組成時，發現有一種碳質球粒隕石當中含有胺基酸以及雜環化合物，這些成分是構建地球生命的重要組成，其中一種與生命有關的成分就是維生素B₃。特別的是，維生素B₃是與活細胞代謝有顯著關係的分子，表明隕石可能是來自於一個有液態水的小行星，並且可能已經出現與地球息息相關的代謝反應。

5-7 水溶性維生素：維生素B群（三）

維生素B₅（泛酸）

泛酸（pantothenic acid），也稱為維生素B₅，是由泛解酸和β丙胺酸結合而成的醯胺結構。泛酸可以在體內被ATP磷酸化轉為輔酶A（coenzyme A）。輔酶A能將碳水化合物、脂肪等轉換為能量（例如檸檬酸循環中的脫羧反應），也負責把蛋白質分解為胺基酸單體，或者將胺基酸組合產生蛋白質，由此可知維生素B₅對於人體的代謝作用相當重要。

維生素B₅在高溫下非常不穩定，因此在食品加熱與加工過程中極易損失，一般在烹飪過程中約會失去40%。維生素B₅廣泛存在於植物和動物，特別是在動物組織中，包括肉、穀物、酵母、豆類、小麥粉、肝臟、心臟、腎臟、綠色蔬菜和雞蛋。維生素B₅的每日建議攝取量（RDA）為6 mg，而每天的最大安全劑量為1,000 mg。

維生素B₆（吡哆素）

維生素B₆，又稱為吡哆素（pyridoxine，或吡哆醇），可包括三種形式，分別為吡哆醇（pyridoxine, PN）、吡哆醛（pyridoxal, PL）和吡哆胺（pyridoxamine, PM），此三種形式可在生物系統中互相轉換，其化學結構如右頁圖所示。維生素B₆在動物體內主要的活性形式通常會與磷酸結合存為吡哆醛-5-磷酸（PLP），PLP是維生素B₆的輔酶形態，可參與胺基酸代謝，或成為碳水化合物、蛋白質和脂肪的細胞代謝酶，以

及協助神經傳遞物質的形成以及生產菸鹼酸（維生素B₃）。

維生素B₆是相當穩定的維生素，無論是在酸性或鹼性溶液中，依然能保持其生物活性。但若是遇到光、酒精或加熱的影響，維生素B₆會被快速降解，失去生物活性，因此食品加工過程對於保存維生素B₆相當不利。

維生素B₆的重要作用是在細胞增殖、製造白血球和免疫系統，缺乏維生素B₆可能導致貧血、神經紊亂和各種皮膚問題。維生素B₆廣泛分布在食品中，例如酵母、穀物、肉類、肝臟、腎臟、堅果、牛奶、雞蛋和綠葉蔬菜等。成年人對維生素B₆每日的需求是1～2 mg。

維生素B₇（生物素）

生物素，也稱為維生素B₇，同屬於維生素B群，另常被稱做維生素H（H為haar und haut之縮寫，德語為「頭髮和皮膚」）或輔酶R。它是由兩個環融合而形成的：一個是脲基（tetrahydroimidizalone）環，另一個是四氫噻吩（Tetrahydrothiophene）環。戊酸基接在四氫噻吩環上，該分子屬於雜環羧酸。生物素是從丙胺酸、胺基酸和庚二醯-輔酶A合成。生物素用來合成多種物質，包括脂肪酸與胺基酸。在一般情況下，生物素以與蛋白質結合的形式存在於食物之中，例如生物胞素（biocytin），其可透過蛋白酶水解蛋白來釋放生物素。

維生素B₅（又稱泛酸）的結構

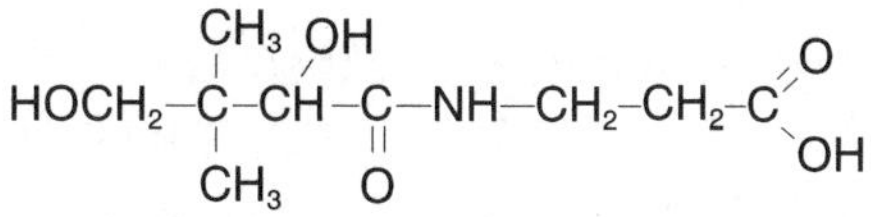

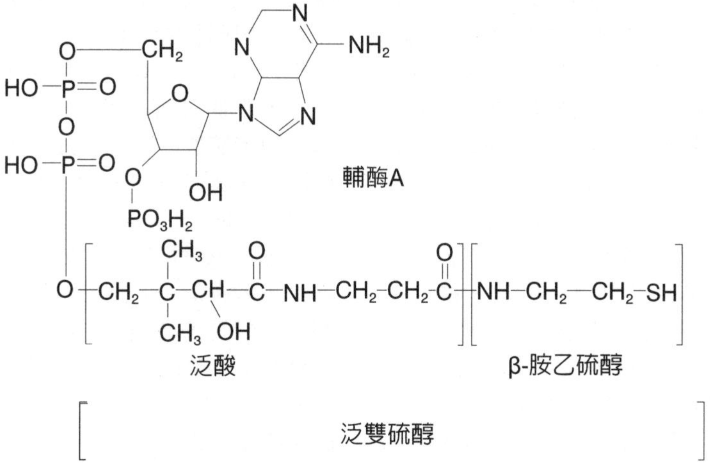

$$HOCH_2 - \underset{\underset{CH_3}{|}}{\overset{\overset{CH_3}{|}}{C}} - \underset{OH}{\overset{|}{CH}} - \underset{O}{\overset{||}{C}} - NH - CH_2 - CH_2 - \underset{OH}{\overset{\overset{O}{||}}{C}}$$

輔酶A

泛酸　β-胺乙硫醇

泛雙硫醇

維生素B₅在體內被ATP磷酸化轉為輔酶A

維生素B₆結構

維生素B₆是吡哆系列維生素。

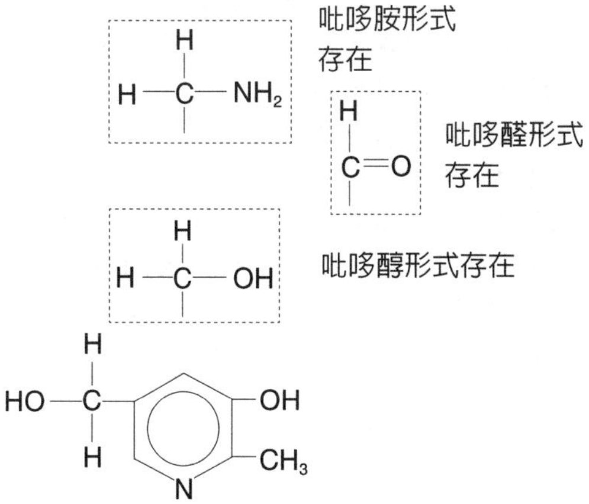

吡哆胺形式存在

吡哆醛形式存在

吡哆醇形式存在

微生素 B₆ 吡哆醇家族

維生素B₇（生物素）的化學結構

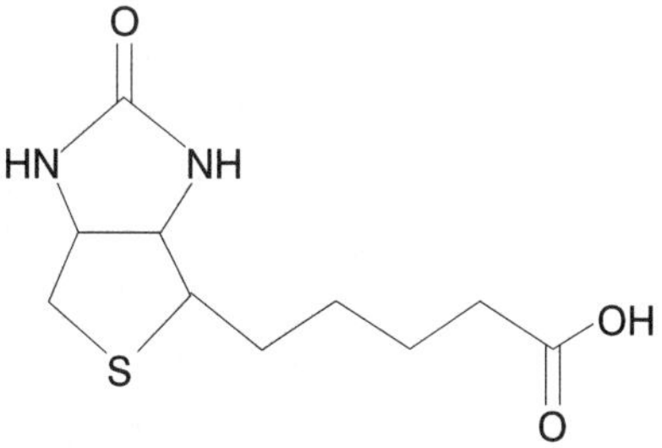

5-8 水溶性維生素：維生素B群（四）

生物素具有調節轉錄和DNA修復的作用，用於對細胞的生長，並有助於頭髮和指甲的生長、維持血糖水平。D-（+）生物素為具有生物活性的形式，是羧化（COOH）與轉羧化作用的輔酶。舉例而言，在禁食期間，人體需要從丙酮酸和胺基酸來合成葡萄糖，這個過程稱為葡萄糖新生作用（gluconeogenesis），發生在肝臟和腎臟中。右圖說明生物素作為丙酮酸羧化酶，協助將丙酮酸與二氧化碳合成為草乙酸的過程。

生物素在環境中相當穩定，遇熱受到破壞的比例低。若遇到氧化劑、強酸強鹼或光照下才會失去生物活性。生物素可由小腸腸道內細菌產生，其自行產生的劑量，除了孕婦以及特別需要（治療病患）的族群之外，對大多數人已經足夠，成年人每日建議攝取量（RDI）為30至100 μg。生物素亦可在許多食物中發現，包括肝、腎、花生、黃豆、牛奶、蛋黃、魚、酵母、綠葉蔬菜等。生物素缺乏症的症狀包括脫髮和皮膚鱗屑。

維生素B9（葉酸）

維生素B9亦稱為葉酸（folic acid），也被稱為維生素M。葉酸存在於許多天然食物中，特別在深綠色葉菜類蔬菜特別豐富。葉酸的化學結構是以蝶酸（pteroic acid）為基團所產生的衍生物，例如蝶醯單麩胺酸即是人工合成葉酸的一種，而一般天然的葉酸是以蝶酸結合3個以上的麩胺酸形成蝶醯胺聚麩胺酸鏈存在。

維生素B9的活性形式是5,6,7,8-四氫葉酸（tetrahydrofolic acid, THF），參與氮鹼的生物合成，及核酸（DNA合成）、肌酸、甲硫胺酸、絲胺酸等胺基酸代謝過程。例如5-甲基四氫葉酸（5-meTH-FA）在肝臟進行的甲基化週期，能維持體內甲硫胺酸的活性，此一週期一旦被中斷（例如受酒精影響），可能導致神經傳導受損。

維生素B9是維持身體機能的必需營養素。人體腸道中的細菌可以合成少量葉酸，其餘需求必須經由飲食方式攝取。人體所需葉酸用以合成、修復DNA，DNA甲基化，以及充當某些生物反應的輔因子，例如懷孕時胎兒成長期重要的細胞分裂和生長。維生素B9是紅血球細胞形成的重要因子，若缺乏可能導致巨球性貧血。葉酸難溶於冷水和乙醇，但易溶於熱水。葉酸遇光和高溫下容易被破壞，因此烹調食物時（特別是煮沸），會導致損失大量的葉酸。

維生素B9可見於綠葉蔬菜（如菠菜、甘藍）、豌豆、肉類、肝、腎、堅果、穀物、香蕉以及酵母等。因為人工合成與天然葉酸為不同形式，在生物利用度之間也有差異，依照美國國立衛生研究院建議，1 μg膳食葉酸當量（DFE）的葉酸定義為1 μg膳食葉酸，或0.6 μg合成葉酸補充劑。成人每日建議攝取量為400 μg；懷孕女性則建議最多增加至800 μg。

維生素B₇與蛋白質結合存在於食物中形成生物胞素，可透過蛋白酶水解蛋白來釋放

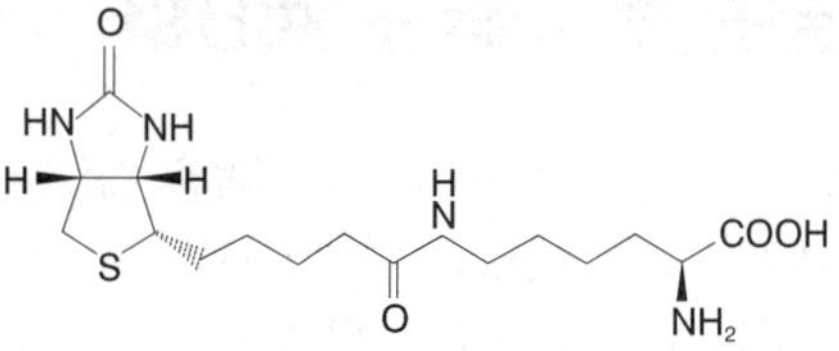

生物素作為丙酮酸羧化酶，將丙酮酸與二氧化碳合成為草醯乙酸

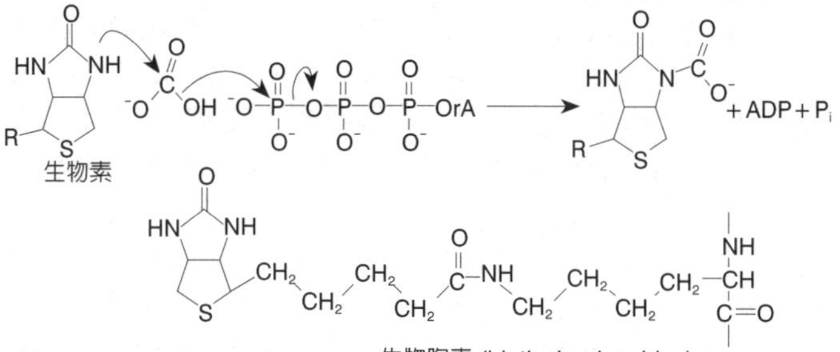

生物胞素 (biotinylysyl residue)

葉酸的化學結構是以蝶酸（上圖）為基本架構所產生的衍生物（下圖）

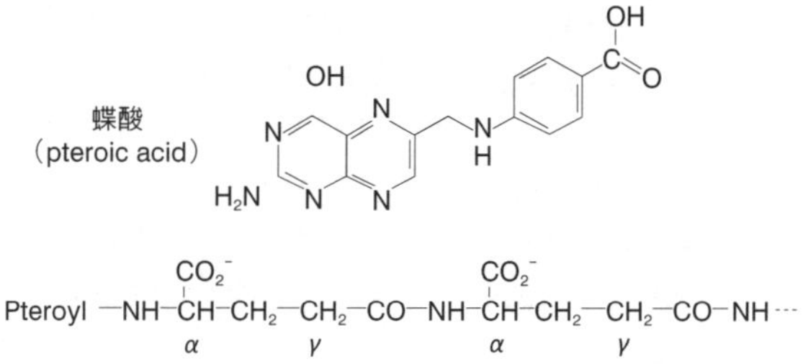

蝶酸
（pteroic acid）

維生素B₉透過四氫葉酸還原酶參與NADPH氧化還原過程

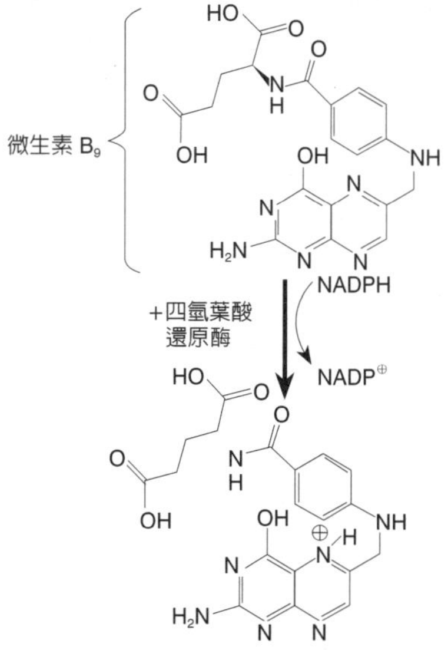

5-9 水溶性維生素：維生素B群（五）

維生素B$_{12}$（鈷胺素）

維生素B$_{12}$又稱爲鈷胺素（cobalamin），具有多種形式，是目前已知結構最複雜，同時也是唯一的有機金屬類的維生素。鈷胺素的發現起因於科學家們試圖找到治療惡性貧血（pernicious anemia）的因子。鈷胺素分子的核心是咕啉環（corrin ring）水平配位中心鈷原子，側邊分別連接數個官能基。該環由4個吡咯（pyrrole）基排列在正方形的四角，相對二側透過C-CH$_3$接合，另二側則分別由一個CH$_2$鏈接，以及兩個吡咯直接接合。連結形狀類似一個卟吩（porphine），但橋接的一側少一個C原子。每個吡咯的氮配位到中心鈷原子，第五配基是5,6-二甲基的氮，5,6-二甲基的第二個氮連接到一個五碳糖，再與磷酸基團相接形成垂直圍繞水平的咕啉環。

在上面的咕啉環的第六配位，鈷可以直接與多種不同類型的官能基配位。最常見的是連接到CN以形成氰鈷胺（cyanocobalamin），是合成營養補充劑的主要型態。其餘的配位基尚有CH$_3$、H$_2$O、OH、5'-脫氧腺苷（5'- deoxyadenosyl）與NO$_2$等。鈷胺素在人體內扮演酶的角色，可以催化二種反應。第一種是分子內重排反應，鈷胺素（AdoB$_{12}$，腺苷鈷胺）扮演異構輔酶，可將相鄰碳原子的兩個官能基交換重排。第二種是甲基化反應，甲硫胺酸合酶（MEB$_{12}$）將甲基在化合物某位置甲基化的反應，如同型胱胺酸（homocysteine）轉化爲甲硫胺酸、膽鹼和胸腺嘧啶等合成作用。維生素B$_{12}$是人類最重要的維生素之一，是細胞代謝、神經系統運作、製造血紅素等的必要物質。它非常穩定，但是在高溫、強酸、強鹼與光照射下會失去其生物活性。維生素B$_{12}$與細胞代謝、DNA合成和調節、脂肪酸和胺基酸代謝，所以影響神經系統與形成血液有關，其主要的食物來源有肝臟、腎臟、心臟、魚、牛奶以及蛋黃等，也可以由許多細菌生成，但是在植物中不會產生，因此嚴格的素食主義者容易發生維生素B$_{12}$缺乏症。一般成人建議每日攝取之維生素B$_{12}$爲2～3 μg，懷孕與哺乳期女性建議每天2.6～2.8 μg。老年人因爲可能無法吸收天然存在維生素B$_{12}$的食物，建議每天可攝取5至50 μg。

1950年代早期在日本水俁市暴發居民汞中毒徵狀，稱爲「水俁病」，其症狀有肌肉無力、失明、大腦功能損害，最後甚至造成昏迷和死亡。人們發現水俁海灣的魚和蛤貝類含有很高濃度的甲基汞，這些汞來自於附近一家肥料工廠的排放物。一開始該工廠引用研究證明人體對無機汞的吸收率僅爲1%，一直拖至數年後，新的證據發現，沉積於河底的汞離子，經過厭氧細菌的作用，在「甲基維生素B$_{12}$」存在下，形成甲基汞和二甲基汞，而生物對甲基汞的吸收率高達100%，經由水底食物鏈累積，達到極高濃度。

維生素B₁₂結構

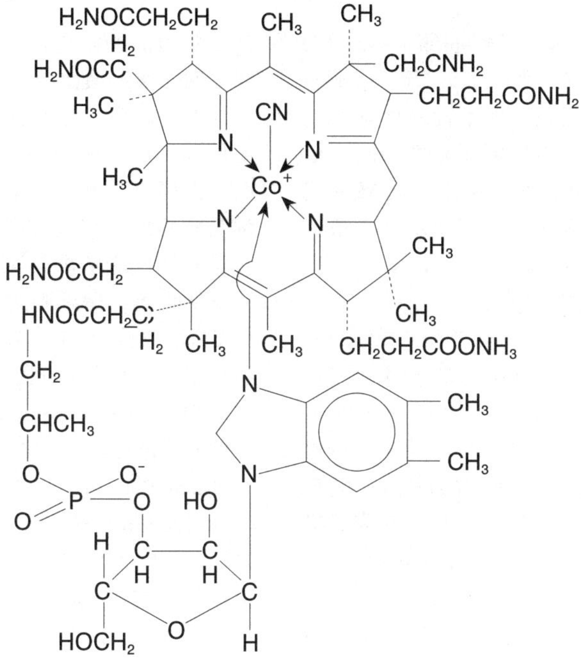

卟吩結構

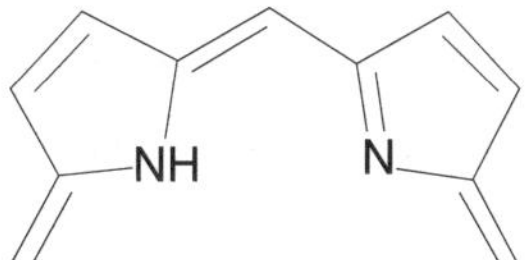

卟吩——最簡單的卟啉

5-10 水溶性維生素：維生素C（抗壞血酸）

　　維生素C，又稱為抗壞血酸（ascorbic acid），是一種天然抗氧化劑。它是一種白色水溶性固體，但不純時會呈現淡黃色，溶解於水中呈現弱酸性溶液。抗壞血酸是維生素C的一種形式，顧名思義，抗壞血酸取名的原因便是一旦缺乏維生素C會導致壞血病（scorbatus）（皮膚、牙齦以及黏膜上的出血）。

　　抗壞血酸分為左旋（L）與右旋（D）二種型態，但由於D-抗壞血酸不存在於自然界，只能經由人工合成，所以我們通常以L-抗壞血酸的含量來表示維生素C的活性。L抗壞血酸的旋光度為$[\alpha]_D^{20}=+23°$。抗壞血酸分子具有互變異構物（tautomerism），如右頁圖示。1號碳位置的酮基C＝O與3號碳位置的羥基C-OH互換，且雙鍵位移。維生素C非常容易被氧化，無論是暴露在空氣、光線中，甚至稍微加熱或溶解在水中，結構都會被破壞。抗壞血酸的C2、C3位置上兩個烯醇式羥基，性質非常活潑，極易氧化生成脫氫抗壞血酸（dehydroascordic acid, DHA）。DHA又可被麩胱甘肽、半胱胺酸以及其他含硫氫基化合物還原成抗壞血酸。抗壞血酸極具生物活性，像是膠原蛋白合成所需的脯胺酸（proline）及離胺酸（lysine）的羥化，一旦

缺乏抗壞血酸時會降低膠原蛋白分子的穩定性，導致壞血病。

　　抗壞血酸鹽，包括鈉、鉀和鈣鹽，是常見添加在食品中的水溶性抗氧化劑。為了保護脂肪氧化，結合抗壞血酸與長鏈脂肪酸的酯類（棕櫚酸抗壞血酸酯或抗壞血酸硬脂酸酯）可以用作油脂食品的抗氧化劑，保護脂溶性維生素A和E，以及脂肪酸被氧化。在自然界中，多數植物和動物可自葡萄糖合成抗壞血酸〔經葡萄糖醛酸（glucuronic acid）、葡萄糖酸（gluconic acid）、葡萄糖酸內酯（gluconolactone），再經葡萄糖酸內酯酶（gluconolactonase）的作用生成維生素C〕，但人類與其他靈長類、豚鼠以及水果蝙蝠體內缺乏葡萄糖酸內酯酶，無法自體合成維生素C，必須經由食物供給。

　　維生素C的來源有很多：柑橘類水果如橘子、檸檬、葡萄柚，蔬菜包括西紅柿、青椒、馬鈴薯和其他許多種類。衛福部建議成人對維生素C的每日攝取量（RDA）為100 mg，最高上限攝取量為2,000 mg。一些研究表明，老人與懷孕及哺乳期婦女建議每日可攝取較高劑量，約110～140 mg。

抗壞血酸結構

抗壞血酸（左）失去兩個H原子後，先被氧化損失一個電子形成自由基陰離子，然後再失去第二個電子，形成脫氫抗壞血酸。

參考文獻

1. Henry Osiecki. *The Nutrient Bible 8th edition*, Eagle Farm, Qld.: Bio Concepts Publishing, 2010.

2. Will Parker. Niacin: the vitamin from outer space. www.Scienceagogo.com, 2014.

3. Ronald R. Eitenmiller, Junsoo Lee. *Vitamin E: Food Chemistry, Composition, and Analysis*. Marcel Dekker, 2005.

4. Victor R. Preedy. *Vitamin A and Carotenoids: Chemistry, Analysis, Function and Effects*. Royal Society of Chemistry, 2012.

5. 闕健全，《食品化學第二版》，新文京出版社，2007。

6. Michael B. Davies, John Austin, David A. Partridge. *Vitamin C: Its Chemistry and Biochemistry*. Royal Society of Chemistry Paperback, 1991.

7. Victor R. Preedy, *B Vitamins and Folate: Chemistry, Analysis, Function and Effects*. Royal Society of Chemistry, 2012.

8. Antonio Zamora. Chemical Structure of Vitamins and Minerals. www.scitificpsychic.com, 2015.

第6章
礦物質

程仁華

6-1 定義及分類

動植物體燃燒後所存留的灰分,即礦物質。在一般食品分析時,食物中的總礦物質量會以灰分來表示。灰分是指將食物以550～600℃加熱,將其有機物燃燒後剩下的物質。若將此加熱後殘餘的灰分溶於水後成酸性,則此為酸性食品,若成鹼性則為鹼性食品。食品中,硫、磷、氯含量多者多為酸性食品,而鈣、鎂等金屬含量多者多為鹼性食品。人體礦物質約占體重的4～5%。食物中的礦物質,除了以無機鹽類形式存在外,還有與蛋白質、脂質、醣類等有機化合物結合的形式存在。礦物質可依其在體內占的多寡分為兩類:

1. 巨量礦物質(macrominerals; major minerals):有Ca、P、S、K、Na、Cl、Mg等7種,其中鈣與磷占全部礦物質總量的75%(3/4)。在體內,其重量超過體重0.01%,需求量通常在100 mg以上。

2. 微量礦物質(trace minerals):在體內有Fe、Cu、I、Mn、Zn、Co、Mo、F、Al、Cr、Se等,其重量小於體重的0.01%,需求量通常在100 mg以下。

礦物質在人體內主要功能有:構成身體骨骼、牙齒等身體組織成分,維持體內酸鹼平衡,參與肌肉收縮、神經傳導等,酵素作用所需的成分。以下對於主要礦物質做說明。

鈣(calcium)

1. 分布及功能:體內99%的鈣以$Ca_3(PO4)_2$和hydroxyapatite的形式存於骨骼與牙齒中,其功能主要為構成人體支架、以及作為體內鈣的儲存庫,可保持血中鈣維持一定濃度。剩下1%的鈣分布於血液等軟組織中,以血液中最多,其功能為:(1)有助消化活動:可活化胰脂解酶及一些分解蛋白質的酵素,增加細胞膜的通透性,有助營養素的吸收,增加迴腸吸收維生素B_{12}的能力。(2)能促進乙醯膽鹼(acetylcholine)的合成,與傳遞神經衝動有關。(3)調節肌肉的收縮,故也可維持心臟正常機能。(4)幫助血液凝固:Ca^{2+}可促進thrombin與fribrinogen的形成。

2. 吸收:鈣的吸收率並不高,平均約30～40%,因為鈣為國人易缺乏之營養素,所以需特別注意能促進鈣吸收的因素以及干擾鈣吸收之因素。鈣被人體吸收的多寡會因人體的需要而定,一般而言,男性吸收率大於女性,年輕人吸收率大於老年人,成長期、妊娠期、哺乳期也會增加其對鈣的吸收率。另外,酸性也會影響鈣質的吸收。食物中的鈣很少以離子狀態存在,多以鈣鹽的形式存在,不易被吸收。而酸性環境較利鈣鹽的溶解,所以使消化管保持在酸性環境就能提高鈣的吸收率。故同時攝取維生素C、酸性胺基酸、乳糖有利於消化管維持在酸性環境,可增加鈣鹽的溶解度,而提高鈣的吸收率。在鈣吸收時,十二指腸鈣的主動運輸需要一種叫CaBP(calcium binding protein)的存在,而維生素D可以增加CaBP的量,使鈣吸收率增加。

會干擾鈣吸收的因素可分為食物以外的因素與食物因素兩方面。首先,食物以外的因素包含:胃酸分泌減少(例如老年人)、消化道蠕動加快、心理壓力等。而食物因素則包含:草酸(oxalic acid)與植酸(phytic acid),因為草酸與植酸會與鈣及某些礦物質結合,使礦物質無法被人體吸收而排出體外。食物纖維則會在腸道中吸附鈣而降低其利用。另外,飲食中過多的磷也會影響鈣的吸收。理想的鈣磷比例是1:1,在嬰兒期為1.5～2:1。飲食中過多的脂肪會與鈣也會形成不溶性的皂鹽,而影響鈣的吸收。還有維生素D缺乏會導致腸道中與鈣吸收相關的CaBP的量減少。攝取過多的蛋白質則會增加尿中鈣的排泄。

什麼是骨質疏鬆症？

骨質疏鬆症乃骨質（包括有機質與無機質）總量下降的疾病，是各種因素長期累積的結果。骨質疏鬆症可以藉由飲食與體能活動在年輕時增加最高骨量（peak bone mass）並減緩骨質的流失來預防。人體血液中雖然只含有1%的鈣，但這1%的鈣濃度卻會影響到全身的骨量。其作用機制如下：

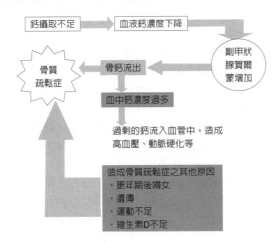

各年齡層鈣的建議攝取量

衛生福利部建議，成年人每日鈣建議攝取量為1000 mg。

年齡	0～6 個月	7～12 個月	1～3 歲	4～6 歲	7～9 歲	10～12 歲	13～15 歲	16～18 歲	19歲以上之成年人
建議攝取量	300 mg	400 mg	500 mg	600 mg	800 mg	1,000 mg	1,200 mg	1,200 mg	1,000 mg

常見鈣補充劑的成分及其吸收率

乳製品、帶骨小魚乾、豆製品都是良好的鈣質來源。其中，以乳製品較易被吸收，但因國人乳製品攝取量普遍太低，所以平均攝取量仍不及建議量。如果無法在日常飲食中攝取足量的鈣質，則可以考慮使用鈣補充劑。各種鈣補充劑因為所含的鈣化合物不同，所以吸收率也不相同。

鈣補充劑的原料與鈣含量					
	原料	主要成分	含鈣比例	吸收率	注意事項
天然鈣片	牡蠣鈣、珍珠粉	天然碳酸鈣	40%	30%	怕遭重金屬汙染，或有病毒、細菌的殘存。選用時應注意品質
	動物骨粉	天然磷酸鈣	40%	30%	
合成鈣片	碳酸鈣	碳酸鈣	40%	30%	1. 價錢便宜 2. 最好有添加維生素D，以利吸收 3. 有的人會便秘、腹脹
	檸檬酸鈣	檸檬酸鈣	21%	30%	1. 價錢較高 2. 吸收不受胃酸影響，服用時間沒有限制 3. 胃酸少的人，可以選擇此種鈣片
	乳酸鈣	乳酸鈣	13%	29%	含鈣量少，需要服用很多片
	發酵乳酸鈣	乳酸鈣	13%	43%	1. 吸收率佳 2. 不必添加維生素D

資料來源：衛生福利部國民健康署健康99網站

6-2 磷與鎂

磷（phosphorus）

1. 分布及功能

體內磷約占體重的1%，是次多的礦物質。人體中85%的磷會與鈣形成磷酸鈣存在於骨骼和牙齒中。在軟組織中磷含量大於鈣，以有機磷形式存在。磷在人體內的功能有：(1)構成遺傳物質DNA、RNA；(2)構成細胞膜成分；(3)以脂蛋白（lipoprotein）形式協助血液中脂肪的運送；(4)參與體內磷酸化反應；(5)參與能量代謝（ATP）；(6)構成牙齒骨骼；(7)調節酸鹼平衡；(8)某些輔酶的成分（NADP、NADPH等）。

2. 飲食中的磷

磷廣泛存在於各式食品中，磷的吸收率非常高，故不易缺乏。但是，長期服用胃乳、早產兒、腸道疾病、副甲狀腺機能亢進時，可能導致磷缺乏。其症狀為葡萄糖不耐，影響熱能的產生，紅血球較小，白血球、血小板功能減退，生長遲緩。另外，過多的磷會影響鈣的吸收，可能會產生抽搐等低血鈣的症狀。

初生嬰兒因體內磷含量很高，為避免鈣攝取太少引起低鈣血性肌肉強直，磷的攝取量要低於鈣的攝取量，理想比例為鈣：磷 = 2：1（此乃新生兒配方奶的比例），6個月大後可降至鈣：磷 = 1.5：1，1歲後與成人相同為1：1。

鎂（magnesium）

1. 分布及功能

成人體內60%的鎂存在於骨骼中，剩餘部分則存在於細胞內，在細胞內鎂的含量僅次於鉀。人體內鎂的功能有：

(1) 骨骼、牙齒的成分。但骨骼中的鎂和鈣、磷不同的是，骨骼中的鎂不會因血鎂濃度降低而容易釋放出，所以飲食中鎂不足時，血鎂濃度會明顯下降。

(2) 細胞內主要的陽離子之一。

(3) 調節肌肉收縮、神經傳導：鎂與肌肉的鬆弛有關（其作用與鈣相抗衡），缺乏時神經易興奮、抽搐、心搏加快。另外，神經方面會失眠、不辨方向。

(4) 許多代謝作用中的催化劑：可促進蛋白質合成作用，以及醣類、脂肪代謝時催化磷酸化作用。

2. 飲食中的鎂

飲食中的鎂主要來自於核果類、綠色蔬菜及全穀類。因為鎂可以改善胰島素敏感度，所以美國國家衛生院心肺血研究所所推動的一種預防高血壓的飲食方式──「得舒飲食」，其原理中就有使用高鎂，同時含有高鉀、高鈣、高膳食纖維、豐富的不飽和脂肪酸，節制飽和脂肪酸的攝取，以多種營養素的搭配，來改善健康達到降血壓的目的。

磷與健康

　　大家都知道攝取太多反式脂肪、鈉等，會增加罹患心血管疾病的風險，但很少人注意到攝取過多的磷對健康帶來的影響。磷除了廣泛存在於各式天然食物中外，也被當成食品添加物添加在許多加工食品上：

加工食品中的磷	天然食物中的磷	
膨鬆劑、結著劑或品質改良劑等，例如偏磷酸鈉、多磷酸鈉、無水磷酸鈉、焦磷酸鈉、磷酸二氫鈣	植物性來源 全穀類、堅果類	動物性來源
人體吸收率 來自加工食品添加劑的是無機磷，吸收率近100%	約10至30%	60%
與健康的關係 雖然磷是造骨時所必需的營養素，但是過量攝取卻會造成骨鈣的流失，而影響全身健康。如果常常吃加工食品，就可能會造成攝取過量，必須要注意 ※臺灣成人每日磷建議攝取量為800 mg		

常見高磷食物

五穀雜糧類	營養米、燕麥、小麥、糙米、高筋麵粉、全麥麵包
種子及堅果類	瓜子、腰果、花生、花生粉、乾蓮子、芝麻、蠶豆、豆皮、核桃、開心果
肉類	豬肝、牛肉肝、雞肝、內臟類、香腸、火腿、肉鬆、肉乾、蛋黃
水產類	紫菜乾、吻仔魚、魚漿、魚丸、小管、鯊魚、馬加魚、魚卵、蝦、干貝乾、肉鬆
奶類	養樂多、奶粉、麥片、酵母、健素糖、優酪乳、優格、乳酪、全脂奶粉、脫脂奶粉、巧克力製品、可可粉
飲料類	茶、汽水、咖啡、可樂、沙士

過量攝取磷對身體可能造成的傷害

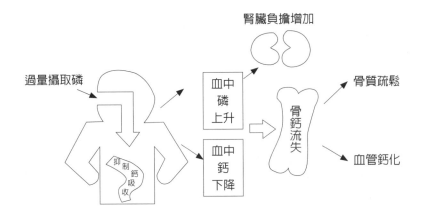

6-3 硫與鐵

硫（sulfur）

1. 分布及功能：由於甲硫胺酸（methionine）、胱胺酸（cystine）、半胱胺酸（cysteine）等含硫胺基酸乃體內蛋白質的成分之一，所以體內所有細胞內都含有硫。其中，含黏多醣的組織更是含豐富的硫，例如軟骨、肌腱、皮膚、指甲等。人體中硫的功能有：(1)某些胺基酸的組成成分，例如甲硫胺酸、胱胺酸、半胱胺酸；(2)黏多醣組織的成分，存在於軟骨、肌腱、毛髮、皮膚、指甲中；(3)肝素、胰島素、輔酵素A、維生素B_1、生物素（biotin）、硫辛酸、穀胱甘肽（glutathione）之成分；(4)解毒功能：硫代謝所產生的「硫酸化反應」可與酚（phenol）、苯酚（cresol）及類固醇性激素（steroid sex hormone）結合排出體外，因而達到解毒的作用。

2. 飲食中的硫：在膳食中，只要甲硫胺酸、胱胺酸的量充足，人體就能獲得足夠的硫。

鐵（iron）

1. 分布及功能：在人體中，男性鐵的含量約有3.5公克，而女性約有2.3公克。人體中的鐵主要分布在：(1)紅血球內：以血紅素（hemoglobin）形式存在；(2)肌肉內：以肌紅素（myoglobin）形式存在；(3)細胞組織中：以鐵形式存在，包含含鐵酵素，例如過氧化氫酶（catalases）、細胞色素（cytochrome）、黃嘌呤氧化酶（xanthine oxidase）等中。(4)儲存性鐵：以鐵蛋白（ferritin）形式存在於肝、脾、骨髓中，其中以肝最多；(5)血漿中循環的鐵:以運鐵蛋白（transferring）形式循環於血漿中。人體中鐵的功能有：①氧和二氧化碳的運輸：由血紅素與肌紅素來擔任；②電子傳遞系統：由含鐵的細胞色素擔任；③許多酶的成分：細胞色素、過氧化氫酶、黃嘌呤氧化酶等；④與細胞免疫性有關。

2. 飲食中的鐵：缺鐵是世界常見的營養問題。鐵在人體內的吸收會受到以下3個因素控制：(1)人體對鐵的需求：當人體愈需要鐵，對於鐵的吸收就會較高。所以生長中的兒童、孕婦和貧血者比健康男性有更高的鐵吸收率。(2)腸管內的酸性環境：酸性環境有利於3價鐵還原成2價鐵，所以在胃及12指腸中吸收較佳。(3)食物的組成：①存在於動物性食品中的鐵（血基質鐵，heme Fe）比存在於植物性食品中的鐵（非血基質鐵，non heme Fe）較易被吸收。②以下成分會幫助鐵的吸收：維生素C、肉類中的蛋白質。③以下成分會影響鐵的吸收：草酸、植酸、食物纖維、過量的鋅、單寧酸、抗酸藥物。

由以上可知，素食者因鐵的來源是以非血基質鐵為主，且不吃肉類蛋白，可能導致鐵攝取量較低。

動物食物中的鐵，有40%是血基質鐵，另外60%與植物性食品一樣都是非血基質鐵，所以膳食中鐵的供應仍以非血基質鐵為主要來源。肝臟、肉類、魚類、家禽類是鐵的良好來源，植物性食品中，綠葉蔬菜、乾果類也含有豐富的鐵。另外，在烹調含鐵食品時，可以連同水煮時的煮汁一起食用，或用鐵鍋煮，並加入醋、番茄醬等酸性高的調味料，以利鍋具中鐵的溶出，也可以增加含鐵的攝取量。

貧血和鐵缺乏

定義	貧血（anemia）是指血液循環中血紅素總量降低 成年男子＜13g/dL 女子＜12g/dL 孕婦＜11g/dL 即為貧血
病因	血液流失、骨髓病變、紅血球加速破壞等皆會造成貧血，特別是紅血球與血紅素合成時所需的營養素不足更是最大原因。而貧血可依其所缺乏之營養素的不同，其紅血球的大小和形狀也不同
特徵	(1)缺乏維生素B_{12}、葉酸：此兩者乃DNA合成時所需，缺乏時紅血球生成減少，且不成熟的帶核巨大紅血球會被釋放到血液中，稱為「巨胚紅血球」。此種貧血又稱「惡性貧血」或「巨胚紅血球性貧血」 (2)缺乏鐵和蛋白質：分別是合成heme與globin所需。引起的貧血的特徵是紅血球變小（小球性貧血），紅血球顏色變淡（低血色素）。故缺鐵性貧血又叫「小球性貧血」
症狀	但要注意，事實上被診斷為貧血時，體內已經嚴重缺鐵了。在早期缺鐵時可能不會出現臨床症狀，或者僅出現輕微虛弱或容易疲勞。被診斷為貧血後除了有上述紅血球的形狀的改變外，另外尚有口角炎、舌炎、食慾不振、胃腸蠕動減弱、指甲呈匙狀，有的指甲上有縱向紋路等症狀

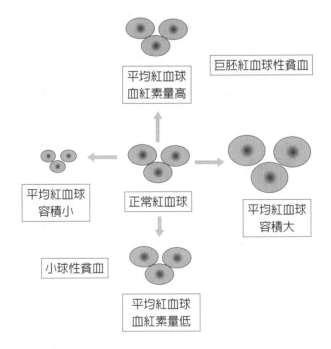

6-4 鈉、鉀、氯、碘

鈉（sodium）

1. 分布及功能：鈉是細胞外液中主要的陽離子，可維持細胞外液中正常滲透壓和水分的平衡。在體內，鈉同時具有以下功能：(1)參與神經細胞的興奮性及肌肉的收縮；(2)調節細胞膜的通透性；(3)與氯、碳酸氫鹽（HCO_3）調節酸鹼平衡，是細胞外最多的鹼性成分，並在腸胃道分泌中提供鹼性；(4)參與主動運輸中的鈉幫浦。

2. 飲食中的鈉：飲食中所攝取的食鹽（氯化鈉）爲鈉的主要來源。飲食中的鈉約有95%會被人體吸收，所以並無缺乏的困擾。

鉀（potassium）

1. 分布及功能：鉀是細胞內液主要的陽離子，體內90%的鉀存在於非脂肪組織中，以一定比例與肌蛋白結合。在體內，鉀的功能爲：(1)維持滲透壓和體液的平衡；(2)參與肝醣的合成；(3)參與神經衝動的傳導與肌肉之收縮。

2. 飲食中的鉀：鉀廣泛存在於各類食物中，肉、禽、番茄、香蕉、葡萄等都含豐富的鉀，在腸胃道中，鉀很容易吸收，故一般少有鉀缺乏之現象。

氯（chloride）

1. 分布及功能：氯爲體內細胞外液主要之陰離子，和碳酸氫鹽（HCO_3）共同調節體內的酸鹼平衡。氯也以鹽酸的形態存在於胃液中，是胃酸的主要成分，能促使胃蛋白酶原及澱粉酶的活化。另外，氯還有類似白血球攻擊外來物入侵之功能，所以人體內腦脊髓液中氯濃度很高，主要是爲了保持無菌狀態。

2. 飲食中的氯：食鹽爲氯的主要來源，一般很少缺乏。當嚴重嘔吐、腹瀉而造成水分流失時也會導致氯的流失，此時爲平衡陰陽離子，HCO_3會增加而發生鹼中毒。

碘（iodine）

1. 分布及功能：體內的碘有1/3存在於甲狀腺內，其濃度是其他組織中的2500倍。目前僅知道碘在體內唯一的功能是作爲甲狀腺素T3與T4的必需成分。其功能爲：(1)調節基礎代謝；(2)促進發育，特別是骨、齒、肌肉；(3)促進交感神經的活動，增加心跳數，汗的分泌；(4)促進智能的發達。

2. 飲食中的碘：因海水富含碘，所以海產類及近海生產的蔬菜是碘的良好來源。另外，碘化的食鹽也是碘的良好來源。飲食中若缺乏碘，則會導致甲狀腺腫（endemic goiter），但除此之外，並無其他症狀，好發於女性而且較多發生於青春期和妊娠期婦女。如果孕婦缺乏碘，因爲無法提供胎兒發育過程中所必須的碘，以致嬰兒出生時會發生呆小症。其症狀爲肌肉鬆弛軟弱，皮膚乾燥，骨骼發育停滯，嚴重的智力障礙。病程初期投以足量的甲狀腺素可改善患者的身體發育，智力障礙也會有所改善，但如果中樞神經已遭損害，就難以逆轉。

食物中，某些物質會干擾甲狀腺素的作用，因而產生甲狀腺腫。此種物質就叫「甲狀腺腫素」。常存在於高麗菜，花椰菜等十字花科蔬菜中。

鈉	Sodium
分布	細胞外液
功能	(1)參與神經細胞的興奮性及肌肉的收縮。 (2)調節細胞膜的通透性。 (3)與氯、碳酸氫鹽（HCO_3）調節酸鹼平衡，是細胞外最多的鹼性成分，並在腸胃道分泌中提供鹼性。 (4)參與主動運輸中的鈉幫浦。

鉀	Potassium
分布	體內90%的鉀存在於非脂肪組織中
功能	(1)維持滲透壓和體液的平衡。 (2)參與肝醣的合成。 (3)參與神經衝動的傳導與肌肉之收縮。

氯	Chloride
分布	細胞外液、胃液
功能	胃酸的主要成分，類似白血球攻擊外來物入侵。

碘	Iodine
分布	有1/3存在於甲狀腺內
功能	(1)調節基礎代謝。 (2)促進發育，特別是骨、齒、肌肉。 (3)促進交感神經的活動，增加心跳數，汗的分泌。 (4)促進智能的發達。

6-5 鋅、銅、氟、硒、鉻

鋅（zinc）

1. **分布及功能**：人體內所有組織均含有鋅，以眼睛的虹膜、視網膜、肝、骨、前列腺、前列腺液和頭髮中含量特別高。在體內，鋅是多種酵素的成分。同時，還具有以下功能：(1)維持正常的味覺；(2)參與肝臟合成視網醇結合蛋白質（retinol binding protein, RBP），故可維持血中正常的維生素A濃度；(3)增進濾泡促進素（FSH）與黃體化激素（LH）；(4)乃精子成熟和維持正常睪丸功能所必須；(5)維持正常免疫，與傷口癒合有關；(6)參與DNA, RNA合成過程；(7)維持細胞膜結構穩定的因子之一；(8)乃胰島素的成分之一；(9)可促進腸黏膜對葉酸的吸收。

2. **飲食中的鋅**：牡蠣、肝臟等高蛋白質食物及全穀類食物都含有豐富的鋅。但是，大量攝取鋅會干擾銅的利用率，因在小腸內鋅和銅會和相同的蛋白質結合被吸收，因此兩者會互相競爭。

銅（copper）

1. **分布及功能**：在人體內，大部分被吸收的銅會被送到肝臟，在肝臟中會與蛋白質結合成一種叫血漿銅藍蛋白的物質循環於血液中。紅血球中，銅會以SOD（含Cu, Zn）的方式存在。銅在人體內是許多酵素的成分，例如超氧化物歧化酶（superoxidase dismutase）、離胺酸氧化酶（lysyloxidase）等。同時，銅也是合成血紅素食所必須的營養素。

氟（fluorine）

1. **分布及功能**：人體內的氟大部分存在牙齒和骨骼中，其形式為氟化磷灰石（fluoroapatite）。氟在人體內的功能與骨質的穩定和牙齒砝瑯質的硬化有關，因為氟可取代骨骼和牙齒中鈣磷酸鹽中的（-OH）基，形成難被溶出的氟化磷灰鹽。

2. **飲食中的氟**：食物中的氟含量很低，只有海魚和茶葉含量較高，因此，許多國家在飲水中添加氟，稱為氟處理（fluoridation），一般為1ppm。但是，長期每日攝取2.5ppm的氟，雖可強化骨及牙齒，但會使牙齒產生永久性不雅觀的牙斑。而長期每日攝取8ppm的氟，會導致衰弱、食慾不振和腸胃炎等症狀，骨骼氟化反而易碎。

硒（selenium）

1. **分布及功能**：在體內，硒是麩胱甘肽過氧化酵素（glutathione peroxidase）的主要成分，此種酶的作用是使脂質過氧化物失去活性，而維生素E能阻止過氧化物的生成，因此硒與維生素E具互補的作用。流行病學研究顯示，膳食中硒含量較高時，某些癌症和心血管疾病的發生率則較低。動物實驗結果亦顯示硒具抗癌作用。

2. **飲食中的硒**：與含硫胺基酸結合，主要來源為肉類、海產類。植物性食物則完全視生長土壤中的硒量而定，差異很大。與其他元素很不同的是，穀物中的硒經過輾磨後流失量很少。

克山病（Keshan disease）乃發生在黑龍江省克山縣一帶的一種心肌病變。對孕婦及小孩危害最大，可導致死亡。經口服硒可大幅減少此病的發生。

鉻（chromium）

1. **分布及功能**：鉻在人體含量約5 mg，主要功能是作為葡萄糖耐受因子（glucose tolerance factor, GTF）的成分。GTF能促進胰島素的作用，使細胞能有效的吸收葡萄糖以進行代謝，使血中葡萄糖不致太高。

2. **飲食中的鉻**：酵母、啤酒、全穀類、肝臟等含有豐富的鉻。當缺乏時，會引起胰島素阻抗（insulin resistance），而增加血糖濃度。

鋅	Zinc
分布	眼睛的虹膜、視網膜、肝、骨、前列腺、前列腺液和頭髮
功能	(1)維持正常的味覺。 (2)參與肝臟合成視網醇結合蛋白質，故可維持血中正常的維生素A濃度。 (3)增進濾泡促進素（FSH）與黃體化激素（LH）。 (4)乃精子成熟和維持正常睪丸功能所必需。 (5)維持正常免疫，與傷口癒合有關。 (6)參與DNA, RNA合成過程。 (7)維持細胞膜結構穩定的因子之一。 (8)乃胰島素的成分之一。 (9)可促進腸黏膜對葉酸的吸收。

銅	Potassium
分布	血液
功能	是許多酵素的成分，例如超氧化物歧化酶、離胺酸氧化酶等。

氟	Fluorine
分布	牙齒和骨骼
功能	與骨質的穩定和牙齒砝瑯質的硬化有關。

硒	Iodine
分布	酵素
功能	麩胱甘肽過氧化酵素的主要成分。

鉻	Chromium
分布	胰臟
功能	作為葡萄糖耐受因子的成分。

參考文獻

1. 《わかりやすい食品化学》，吉田勉監修，三共出版。

2. 董氏基金會網站地址，http://www.jtf.org.tw/

3. Sacks F, et al. (2001). Effects on blood pressure of reduced dietary sodium and the Dietary Approaches to Stop Hypertension (DASH) diet. *New England Journal of Medicine*, 344 (1): 3-10.

4. Appel L.J., Moore T.J., Obarzanek, E., et al. (1997). A Clinical Trial of the Effects of Dietary Patterns on Blood Pressure. *New England Journal of Medicine*, 336: 1117-1124.

5. 彭巧珍、許文音、李春松、陳德姁、郭素娥、廖重佳等（2011）《膳食療養學》（三版），華格那出版。

6. 張振崗、葉寶華、蔡秀玲、鄭兆君、蕭千祐、蕭清娟等（2011）《實用營養學》（四版），華格那出版。

7. Gropper, S. S., Groff, J.L., et al. (2004). A scientific review：the role of chromium in insulin resistance. *Diabetes Educ.*, Advanced Nutrition and Human Metabolism (5th ed., pp.2-14).

8. 蕭寧馨編譯（2009）《透視營養學》，美商麥格羅希爾國際股份有限公司，藝軒出版。

9. Wellness Letter Volume30, Issue9, April 2014.

10. Nazamin N., John J. S., Joel D. K., et al.(2010). Organic and inorganic dietary phosphorus and its management in chronic kidney disease. *Iranian Journal of Kidney Diseases,* 4: 89-100.

第7章
酵素

孫藝玫

　　酵素（enzyme）又稱「酶」，存在於所有的生物體中，會加速催化生物體的化學反應且可調節身體組織、器官、血管、細胞的每個部位，在生活中扮演關鍵的角色。酵素會加速一些原有的生化反應，否則這些反應會很慢或可能不會發生，例如，沒有酵素就無法消化食物。人體的酵素主要包括了唾液澱粉酵素、胃蛋白酵素、肝膽酯類酵素等。

　　酵素主要活動是能將食物分解成小分子以利血管吸收利用，同時酵素產品也可作為食品添加劑及保健成分應用於食品加工生產。食品酶學的實踐應用，與微生物學、發酵工程、基因工程、食品加工工程、食品品質與檢測等學科息息相關，在食品、輕工、化工、醫藥、環保、能源等各個領域中被廣泛應用；而在食品加工上的運用也與食品貯藏、食品分析以及食品安全檢測等食品領域有關。酵素也能幫助增進食品新鮮度、增加產量、增進質地、確保品質一致性、減低花費並能減少水及能源的消耗與廢棄物產生，所以現今酵素在食品業的使用範圍廣、種類多、需求量也大。

7-1 酵素的特徵（一）

　　酵素是一種大分子的特殊活性蛋白質，負責催化生物體內各種生化反應，其高效率之催化活性受其特殊立體構造影響，主要是由長鏈胺基酸以胜肽鍵（peptide bond）聚合形成的一級結構，再因胺基酸間之各種作用力摺疊形成類似球狀的3D立體結構，甚至可由數個次單元（sub-unit）集合形成四級結構。酵素的構造是非常特殊的分子結構，使能易於行使特定的化學反應。

酵素構造

　　酵素屬生物大分子，分子品質至少在1萬以上，大的可達百萬。酵素的催化作用有賴於酵素分子的一級結構及空間結構的完整，若酵素分子變性或亞基解聚均可導致酵素活性喪失。另一個值得注意的問題是酵素所催化的反應物即底物（substrate），大多為小分子物質（它們的分子品質比酵素要小）。

酵素分子結構

　　酵素依其化學分子組成之不同，也可分為簡單蛋白質（單純蛋白質，單純酶）與結合蛋白質（綴合蛋白質，結合酶）。簡單蛋白質構成之酵素僅具蛋白質，只有胺基酸殘基組成的肽鏈，不含其他物質，如脲酶、蛋白酶、澱粉酶、脂肪酶和核糖核酸酶等。而結合蛋白質所形成之酵素則在蛋白質部分（稱為酶蛋白，apoenzyme）之外，另外結合一些對熱穩定的非蛋白質小分子物質（又稱脫輔酶）或金屬離子（稱為輔助因數，cofactors）；脫輔酶與輔助因數結合後所形成的複合物稱為全酶（holoenzyme），即全酶=脫輔酶+輔助因數。輔助因數有兩大類，一類是金屬離子，且常為輔基，起傳遞電子的作用；另一類是非蛋白質的小分子有機化合物，主要起傳遞氫原子、電子或某些化學基團的作用。常見之輔助因數包括：金屬離子（鎂（Mg^{2+}）、鋅（Zn^{2+}）、氯（Cl^-））與小分子有機化合物等。

　　酵素為對其底物（反應基質，substrate）有高度特異性和高度催化效能的蛋白質或RNA。酵素與反應基質結合之位置，因其特殊之三度空間立體構形可與基質之特定構形嵌合，因此決定酵素的高度專一性。這種結合與催化原理稱為「鎖與鑰」學說（"Lock and Key" theory）。基質（底物）是鑰匙，酵素是鎖；只有特定的鑰匙才能符合鎖。

酵素反應

　　酵素像催化劑一樣，能創造一個理想環境使反應能發生，並不會真正的參與化學反應。酵素催化生化反應之原理乃因將反應之活化能降低，酵素可降低反應活化能，因此使反應容易發生，反應所需溫度亦下降。

　　在酵素反應中，基質形成新的分子（即產物）。有時可能須有其他分子的存在，例如，香蕉褐化的發生是由於酵素的催化，但須有足夠的氧存在。酵素反應後，產物被釋出，酵素本身不會改變且可隨時開始另一反應。

活性中心與結構部位

　　在酵素的立體結構中，有一個活性中心（active center；或稱活性部位（active site）），此中心包括：結合部位（binding site）與催化部位（catalytic site）二部分，是催化活性重要的區域。除活性中心之外，尚有結構部位，此處乃

與活化劑或抑制劑作用之部位。當其與活化劑結合時，可將酵素活化（下頁A圖）；當其與抑制劑結合時，則酵素活性受到抑制（下頁B圖：活性中心被抑制劑占據），稱爲競爭性抑制；當抑制劑改變活性中心結構使底物無法被利用（下頁C圖），稱爲非競爭性抑制。

酵素的構造

· 酵素是由鏈結的胺基酸所組成的蛋白質
· 酵素具摺疊的3D型態
· 酵素的型態決定其功能

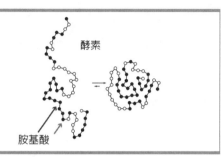

酵素

胺基酸

依酵素分子結構之差異，可分為單體酶、寡聚酶、多酶體系

單體酶 （monomeric enzymes）	· 僅由一條多肽鏈形成之三級結構所構成，屬於較簡單的酶 · 其分子量約為13,000～35,000 dalton · 如：胰蛋白酶、溶菌酶均屬於此類
寡聚酶 （oligomeric enzymes）	· 由多個以上之次單元多肽鏈形成四級結構。通常是以凡得瓦力結合，而非共價鍵結合 · 其分子量由35,000至數百萬dalton，比單體酶大而複雜得多
多酶體系 （multienzyme systems）	· 由數種酶嵌合形成之錯合體，可催化一系列反應之連續進行 · 分子很大，分子量高達數百萬dalton以上

酵素結構──「鎖與鑰」

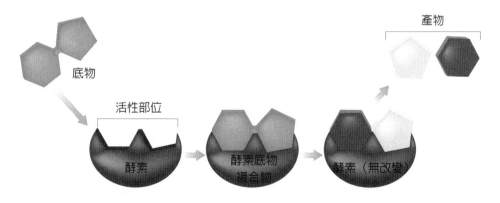

產物

底物

活性部位

酵素

酵素底物
複合物

酵素（無改變）

酵素反應

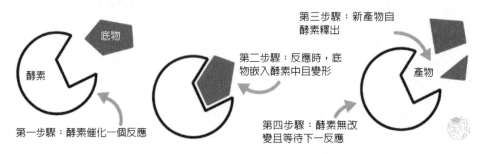

第一步驟：酵素催化一個反應

第二步驟：反應時，底物嵌入酵素中且變形

第三步驟：新產物自酵素釋出

第四步驟：酵素無改變且等待下一反應

酵素　底物　產物

抑制劑的作用

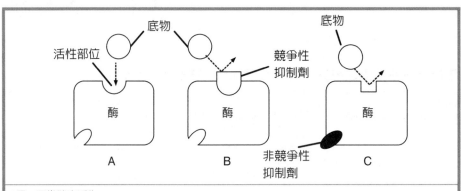

活性部位　底物　競爭性抑制劑　底物

酶　酶　酶

A　B　非競爭性抑制劑　C

A圖：正常酵素活化
B圖：活性中心被抑制劑占據
C圖：抑制劑改變活性中心結構使底物無法被利用

7-2 酵素的特徵（二）

酵素的活性

酵素對反應之催化能力稱之爲酵素的活性；酵素活性的測定通常是測定該酵素在一特定系統中與特定條件下，對特定基質作用之反應速率。國際生化聯會酵素委員會對酵素之國際單位（international unit, IU）定義爲「在特定條件下，每分鐘使基質減少1×10^{-6}mole之酵素量」。此外，國際生化命名委員會則定義SI（國際單位制，international system of units）系統之酵素活性單位爲katal（Kat），其意義爲「在特定條件下，每秒鐘使基質減少1 mole之酵素量」。

酵素的活性具體標記法則爲單位時間內反應基質之減少量或產物之生成量，亦即催化反應之反應速率。酵素活性的測定方式可按反應時間分爲：定時法：（兩點法）、連續監測法（又稱爲動力學法或速率法）、連續反應法、平衡法（又叫終點法）。也可按檢測方法分類爲分光光度法、旋光法、螢光法、電化學方法、化學反應法、核素測定法與量熱法。

影響酵素作用反應的因素

1913年德國化學家米契裡斯（Michaelis）和門坦（Menten）根據中間產物學說對酶促反映的動力學進行研究，推導出了表示整個反應中底物濃度和反應速度關係的著名公式，稱爲米氏方程，又稱米門公式。方程（公式）爲：V=VmS/(Km+S)，其中Km爲米氏常數Vm爲最大反應速度，S爲反應中底物濃度。而酶促反應速度及影響活力因素會受酶濃度和底物濃度的影響，還有受溫度、pH、啟動劑和抑制劑（inhibitors）的影響。

如要完全停止酵素反應，需要將酵素去活化，改變酵素的3D結構，此時鎖與鑰就會不合，催化反應也不會發生。所有的酵素就像蛋白質一樣，會因熱而被變性破壞，就像蛋白會因加熱而變白。每一酵素對溫度的耐受性不同，但大部分的食品內的酵素放入沸水中就會馬上變性。也是爲何冷凍蔬菜在冷凍前先短暫加熱會較新鮮，這種短暫加熱處理稱爲殺菁（blanching）；酵素在冷凍狀況下還會持續緩慢的反應，這就是爲何明膠甜點使用鳳梨罐頭而不是新鮮鳳梨的原因，因爲罐頭鳳梨的酵素已因加熱而去活性。適當溫度與時間（溫度T=75～95℃，時間t=1～10min）的殺菁處理，會去除組織內的氣體與去活化酵素，殺菁處理的指標多以過氧化（物）酶（peroxidase）的活性爲準，因爲過氧化（物）酶被認爲是蔬果植物類內最熱穩定的酵素。

酵素的抑制劑爲能減弱、抑制甚至破壞酶活性的物質，抑制劑可與酵素活性部位結合，改變活性中心之形態與物化性質，降低酵素活性；當活性中心受到抑制劑之改變，酵素即無法與基質結合並發揮催化作用。酵素反應的抑制除會受酵素的外在環境影響外，另一有效的方法是針對酵素本身添加抑制劑。與底物結構類似的抑制劑會與酵素的活性中心結合，從而降低酵素的反應速度，這種作用稱爲競爭性（competitive）抑制。競爭性抑制是可逆性抑制，增加底物濃度最終可解除抑制，恢復酵素的活性。抑制劑與酵素活性中心以外的位點結合後，底物仍可與酵素活性中心結合，但酵素不顯示活性，這種作用稱爲非競爭性抑制（non-competitive），增加底物濃度並不能解除對酶活性的抑制。與酶活性中心以外的位點結合的抑制劑，使活性中心改變構造，稱爲無競爭性抑制劑（uncompetitive）。

影響酵素之活性及其催化作用的因素

影響因素	作用
酵素濃度	從米門公式和酶濃度與酶促反應速度的關係可知，酶促反應速度與酶分子的濃度成正比。當底物分子濃度足夠時，酶分子越多，底物轉化的速度越快；但當酶濃度過高時，並不會影響底物轉化的速度。
底物濃度	在底物濃度相同時，酶促反應速度與酶的初始濃度成正比。酶的初始濃度大，其酶促反應速度就大。若酶的濃度為定值，底物的起始濃度較低時，酶促反應速度與底物濃度成正比，即隨底物濃度的增加而增加。 但當所有的酶與底物結合生成中間產物後，即使在增加底物濃度，中間產物濃度也不會增加，酶促反應速度也不增加。其原因可能是過量的底物聚集在酶分子上，生成無活性的中間產物，不能釋放出酶分子，從而也會降低反應速度。
抑制劑	抑制劑之抑制作用（inhibition）可分為可逆抑制（reversible inhibition）與不可逆抑制（irreversible inhibition）二種。 1. 可逆抑制劑與酶之結合可利用透析減少或去除其抑制作用，而恢復酵素活性。可逆抑制又可分為競爭性（competitive）、非競爭性（不競爭性，non-competitive）、無競爭性（反競爭性uncompetitive）與混合型（mixed）等不同作用方式。 2. 不可逆抑制之抑制劑與酶（酵素）形成共價鍵結合，難以解離，因此其抑制作用為不可逆。 競爭性抑制劑　底物　非競爭性抑制劑　無競爭性抑制劑　底物 酶　酶　酶 酶的抑制劑有重金屬離子、一氧化碳、硫化氫、氫氰酸、氟化物、碘化乙酸、生物鹼、染料、對-氯汞苯甲酸、二異丙基氟磷酸、乙二胺四乙酸、表面活性劑等。有的物質既可作為一種酶的抑制劑，又可作為另一種酶的啟動劑。
pH	氫離子（H^+）與氫氧離子（OH^-）的濃度可影響酵素活性中心的酸鹼基之解離狀況，因而改變其物化性質，甚至破壞其構造，使酵素失去活性。pH對酵素的影響最主要是在於影響其活性中心胺基酸基團的解離狀態，以及對金屬離子的影響。所以大部分酵素在其最適pH值時作用最快，大於或小於最適pH，都會降低酵素活性。 最適pH值（完整的活性中心）　高或低pH值（氫離子干擾活性中心構型） OH^-　OH^-　H^+　H^+ OH^-　OH^-　H^+　H^+　H^+　H^+ 活性部位

影響因素	作用
pH	pH值的變化會影響酶蛋白的物理化學性質，並影響酵素活性，主要可藉改變底物分子和酶分子的帶電狀態，從而影響酶和底物的結合；或是過高或過低的pH影響酶的穩定性，進而使酶遭受不可逆破壞。 人體中的大部分酶所處環境的pH值越接近7，催化效果越好。但人體中的胃蛋白酶卻適宜為在pH值1～2的環境，而胰蛋白酶的最適pH在8左右。
溫度	一般化學反應的反應速率會隨著溫度上升而提高，但在酵素反應，高溫會破壞酶蛋白；各種酶在最適溫度範圍內，酶活性最強，酶促反應速度最大。在適宜的溫度範圍內，溫度每升高10℃，酶促反應速度可以相應提高1～2倍。過高或過低的溫度都會降低酶的催化效率，即降低酶促反應速度。 不同生物體內酶的最適溫度不同。如，動物組織中各種酶的最適溫度為37～40℃；微生物體內各種酶的最適溫度為25～60℃，但也有例外。最適溫度在60℃以下的酶，當溫度達到60～80℃時，大部分酶被破壞，發生不可逆變性；當溫度接近100℃時，酶的催化作用完全喪失。 人體酵素最適溫度 35-40℃ 變性 不活化 60℃ 0℃ 0 10 20 30 40 50 60 70 80 溫度℃
啟動劑	酶的啟動劑為能啟動酶活性的物質。許多酶只有當有某一適當的啟動劑存在時，才能表現出催化活性或強化其催化活性，稱為對酶的啟動作用。而有些酶被合成後呈現無活性狀態，這種酶稱為酶原，須有適當的啟動劑啟動後才具活性。 啟動劑種類可分為三類：①無機陽離子，如鈉離子（Na^+）、鉀離子（K^+）、銅離子（Cu^{2+}）、鈣離子（Ca^{2+}）等；②無機陰離子，如氯離子（Cl^-）、溴離子（Br^-）、碘離子（I^-）、硫酸鹽離子、磷酸鹽離子等；③有機化合物，如維生素C、半胱氨酸、還原性穀胱甘肽等。

7-3 酵素的命名和分類

酵素一字第一次出現是在19世紀末時，啤酒、酒、乾酪之存在要感謝酵素，但是酵素不是只與食物與飲料有關。現今有超過4000種酵素在生物體內催化天然反應。早期酵素的命名通常以其來源為名，直接在來源英文名後以後加"in"，而中文名則在來源名稱之後加上「酵素」或「酶」，如：木瓜酵素（papain）、無花果酵素（ficin）、胃蛋白酶（pepsin）與胰蛋白酶（trypsin）等。這種命名方法隨著酵素研究之發展是不適用的，因為木瓜與無花果中所含之酵素不只一種，因此具系統性之命名是必要的。不過這些早期之俗名因已成習慣，所以仍被普遍使用。

後來大部分酵素的命名是在通用族群名稱前描述其行為，後來酵素研究學者幾乎在酵素反應基質名稱之後加"ase"做為酵素名稱，"ase"前一般為描述是何種催化反應，如：蛋白質分解酶（protease）分解蛋白質、澱粉分解酶（amylase）分解澱粉中的直鏈澱粉，氧化酶（oxidase）催化氧化反應、脂肪分解酶（lipase）分解脂肪、因此酵素改由以其作用基質來命名，有助於了解酵素的性質及其作用基質。

但是當同樣基質而反應形式不同時，此命名法又不夠完備，而國際系統命名法則則先將酵素分類，將其反應受質與反應性質清楚記述，如：草酸氧化酶（oxalate oxidase）氧化草酸、多酚氧化酶（polyphenol oxidase, PPO）氧化多酚類、麥芽糖澱粉酶（糖化酶，maltogenic amylase）分解澱粉成麥芽糖分子。但不是所有的命名都是如此，如Actinidain為存在於許多水果中的一種蛋白酶，可水解膠原蛋白，但這其實是一種半胱氨酸蛋白酶（cysteine protease）。

目前酵素的命名方法有習慣命名和系統命名兩種方法。習慣命名較簡單，慣用較久，但缺乏系統性又不甚合理，以致造成某些酶的名稱混亂。如：腸激酶和肌激酶，從字面看，很似來源不同而作用相似的兩種酶，實際上它們的作用方式截然不同。又比如：銅硫解酶和乙醯輔酶A轉醯基酶實際上是同一種酶，但名稱卻完全不同。由於系統命名一般都很長，使用不方便，因此敘述時可採用習慣名。

在20世紀時，國際生化聯合會（International Union of Biochemistry, IUB）的酵素委員會（Enzyme Commission, EC）鑒於上述情況和新發現的酶不斷增加，為適應酶學發展的新情況，推薦了一套系統的酶命名方案和分類方法，決定每一種酶應有一個固定編號的系統名稱和習慣名稱。這個酵素分類法，將酵素系統化並按反應性質分類方式，根據酶所催化的反應性質的不同，將酶分成六大類。

按照國際生化協會公佈的酶的統一分類原則，在六大類基礎上，每一大類酶中又根據底物中被作用的基團或鍵的特點，分為若干亞類；為了更精確地表明底物或反應物的性質，每一個亞類再分為亞亞類。即再根據反應之性質或基質基團之不同而分成亞類、亞亞類，並分別以數字代表，再將每個酵素根據其性質加以定位。酵素以EC code number來標記，EC後面的4個數位由左至右分別代表大類、亞類、亞亞類、與在此組中的順序號等。

酵素的命名

命名原則	命名方法說明
習慣命名	1. 以酶的作用底物命名，如澱粉酶 2. 以催化反應的類型命名，如脫氫酶 3. 也有根據上述兩項原則綜合命名或加上酶的其他特點，如琥珀酸脫氫酶、鹼性磷酸酶等等
系統命名	酶的系統命名是以酶所催化的整體反應為基礎的 依規定，每種酶的名稱應明確寫出底物名稱及其催化性質。若酶反應中有兩種底物起反應，則這兩種底物均需列出，當中用「：」分隔開。例如：穀丙轉氨酶（習慣名稱）寫成系統名時，應將它的兩個底物「L-丙氨酸」「α-酮戊二酸」同時列出，它所催化的反應性質為轉氨基，也需指明，故其名稱為「L-丙氨酸：α-酮戊二酸轉氨酶」

酶的分類

酵素分類	作用方式	反應式示意與範例
氧化還原酶 （oxidoreductases）	促進底物進行氧化還原反應的酶 有氧化酶和還原酶兩類	$RH + R^1(O_2) \leftrightarrow R + R^1H(H_2O)$
轉移酶 （transferases）	催化反應物上之基團（如乙醯基、甲基、氨基、磷酸基等）的轉移或交換至另一反應物上的酶類	$RG + R^1 \leftrightarrow R+R^1G$ 例如，甲基轉移酶、氨基轉移酶、乙醯轉移酶、轉硫酶、激酶和多聚酶等
水解酶 （hydrolases）	催化底物發生水解反應的酶類	$RR^1 + H_2O \leftrightarrow RH + R^1OH$ 例如，澱粉酶、蛋白酶、脂肪酶、磷酸酶、糖苷酶等
解離酶（裂合酶類lyases）或裂解酶 （catenase）	非水解性地由反應物移去一個基團或將基質裂解 催化從底物（非水解）移去一個基團並留下雙鍵的反應或其逆反應的酶類	$RR^1 \leftrightarrow R + R^1$ 例如，脫水酶、脫羧酶、碳酸酐酶、醛縮酶、檸檬酸合酶等
異構酶 （isomerases）	催化異構化反應，將反應物之結構改變，產生其異構物 催化各種同分異構體、幾何異構體或光學異構體之間相互轉化的酶類	$R \leftrightarrow R^1$（R 與 R^1 互為異構物） 例如，異構酶、表構酶、消旋酶等
聯結酶（合成酶類ligases）或合成 （synthetases）	將二分子聯結，同時伴隨著ATP之分解產生ADP或AMP 催化兩分子底物合成為一分子化合物，同時偶聯有ATP的磷酸鍵斷裂釋能的酶類	$RG+ R^1 + ATP \leftrightarrow RR^1 + ADP$ (AMP) + Pi (PP)i 例如，穀氨醯胺合成酶、DNA連接酶、胺基酸：tRNA連接酶以及依賴生物素的羧化酶等

命名舉例

例如：L-乳酸脫氫酶（Porcine, EC 1.1.1.27）：

EC	1.	1.	1.	27
Enzyme Commission	表示第1大類 氧化還原酶	表示第1亞類 被氧化基團是 CHOH基	表示第1組 受氫體為NAD$^+$	表示乳酸脫氧酶 在此組中的順序 號

例如：重組胰蛋白酶（Trypsin, EC 3.4.21.4）：

EC	3.	4.	21.	4
Enzyme Commission	表示第3大類 水解酶	表示第4亞類 蛋白酶水解肽鍵	表示第21組 絲氨酸蛋白酶	表示重組胰蛋白酶 在此組中的順序號 （這一類型中被指 認的第四個酶）

7-4 酵素與食品科學

酵素的應用

酵素能在許多企業被有效的運用是因酵素在低溫、適當的pH就有很高反應速率與其特定的專一性；除此之外，酵素是可被生物降解的，因此是屬於一種可解決企業問題，可使用較少的能源、水與原材料並產生較少廢棄物且對環境友善的物質。近400種酵素可被用來增進消費者使用或商業的產品，如食品飲料、動物營養、紡織業、家庭清潔用品、車用燃料與產生能源。酵素於食品業也被廣泛使用來加工原物料並生產許多且常見的產品，如酪農業、烘焙業、肉製品、水果製品、啤酒與酒；還有用來分解澱粉與纖維素生成可發酵的糖來生產酒精。

酶在生活產品的應用

人類對酵素之應用起源甚早，隨著生物化學與酵素學之進展，酵素被大量生產、分離並應用。由於酵素的應用廣泛，酵素的提取和合成就成了重要的研究課題。但由於酵素在生物體內的含量很低，因此它不能適應生產上的需要。工業上大量的酵素多是採用微生物的發酵來生成的。在適宜的條件下，選育出所需的菌種，讓其進行繁殖，獲得大量的酵素製劑；另外，也有研究人工合成的酵素。

約在20世紀中期時，酵素已在歐洲商業化生產，自那時起，酵素在不同商業上的應用就沒停止過。隨著科學水準的提高，酵素的應用將具有非常廣闊的前景。如釀酒工業中使用的相關的酵母菌與產生的酶，將澱粉等經水解、氧化等過程，最後轉化為酒精；醬油、食醋的生產也是在酶的作用下完成的。如從鳳梨皮中可提取鳳梨蛋白酶，來處理嫩化肉品；用澱粉酶和纖維素酶處理過的飼料，可使營養價值提高；洗衣粉中加入酶，可以使洗衣粉效率提高，使容易除去原來不易除去的汗漬等。有關酶較新的發展可應用於麵包生產、釀造、葡萄酒生產、果汁萃取、水果加工、乳製品等，亦可利用酵素調整食品蛋白質、澱粉的品質。

近來對酵素的使用是在經由澱粉生成葡萄糖與果糖、由外消旋混合物分離D-與L-胺基酸、清潔加工設備、改變高蛋白質食品的功能性與增進果汁的產量與果汁澄清。對於酵素的發展，於最近幾年在食品加工的額外運用更有增加的趨勢，一般而言，這牽涉到對酵素的使用需要比先前的方法更專一且控制的環境；如脂（解）酶用於三酸甘油脂的酯交換反應，生產特定的單甘酯、高分子量的單脂肪酸酯與蠟，生產無熱量的甜味劑，生產如溶解力功能性增加的特定大小的胺基酸，移除毒性或妨礙營養吸收的因數，對食品熱加工的更準確管控，增進風味的發展，生產轉基因植物、動物與微生物的工具與食品分析。

酵素於食品業的應用

酵素的運用在食品加工中已歷史悠久，其使用主要是藉改變食物的感官、質地與顏色。酵素在食品加工業通常是被認為是有害的，且可經由加熱處理被破壞掉，這是因為質地、顏色、風味與營養成分在收成與儲存時會發生令人不悅的改變。但是酵素在釀酒、乾酪製造、肉質軟化、烘焙與蛋白質水解方面

是早被人所熟悉且使用的。酵素因其來源被認爲是天然的，其使用比其他加工方法更令人有好感，使用量少，使用條件溫和且具專一性，所生產出的產品也有高一致性。酵素在食品業上協助加工的生產許多常見的產品，如乳製品（乾酪、牛奶、優格）、烘焙製品（麵包、餅乾）、肉類、飲料（果汁、啤酒、葡萄酒）。

有些酵素反應會使食品品質劣變，如：質地軟化、甜度下降、油脂酸敗、蛋白質水解等。對這些破壞食品品質之酵素反應，常用方法多是利用加熱殺菁來破壞酵素以保存食品品質。另一方面，也有很多酵素反應是有助於食品品質之提升，如：水果之成熟、牛肉之嫩化、乾酪之熟成等。如未成熟之水果通常較青綠、堅硬、酸澀、不甜、不香，在其成熟過程中，酵素反應可使水果中的糖分增加，尤其是果糖與葡萄糖的增加，而使水果變甜；而果膠酵素可分解果膠質，使果實軟化。

牛肉的嫩化主要是蛋白質酶在熟成過程中作用，部分水解牛肉中之結構性蛋白質，使牛肉質地柔嫩可口。乾酪製程中，會使用凝乳酶（rennin）產生凝乳（curd），其後之熟成過程中脂肪與蛋白質的酵素反應產生豐富的香氣成分，提高乳製品品質。有些酵素則可催化生化反應產生香氣，或改變色素（通常使水果從青綠轉變成黃紅，依其中所含之色素而定）。而爲了提升食品品質的目的，除了利用食品中原有之酵素外，很多酵素是以外加之方式添加於食品中，以改善品質或製成新產品。酵素於食品業的應用主要是加工碳水化合物、蛋白質與脂肪。

應用在食品加工上之重要酵素

酵素分類	酵素種類與酵素主要作用	應用食品
澱粉酶（amylase, sugar-degrading enzyme）	分解複雜醣類成簡單醣類（寡糖、雙糖、單糖） 1. 澱粉酶、纖維素酶可分解澱粉和纖維素，如葡萄糖的簡單醣類 2. 乳糖酶可分解食物中會造成人們乳糖不耐症的乳糖 3. 果膠酶作用於硬質的果膠，切斷果膠鍵結，產生水溶性分子；果膠酶分解果汁內的果膠使較不黏稠且使果汁澄清 4. 轉化酶（葡萄糖異構化酶）將葡萄糖轉化為果糖	巧克力、餅乾、蛋糕、牛奶、果汁飲料、酒類、麵粉品質等
蛋白酶（protease, proteolytic enzyme）	蛋白酶種類很多，以來源分類，可將其分為動物蛋白酶、植物蛋白酶和微生物蛋白酶三大類；根據它們的作用方式，可分為內肽酶和外肽酶兩大類。還可根據最適pH的不同，分為酸性蛋白酶、鹼性蛋白酶和中性蛋白酶。也有根據其活性中心的化學性質不同，分為絲氨酸蛋白酶（酶活性中心含有絲氨酸殘基）、巰基蛋白酶（酶活性中心含有巰基）、金屬蛋白酶（酶活性中心含金屬離子）和酸性蛋白酶（酶活性中心含羧基） 蛋白酶可提升食品中蛋白質、必需胺基酸等營養素，增進風味	肉類、海鮮、啤酒澄清、大豆、麵包、奶油乳酪、奶精、乳瑪琳等

酵素分類	酵素種類與酵素主要作用	應用食品
蛋白酶（protease, proteolytic enzyme）	1. 凝乳酶（rennin）可切斷酪蛋白的鏈結，增進蛋白質凝結，幫助乾酪的製造 2. 絲氨酸蛋白酶（serine endopeptidases）是一個蛋白酶家族，其作用是斷裂大分子蛋白質中的肽鍵，使成為小分子蛋白質或多肽。包括胰蛋白酶、胰凝乳蛋白酶、彈性蛋白酶、凝血酶、糜蛋白酶，尿激酶，腸激酶，胰激肽酶纖溶酶、組織纖溶酶原啟動劑、神經源類的絲氨酸蛋白酶等 3. 木瓜蛋白酶（papain）、無花果蛋白酶（ficin）與鳳梨酵素（bromelain），屬巰基蛋白酶（催化含肽鏈中的巰基），可作用於肉的嫩化和啤酒的澄清；明膠類布丁會因新鮮鳳梨或奇異果添加而使酵素破壞蛋白質凝結 4. 金屬蛋白酶（metalloprotease; metalloproteinase）活性中心含有金屬離子（如鋅、鈷、鎳等），依靠金屬離子催化肽鍵水解的蛋白水解酶 5. 酸性蛋白酶為蛋白酶具有較低的最適pH，如胃蛋白酶；酸性蛋白酶是由隆科特黑麴黴優良菌種經發酵精製提煉而成，能在低pH條件下，有效水解蛋白質，廣泛應用於酒精、白酒、啤酒、釀造、食品加工、飼料添加、皮革加工等行業	
解脂酶（lipase, fats-degrading enzyme）	解脂酶（lipase）分解脂肪，減少脂肪含量。解脂酶作用於脂肪，將其分解成脂肪酸與甘油；可運用於烘焙業，也用於製造肥皂 1. 羧酸酯水解酶（carboxylic ester hydrolase）可分成非特異性羧酸酯水解酶和特異性羧酸酯水解酶兩類 2. 磷酸酯水解酶有磷脂酶、葉綠素酶、乙烯膽鹼酯酶、果膠脂酶 3. 酯酶（esterase）就是水解酯類物質的酶的總稱（包括磷酸酶、羧酸酯水解酶、硫酸酯水解酶等），能催化酯類酯鍵裂解	牛肉、鵝肝、鮮奶油、蛋黃、乾酪、麵包、奶油乳酪、奶精、乳瑪琳等
其他	1. 過氧化物酶（peroxidase, POD）是果蔬成熟和衰老的指標；過氧化氫酶利用過氧化氫氧化各種底物，氧化有毒性的物質使無毒性，如使H_2O_2轉變成無毒的H_2O 2. 多酚氧化酶（polyphenol oxidase, PPO）會造成蔬果因氧化而褐變 3. 脂氧合酶（lipoxygenase, lipoxidase, LOX）會造成食物營養品質的下降及增加貯藏的困難，如影響果蔬風味物質的形成和延緩其成熟 4. 葡萄糖氧化酶（glucose oxidase, GOD）在食品工業上有廣泛的用途，主要作用有兩個方面：①除氧保鮮，②去葡萄糖。適用於食品工業中許多的產品 5. 超氧化物歧化酶（superoxide dismutase, SOD，別名肝蛋白、奧穀蛋白），為天然抗氧化劑、功能性食品	食品罐頭和飲料的除氧；魚、蝦、蟹、肉等的保鮮；蛋品加工、炸製食品的脫糖；麵食品的增筋

7-5 固定化酵素

酵素是具有高度特異性的生物催化劑,可在常溫、常壓等溫和條件下,進行選擇性相當高的反應。但由於酵素是水溶性蛋白質,有活性不穩定、難以從反應系統中回收反覆使用、不能連續操作等缺點,因而有固定化酵素(immobilized enzyme)的產生。固定化酵素是近幾十餘年發展起來的酵素應用技術,固定化酵素的研究始於1910年,但於60年代才有正式研究,70年代已在全世界普遍開展,在工業生產、化學分析和醫藥、生物學、生物工程及生命科學與食品業界等學科領域方面有許多的應用。

固定化酵素是將酵素固定在不移動或不溶的載體上,使可重複使用而稱之。載體可將酵素限制於一定區域內進行其特有的催化反應;酶本身還是溶於水的,只是用物理的或化學的方法使酵素與載體結合或把酶包埋在其中。酵素的固定化(immobilization of enzymes)可以增加酵素的安定性、耐熱性,以及可重複使用的特性,也可以製作成生物反應器,讓反應物(基質)通過反應器後,即可獲得大量具有經濟價值與可自動化生產的生成物。固定化酵素的特性依其固定化的方式與載體形式而異,載體的選擇需考慮生物適應性、化學與加熱穩定性、反應時之不溶性、易生成與重複使用能力與價格效益。在食品加工業,酵素的使用可為可溶性(自由酵素)或不可動的固定化酵素。固定化酵素比自由酵素有較好的熱與儲存穩定性,當溫度與pH值維持時,活性只需增加1.25倍的Km值(Km值為酶促反應速度達到最大反應速度一半時所對應的底物濃度)。

固定化酵素可用於連續性生產加工或有攪拌缸的批式加工,但是可溶性的酵素只能用於批式加工且其酵素無法重複利用。所以固定化酵素的使用是較有益處的。固定化酵素可用於生產許多產品,包括糖漿、酵母、烘焙產品、霜淇淋、糖果甜點、聚酯纖維、降低微量汙染物、生物柴油、胺基酸、丙烯醯胺、乳清乳糖水解物。如使用乳糖酶(lactase)於牛奶或嬰兒奶粉、解脂酶(lipase)於乾酪、轉化酶(invertase)於果糖、澱粉酶(amylase)於啤酒與麵包、果膠酶(pectinase)於葡萄酒與果汁。

固定化酵素的製備方法

方法	製備方法說明
物理法	物理方法包括物理吸附法、包埋法等 物理法固定酵素的優點在於酵素整體結構可保持不變,酵素的催化活性可得到保留 物理吸附法在分類上有時被歸類為一種載體結合法 包埋法可分為格子型與微膠囊型,由於包埋物或半透膜具有一定的空間或立體阻礙作用,因此不適用於一些反應
化學法	化學方法包括載體結合法、交聯法 載體結合法又分為離子結合法和共價結合法,是將酵素透過化學鍵結連接到天然的或合成的載體上,使用偶聯劑通過酵素表面的基團將酵素交聯起來,而形成相對分子量大、不溶性的固定化酵素

用於食物生產的固定化酵素：酵素來源、食物介質或產品

酵素	食物介質或產品
腈水合酶（nitrile hydratase）	丙烯醯胺（acrylamide）
天（門）冬氨酸酶（aspartase）	天（門）冬氨酸（aspartate）
延胡索酸（水解）酶（fumarase）	L-蘋果酸（L-malate）
葡萄糖（glucose）或 木糖異構酶（xylose isomerase）	高果糖玉米糖漿（high-fructose corn syrups），d-果糖（d-fructose）
氨基酸醯化酶（amino acid acylase）/ 醯化氨基酸水解酶（aminoacylase）	胺基酸/L-胺基酸（amino acids /L-amino acid）
β-半乳糖苷酶（β-galactosidase） 或乳糖酶（lactase）	無乳糖牛奶（lactose-free milk）；乳清乳糖水解物（whey lactose hydrolysates）；烘焙業用酵母
脂（肪）酶（lipase）	烘焙用脂（baking fat）油（oil）、脂（fat）、可哥亞脂等同物（cocoa butter equivalent）、白油（shortening）、人造奶油（margarine）、S-1-苯（基）乙胺（S-1-phenylethylamine）
果膠酶（pectinase）/果膠裂解酶（pectinlyase）	避免因果膠在果汁中的固定濁度
柚（皮）苷酶（naringinase）	去除果汁苦味
青黴素醯化酶（penicillin acylase）	半合成青黴素（semisynthetic penicillins）
α-澱粉酶（α-amylase）	澱粉水解（starch hydrolysis）
柚（皮）苷酶（naringinase）	去除柑橘類果汁之柚苷（苦味物質）
α-半乳糖苷酶（α-galactosidase）	移除啤酒糖內的棉子糖
木瓜酵素（papain）	避免啤酒冷藏引起的混濁
澱粉酶（amylase）	水解澱粉
凝乳酶（rennin）	牛奶凝結/生產乾酪

7-6 酶與消費者安全

消費者安全是消費者權利保護中最重要、最根本的權利，消費者的食品安全意識影響著食品消費市場與食品生產企業。隨著科技的進步及消費者對食品安全意識的提高，一些對人體有害的麵粉改良劑不斷被揭示出來，包括酶與其他食品成分之間的反應和酶對消費者的直接作用、潛在的產毒素性、是否有致敏性、是否影響到相應抗生素的使用療效。

自動物或植物等新鮮食物而來的天然酶，常被人所日常食用；由黴菌或細菌所衍生來相似的酶也已在食品業長期安全使用。近幾年來，各式酶素養生越來越受歡迎，但是其生產和品質標準難以分辨，且其功效可能被過分誇大，已經嚴重誤導消費者。美國FDA（Olempska-Beer et al, 2006）的文章回顧認為酵素在被攝食後會像其他蛋白質食物一樣被降解與代謝。人們膳食中自然呈現的酵素尚未被發現有毒性且被認為本質是安全的，一般與食物過敏也無關。和化學改良劑相比，酶製劑的突出優勢在於它的安全無毒性。酵素補充劑等功能性食品的攝食或新酵素、新加工方法（如結合微波放射線與解脂活性）、酶與其他食品成分之間的反應、酶對消費者的直接作用等與生物催化劑的應用是食品業的趨勢，但適當的安全性評估是需要的。

參考文獻

1. The Association of Manufacturers and Formulators of Enzyme Products (AMFEP). https://amfep.org/

2. John R. Whitaker (1990). New and future uses of enzymes in food processing. *Food Biotechnology*, Volume 4, Issue 2, Pages 669-697. Published online: 09 Dec 2009

3. Managing enzymes in food - Basics of enzyme science . Food Crumbles https://foodcrumbles.com/enzymes-in-food-the-basics/

4. Ranga. 2012. 12 Uses of Enzymes | Their Applications in Medicine Food Industries. https://www.studyread.com/applications-enzymes-role/

5. Ekaterina D. Yushkova, Elena A. Nazarova, Anna V. Matyuhina, Alina O. Noskova, Darya O. Shavronskaya, Vladimir V. Vinogradov, Natalia N. Skvortsova, and Elena F. Krivoshapkina (2019). Application of Immobilized Enzymes in Food Industry. *J. Agric. Food Chem.* 67, 42: 11553-11567.

6. Publication Date:September 25, 2019 https://doi.org/10.1021/acs.jafc.9b04385

7. S. Hettiarachchy, D. J. Feliz, J. S. Edwards, R. Horax. (2018). The use of immobilized enzymes to improve functionality. *In Proteins in Food Processing* (Second Edition). Woodhead Publishing Series in Food Science, Technology and Nutrition. p.569-597. https://doi.org/10.1016/B978-0-08-100722-8.00022-X

8. https://baike.sogou.com/v250263.htm?fromTitle=%E9%85%B5%E7%B4%A0

9. 《實用食品加工學》（第三版），徐詮亮 編修，林淑瑗等著（2015），出版社：華格那企業，ISBN: 9789863621416

第8章
色素

陳祖豐

8-1 概述

色澤是食品的一個重要因素，我們常根據食品的色澤來判斷是否美味、安全以及新鮮度。也正因如此，食品色素（food colorant，也稱作food coloring、food pigment）因運而生。食品色素爲可食用染料，屬於食品添加劑的一種，主要是爲了以下目的藉以改善物品外觀，包括：加強自然原色、讓食物看起來更具吸引力、修正食物應有原色、增加消費者對食品的鑑別度、偏移顏色以減少因光或溫度等儲存條件造成食品變質等。

有機顏料被認爲是暴露於陽光下能夠賦予顏色的變化的物質。這是因爲有機化合物中的π電子共軛體系可以吸收不同波長的光，以形成許多豐富多彩染料。在有機顏料的官能團的吸收可見光被稱爲發色團，如$-N\equiv N-$，$-C=C-$，$-C=O$，$-C=S$，$C=NH$，$-N=O$，$-NO_2$…等等。發色團常會搭配助色團（推拉電子基的結構）增加顯色強度。食品色素按結構分爲偶氮類與非偶氮類，例如酞菁（phthalocyanine）、喹吖酮（quinacridone）、異吲哚啉（isoindoline）、吡咯（pyrrole）等等。

由於在19世紀不時發生不肖商人以有毒的色素著色在糖果食品上，如鉻酸鉛、硫化汞、鉛丹或亞砷酸銅，使得民眾深受其害，因此各國政府對於食品色素早就立法加以規範。近年來社會上強調自然與健康，現在的趨勢是使用天然色素當作著色劑。然而，天然色素除了價格較高、取得不易等因素之外，自然環境的影響和加工條件下的不穩定性往往限制了天然色素的使用範圍。因食品加工條件而改變色澤的最常見情況是褐變反應，包括酵素褐變、焦糖化以及由還原糖和胺基酸之間的非酵素褐變反應，這些都會影響到食品色素的應用範圍。

一般食品色素依照來源可分爲天然色素以及人工合成色素二種，天然色素來自植物、動物、微生物以及礦石等材料，依照我國規定，萃取天然食品色素之溶劑應使用水、乙醇或植物油等食物原料。人工合成色素主要來自煤焦油或石油等原料加工而成，因此又被稱爲焦油色素。人工合成色素具有原料容易取得、成本低，並且有著良好的著色特性，成爲食品中不可或缺的添加物。

食品色素的分類

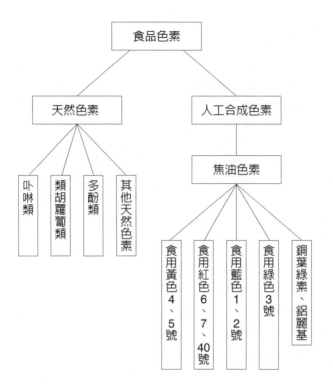

8-2 四吡咯（卟啉）色素（一）

卟啉（porphyrin）是一類由四個吡咯類α-碳原子透過烯共振雙鍵（-C=C-）互聯而形成的大分子雜環化合物。卟吩（porphin, $C_{20}H_{14}N_4$）是最簡單的卟啉結構。卟啉環具有較深的顏色，這與它屬於高度共軛系統有關。所有卟啉化合物在接近410nm波長有很強的吸收光。「卟啉」一詞源於希臘「紫色」之意，因此卟啉也被稱作紫質。常見的卟啉色素有葉綠素與血紅素蛋白（卟啉結合的金屬和蛋白的金屬錯合物），以下各節就分別予以介紹。

葉綠素

葉綠素（chlorophyll）是存在於植物、藻類和藍藻中的綠色光合色素。葉綠素是卟啉色素，在卟啉環中心是一個鎂離子，結構上與另一卟啉色素血紅素（配位中心為鐵離子）類似。維生素B_{12}具有類似葉綠素的卟啉結構，但配位中心為鈷離子。維生素B_{12}是鮮豔紅色，由黴菌和細菌生成。葉綠素的卟啉結構右下方多一個五元環，外接酮基與羧基。葉綠素可以有幾種不同的側鏈，通常包括一個植醇（phytol）長鏈。有自然發生的幾個不同的形式，但在陸生植物中分布最廣的形式是葉綠素a和b，如右頁圖示。葉綠素吸收大部分的紅光和藍光但反射綠光，所以葉綠素呈現綠色。光合作用的第一步是光能被葉綠素吸收並將葉綠素離子化。產生的化學能被暫時儲存在三磷酸腺苷（ATP）中，並最終將二氧化碳和水轉化為氧氣和碳水化合物$(CH_2O)_n$。

$$CO_2 + H_2O \longrightarrow (CH_2O)_n + O_2 \text{（未平衡）}$$

葉綠素a和葉綠素b在食品色素的應用上相當廣泛，它們存在於綠色植物中含量約為3：1。葉綠素並不是非常穩定的顏料，例如乙烯，屬於一種氣態植物激素，會破壞葉綠素，在應用上常被用來熟成水果。食品加工過程中葉綠素經過加酸、加熱或脫鎂作用後會變成脫鎂葉綠素（pheophytin），顏色也會從明亮的綠色轉換成橄欖棕色。迄今，冷藏保存是目前能夠保持蔬菜的綠色的低廉且有效方法。葉綠素作為食品色素（E140）。廚師使用葉綠素著色的各種食品和飲料中的綠色。葉綠素不溶於水且不穩定的，一般採用冷凍乾燥後的葉綠素萃取粉末，以方便保存使用。為能使葉綠素方便添加於食品中，以及增加葉綠素的穩定性，科學家以半合成方式製造葉綠素及其鹽類，其中最常見的形式是銅取代鎂的穩定葉綠素形式（油溶性），以及銅葉綠素的鈉或鉀鹽（水溶性）。銅葉綠素錯合物類被稱為天然綠3和編碼E141，此色素屬於人工合成色素。

葉綠素會因酚類化合物的存在而增強酶褐變反應，而酸性物質或者溶液中的pH值偏酸也會造成葉綠素結構的變化。對此，天然的葉綠素透過與脂蛋白連結來保護它避免酸的破壞。長鏈葉綠醇是導致葉綠素分子不溶於水的主要原因。如果將綠葉破碎，葉綠素和葉綠素酶同時釋放出來後，葉綠素酶會移除葉綠素的植醇鏈，將葉綠素由脂溶性轉為水溶性。

葉綠素的轉換過程

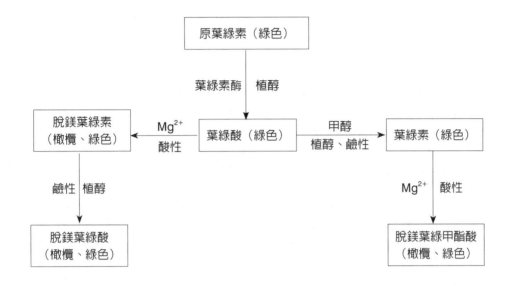

＋ 知識補充站

許多食品加工方法，包括加熱時蒸、炒與保溫等，會直接影響蔬菜的綠色。例如當加熱綠色蔬菜時，葉綠素中的Mg^{2+}離子會被H^+離子置換，從葉綠素a轉變為脫鎂葉綠素a，還會在不同條件下進一步降解為脫鎂葉綠素酸a（pheophorbide a，橄欖棕色）或是紫紅素（purpurin），導致喪失綠色。有時在調理食品時，會採用短時間及高溫下烹煮，或是川燙來保持蔬菜的綠色，因為這種方式能夠避免激活化綠色蔬菜中的葉綠素酶。此外，如果透過日曬方式乾燥食品，葉綠素會產生光氧化反應，造成葉綠素分解褪色。因此，欲延長蔬菜保存期限，應選擇對於氧氣和光線阻隔性佳的包裝材料，以降低光氧化反應的速率。

蔬菜本身的酚類化合物是酶褐變反應（enzymatic browning）中的產物之一。酶褐變的另一產物為棕色的黑色素（melanin）。當蔬菜被切開、浸泡變軟，或者腐敗致內部組織接觸氧氣，就會產生黑色素，並且會掩蓋原有的葉綠素。蔬菜遇酸性食物產品，如醬油或天然色素，就有必要使用抗氧化劑保存，以延長蔬菜的新鮮期。

8-3 四吡咯（卟啉）色素（二）

血紅素

血紅素（heme），又稱血基質，是由一個卟啉有機環分子以及環中心配位的Fe^{2+}離子。在血液中血紅素與數個大分子蛋白質結合成為血紅蛋白（hemoglobin, Hb），血紅蛋白具有多種生物學功能，包括在運輸雙原子氣體、化學催化、雙原子氣體檢測和電子轉移。而在肌肉組織中是以螺旋形的單鏈蛋白質與血紅素結合的肌紅蛋白（myoglobin, Mb）為主要形式。其他生物學上重要的血紅蛋白尚有細胞色素（cytochrome）與過氧化氫酶（peroxiaase）等等。據推測，血紅蛋白與肌紅蛋白是從藍藻分子的光合作用途徑的有機體演變而來。在人體中，產生血紅素酶過程被稱為卟啉合成，該途徑幾乎完全只形成血紅素。在其他物種，則會產生類似的物質如鈷胺素（維生素B_{12}）。

肉類食品對外部因素非常敏感，肉類品質的變化主要原因與微生物生長、脂肪的氧化和變色有關。消費者對於肉類的感受包括外觀、風味與質地。其中只要肉類一發生變色，對客戶選擇上就有明顯的負面影響。顏色的變化是肉感官屬性，並直接依賴於肌紅蛋白的狀態。適當的包裝和保存條件可以適度地防止外部影響，在規定有效日期之前能保持肉類的營養、避免變色和微生物狀態。有趣的是，研究發現增加氧氣含量有助於肉類的顏色穩定性，但氧氣會促進許多變質反應，包括脂肪氧化、微生物分解等等。雖然肌紅蛋白保持鮮紅色，但是肉質卻會持續酸敗。此外，在包裝中加入一氧化碳，可以利用肌紅蛋白與一氧化碳的高親和性，延長保存消費者喜愛的鮮紅肉色（McKenna等，2005）。

肌紅蛋白和多種外在和內在因素之間的相互作用機理決定肉質的顏色，包括生肉與熟肉。含氧形式的氧合肌紅蛋白（oxymyoglobin, OMb）顯現鮮紅的顏色，OMb氧化的情況會受到如溫度、pH值、MMb減少活動、氧氣分壓和脂質氧化程度的影響（Faustman和Casens，1990）。而氧化形式的變性肌紅蛋白（metmyoglobin, MMb，鐵被氧化為3+）則會顯現褐變的顏色，MMb的形成取決於許多因素，包括氧、溫度、pH以及微生物的種類和生長等（Bekhit等人，2007）。脫氧肌紅蛋白（deoximioglobin, DMb）為紫紅色，是在新鮮的肉切割之後就會出現的顏色。研究發現，這種顏色對於消費者而言相當有吸引力，可說是判斷肉質新鮮度的一種指標。

卟啉色素的兩大類

在植物中形成葉綠素，在動物體內則為血紅素。

葉綠素a, R=CH₃
葉綠素b, R=CHO
卟啉環為中間結構

肌紅蛋白的循環

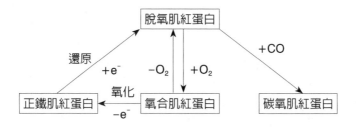

8-4 類胡蘿蔔素（一）

類胡蘿蔔素（carotenoid）是一種多彩色的植物色素，其中亮橙色β-胡蘿蔔素是維生素A的前驅物，也被稱為維生素A原（provitamin A），可以轉變成維生素A，具有強大的抗氧化性，可以幫助防止某些形式的癌症和心臟疾病，以及提高免疫力。類胡蘿蔔素是一類光合色素，植物的葉綠體或細菌、真菌含有類胡蘿蔔素，但動物無法製造類胡蘿蔔素。

目前已知的類胡蘿蔔素超過600種，可分為兩大類，一種是有氧原子的類胡蘿蔔素分子，如葉黃素與玉米黃質，被稱作葉黃素類。另一種是不含氧原子不飽和烴的類胡蘿蔔素，如α-胡蘿蔔素、β-胡蘿蔔素與番茄紅素被稱作胡蘿蔔素。類胡蘿蔔素是一類四萜烯（terpene）（由8個異戊二烯連結構成）類。類胡蘿蔔素吸收藍光，這是由於異戊二烯的共軛系統，會使得眾多π鍵電子在區域內共振移動，也降低激發分子所需要吸收光的範圍，約在可見光譜短波端的更高頻率的光被吸收，類胡蘿蔔素分子就顯出淺黃色、亮橙色與深紅色。類胡蘿蔔素具良好抗氧化性，可以防止自由基破壞細胞和DNA，也有助於建構自身免疫系統。

胡蘿蔔素類

胡蘿蔔素（carotene）是指分子式$C_{40}H_{56}$的類胡蘿蔔素，有幾種異構體形式，如α、β、γ、δ、ε和Zeta（ζ），以α和β胡蘿蔔素是兩個主要形式。胡蘿蔔素為脂溶性，可以在許多深綠色和黃色綠葉蔬菜中找到，其中β胡蘿蔔素可以在黃色、橙色和紅色的水果與蔬菜中找到。β胡蘿蔔素在自然界發現大部分為反式異構體，僅有少數的順式異構體。β胡蘿蔔素擁有兩個的視黃基團（β-紫羅蘭酮環，β-ionone），會在通過小腸黏膜後經由酶的二次轉換（β胡蘿蔔素12,15'-單氧酶和視網醇脫氫酶，見右頁圖示）形成維生素A。由於α胡蘿蔔素和γ胡蘿蔔素也有單視黃基結構，所以也具有轉換為維生素A的活性，但小於β胡蘿蔔素。

雖然胡蘿蔔素的顏色遠較葉綠素穩定，但是食品加工的各種處理方法，如加熱和乾燥會導致胡蘿蔔素異構化和降解，會產生順反異構化和形成環氧化物。特別是全反式-β胡蘿蔔素在加熱或光線下時是非常不穩定的，很容易地異構化為順式異構體。然而胡蘿蔔素在全反式型態的生物利用度大於順式型態，因此，像在進行巴氏殺菌法時，13-順式β胡蘿蔔素是巴氏滅菌胡蘿蔔汁過程中形成的唯一異構體，因而間接減少了β-胡蘿蔔素的生物活性。β-胡蘿蔔素的推薦用量還有待建立。β-胡蘿蔔素補充劑，不建議一般人群服用，因為從飲食通常可得到足夠的維生素原，每天吃五份水果或蔬菜可提供約6～8mg β-胡蘿蔔素。

番茄紅素（lycopene、分子式$C_{40}H_{56}$）存在於某些水果，蔬菜，海藻和真菌中，是一種不飽和長鏈的類胡蘿蔔素，具有11個共軛和左右端2個非共軛雙鍵。其中共軛雙鍵降低了激發電子所需能量，使分子吸收大多數的可見光波長，只反射出紅色光。番茄紅素為脂溶性，因為缺乏終端β-視黃基團導致不具有維生素A活性。自然界大部分的番茄紅素為全反式。然而研究發現，5順式-番茄紅素是最穩定的異構體，其次才是全反式和9-順式-番茄紅素。

胡蘿蔔素種類及β-胡蘿蔔素轉變為維生素A過程

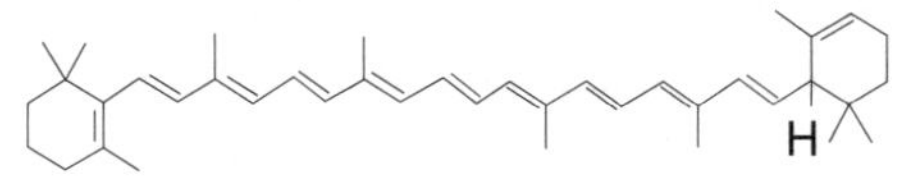

α 胡蘿蔔素

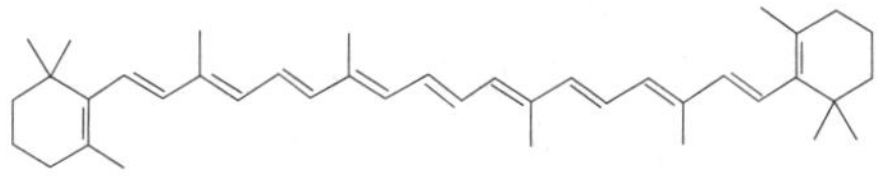

β 胡蘿蔔素

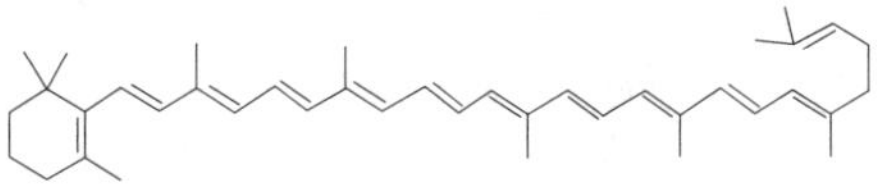

番茄紅素

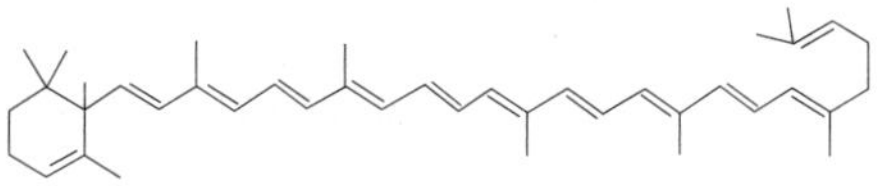

δ胡蘿蔔素

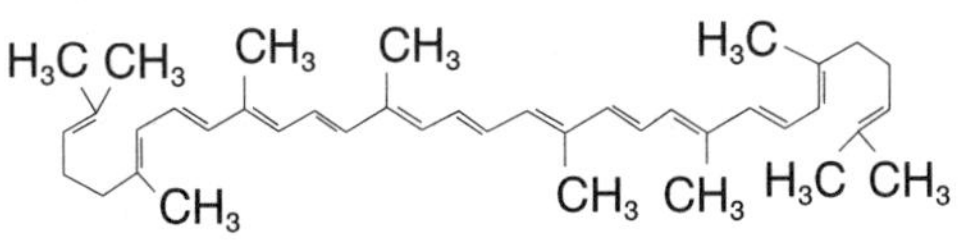

δ胡蘿蔔素

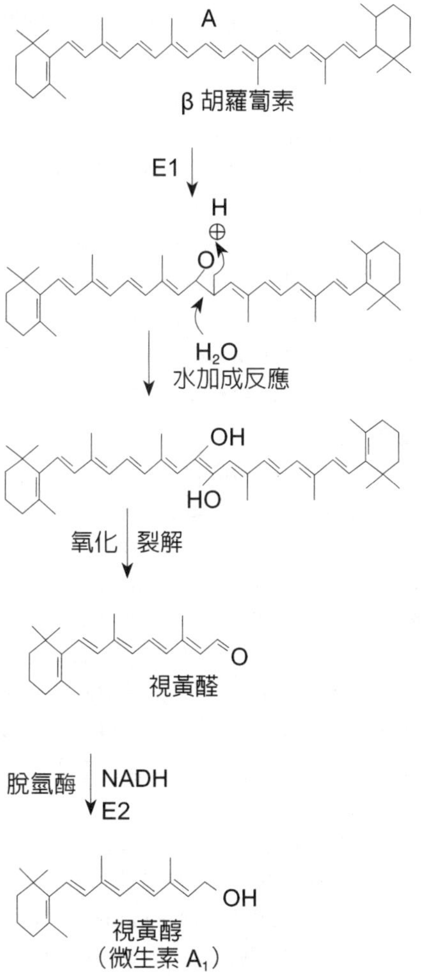

β 胡蘿蔔素

E1

H
⊕
O

H_2O
水加成反應

OH
HO

氧化　裂解

視黃醛
O

脫氫酶　NADH
E2

OH
視黃醇
（微生素 A_1）

E1＝ β胡蘿蔔素 12, 15' 單氧酶
E2＝ 視黃醇脫氫酶

8-5 類胡蘿蔔素（二）

在食品加工的影響上，與β胡蘿蔔素不同的是，番茄紅素的順式異構體或比全反式結構更易溶於油脂中。若加熱到60℃和80℃的番茄紅素會開始產生異構化，傾向形成9-順式番茄紅素。而在低pH值時，13-順式番茄紅素是食品加熱的主要降解產物。一般認為順式番茄紅素較全反式形式具有更大的生物有效性。為了防止番茄紅素被氧化，有時會使用抗氧化劑，例如DL-α-生育酚、抗壞血酸等加入含番茄紅素的食品中。

葉黃素類

葉黃素類（xanthophyll）的分子結構類似胡蘿蔔素，但葉黃素含有氧原子（羥基），易形成環氧化物，而胡蘿蔔素則為碳氫化合物。也因為如此，葉黃素分子極性比胡蘿蔔素稍強，但仍屬於脂溶性。此一特性也正是以色層分析法分離二者的主要方式。人類眼睛視網膜的黃斑部（macula）含有高量的葉黃素和玉米黃質，它們吸收有害的強藍光藉以保護眼睛。

葉黃素類包括葉黃素（lutein）、玉米黃質（zeaxanthin）、角黃素（canthaxanthin）、紫黃質（violaxanthin，又稱董黃素）和α-和β-隱黃素（cryptoxanthin）等。其中β-隱黃素是已知對草食動物而言具有維生素A活性的唯一葉黃素（食肉動物缺乏轉化酶）。

葉黃素循環（xanthophyll cycle）是指植物中的三種葉黃素：紫黃質、單環氧玉米黃質（antheraxanthin）和玉米黃質之間相互轉化的現象，如右頁下圖。此轉化發生於植物暴露在強光下，藉由葉黃素相互轉化來防止葉綠體的損壞。當光能過剩時，含雙環氧的紫黃質在去環氧化酶的催化下，經過中間物單環氧玉米黃質轉化為無環氧的玉米黃質。整個循環可以消耗過量光能，藉以保護光合機制不被破壞。葉黃素循環使得在日間太陽輻射最大時，大部分的葉黃素會轉換為玉米黃質，但次日又會被轉換回紫黃質。在大多數的植物，葉綠素會掩蓋葉黃素的顏色，當葉綠素產生降解，或者葉片枯萎時可觀察到葉黃素類。由化學結構可發現，玉米黃質的直鏈分子，在右端視黃基比葉黃素多一個共軛雙鍵，這也是一般認為玉米黃質比葉黃素更具有抗氧化能力的原因。

綜而言之，對稱結構的葉黃素類具有更好的防護能力。葉黃素是人類食用蔬菜和水果時自然會攝取的營養，因此針對缺乏足夠葉黃素攝入的個體，如吸收不良的病人或者老年人，以膳食補充劑來增加葉黃素攝取量是可行的。目前認為每日建議攝取量在6～10mg能有顯著的效果。若攝取過量葉黃素唯一可能的副作用是皮膚變黃（胡蘿蔔素血症，carotenoderma）。

葉黃素類名稱與結構

β-隱黃素
（β-cryptoxanthin）

玉米黃質
（zeaxanthin）

葉黃素
（lutein）

紫黃質
（violaxanthin）

蝦紅素
（astaxanthin）

角黃素
（canthaxanthin）

葉黃素循環

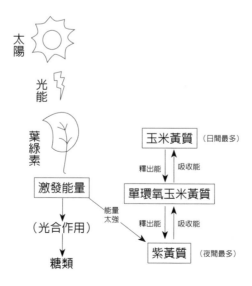

8-6 多酚類色素（一）

多酚（polyphenols）是在飲食中含量最高的抗氧化劑，據推估每人每日總膳食攝入高達100克，遠高於其他植物性膳食營養素。多酚的主要膳食來源是水果和植物飲料，例如蔬果、穀類、巧克力、茶、咖啡，豆類和紅酒。由於多酚的化學結構具多樣複雜性，使得相關研究遲至1990年代才陸續開始，遠較其他含量較低的營養素較晚。

一直以來，多酚抗氧化劑被認為能夠清除體內自由基，藉以防止細胞與DNA氧化受損。但目前認為反應機制應該複雜許多，多酚可作為氧化劑前驅體（prooxidants），透過與細胞內接受體或酶的信號轉換，來改變細胞的氧化還原狀態，藉以誘導不正常細胞凋亡、阻止腫瘤生長。須注意的是，多酚的生物效應不止於調節氧化還原作用，還會扮演調節內分泌與受體功能的重要角色。例如大豆異黃酮與雌激素的影響，停經後婦女可以透過補充異黃酮來預防骨質疏鬆。由於多酚的分子具有共振的芳香結構，在紫外／可見光區有吸收光譜，而且分子本身也具有自發螢光性。

多酚類具有重要的感官特性，包括顏色、味道和香味，分子為親水性，含有多個酚羥基。通常多酚物質會呈現苦澀味，推論是多酚類與唾液蛋白質產生沉澱所引起的。黃酮構造也可引起苦味，如表兒茶素。多酚是根據它們的結構可分為類黃酮（flavonoids）與非類黃酮，非類黃酮包括酚類的酸基衍生物，如白藜蘆醇（resveratrol）、沒食子單寧（gallotannins）和木質素（lignins），但這些化合物是無色或微褐色的。類黃酮目前已發現超過4千種以上，目前仍持續增加中，包括黃酮（flavonol，黃色）、花青素（anthocyanidin，橘色）等等。以下就各種有色的多酚色素加以介紹。

常見的多酚種類分子結構

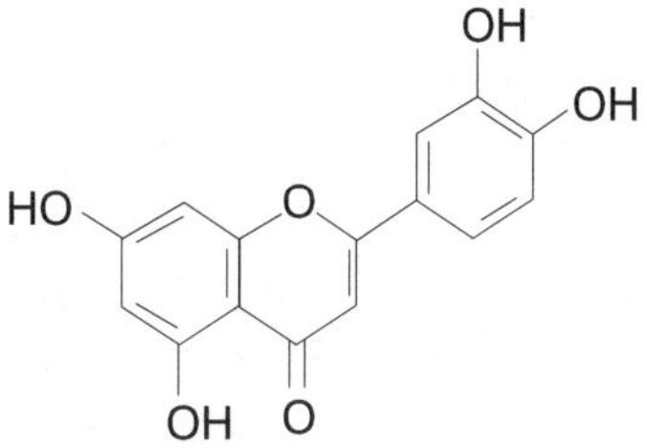

黃酮類：木犀黃色精

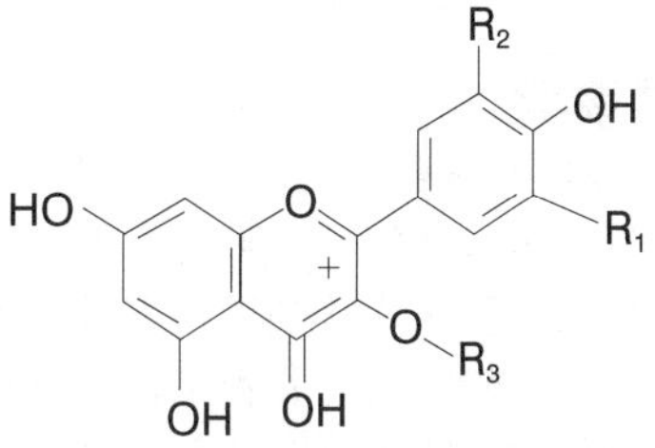

花青素

5, R1, r2: H, R3:半乳糖＝矢車菊色素-3-半乳糖苷
（cyanidin-3-galactoside）（橘色）
6, R1, R2: OCH, T3:葡萄糖＝錦葵色素-3-葡萄糖苷
（malvidin-3-glucoside）（藍紅色）

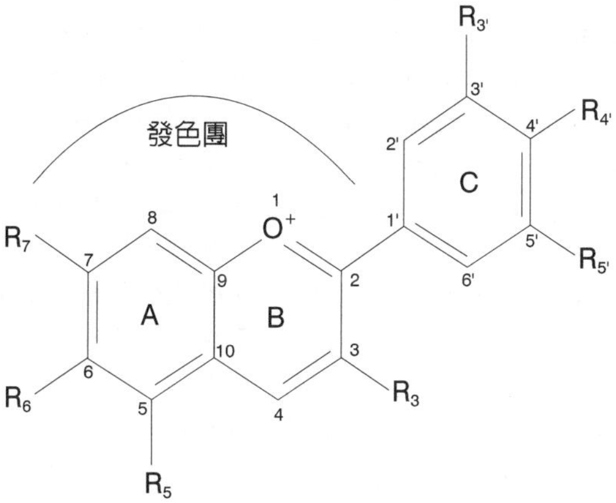

1 天竺葵色素（Pg）　R_3=OH; R_5=OH; R_6=H; R_7=OH; $R_{3'}$=H; $R_{4'}$=OH; $R_{5'}$=H
2 矢車菊色素（Cy）　R_3=OH; R_5=OH; R_6=H; R_7=OH; $R_{3'}$=OH; $R_{4'}$=OH; $R_{5'}$=H
3 花燕草素（Dp）　　R_3=OH; R_5=OH; R_6=H; R_7=OH; $R_{3'}$=OH; $R_{4'}$=OH; $R_{5'}$=OH
4 芍藥素（Pn）　　　R_3=OH; R_5=OH; R_6=H; R_7=OH; $R_{3'}$=OMe; $R_{4'}$=OH; $R_{5'}$=H
5 矮牽牛素（Pt）　　R_3=OH; R_5=OH; R_6=H; R_7=OH; $R_{3'}$=OMe; $R_{4'}$=OH; $R_{5'}$=OH
6 錦葵色素（Mv）　　R_3=OH; R_5=OH; R_6=H; R_7=OH; $R_{3'}$=OMe; $R_{4'}$=OH; $R_{5'}$= OMe

8-7 多酚類色素（二）

花青素類

花青素類（anthocyans）是陸生植物主要的色素，包括紅色、藍色與紫色。花青素是水溶性，常作為天然色素和抗氧化劑。在歐盟，所有花青素被列為E163天然著色劑。除了作為食品色素之外，花青素在保健品和藥品的應用上潛力甚大，常攝取花青素可以降低冠狀動脈心臟疾病風險、抗癌、抗氧化活性、預防中風與抗炎作用等。

花青素（anthocyanin）屬於7-羥基黃羊鹽陽離子（7-hydroxyflavylium cat-ion）的衍生物，連結一個或多個糖酯化形成糖苷（glycone）形式。下圖為食品中重要的六種花青素結構，分別為天竺葵色素（pelargonidin）、矢車菊色素（亦稱花青素、花色素（cyanidin））、花燕草素（delphinidin）、芍藥素（peonidin）、矮牽牛素（petunidin）和錦葵色素（malvidin）。舉例而言，矢車菊色素在位置3、5有羥基取代基和位置3'有羥基取代基，而矢車菊色素衍生物則在位置3與糖類酯化。連接到碳骨架的糖包括葡萄糖、阿拉伯糖（arabi-nose）、鼠李糖（rhamnose）、半乳糖（galactose）、木糖（xylose）或葡萄糖醛酸（glucuronic acid）。花青素的顏色會隨著附著在分子的羥基數量（特別是B環上的取代基）而改變，隨著附著羥基的增加，整個分子從橙色轉變到紫色可見光。糖基化花色素的糖苷也會使得分子變紅，而脂肪族或芳香族醯基部分僅會造成顏色輕微的藍移，反而在穩定性和溶解度方面較有影響。

各種不同的花青素在水中會根據pH和溫度等條件，形成以某種化學形式的平衡（見右頁下圖）。溶液在酸性pH3以下時，偏向紅色黃羊鹽陽離子形式存在（以符號AH⁺表示）；若轉到弱酸溶液（pH4～5），則會以無色甲醇假鹼（carbinol pseudobase，以符號B表示）形式；在接近中性時，則AH⁺去質子後會變成紫色醌型鹼（quinonoidal base，以符號A表示），再持續變鹼，則會轉成藍色陰離子醌型鹼，最後在強鹼範圍，溶液會呈現無色或黃色半縮醛（查耳酮，chalcone，以符號C表示）。若從pH值變化過程來看，花青素溶液會有如紅色褪色、轉紫、最後再淡化成黃色的過程，而這也正是此類色素來當作酸鹼滴定指示劑的原因。

花青素相當不能耐受高溫，由於其特殊的化學結構，花青素的結構特徵是易帶正電（電子缺乏）形式，可透過化學共振結構保持穩定，這使得它們對活性氧分子（reactive oxygen species, ROS）非常具有反應性。此一特性被科學家認為花青素是良好的天然抗氧化劑的主要原因，它們的抗氧化劑的活性比維生素E高，甚至可與合成抗氧化劑如第三丁基對苯二酚的（TBHQ）、丁基化羥基甲苯（BHT）和丁基化羥基苯甲醚（BHA）相媲美。在美國花青素每日可攝入量為180-215mg／日，較其他類黃酮每日攝入量約23mg要高得多。

常見的花青素可見色彩範圍

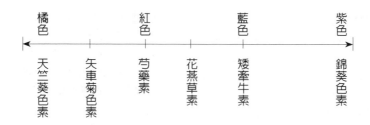

矢車菊素-3-半乳糖苷平衡結構轉型與不同pH水介質中的花青素。

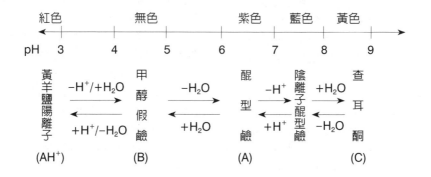

8-8 多酚類色素（三）

類黃酮色素

類黃酮（flavonoid）是在人類飲食中最豐富的多酚類物質，約占所有的人攝入的三分之二。在水果和蔬菜中，通常以糖苷或醯基糖苷的形式存在，少部分則以無糖的糖苷配基（aglyco）的游離態存在。類黃酮具黃色或棕褐色，一般來說，黃酮（flavone）和黃酮醇（flavonol）趨向於黃色，而黃烷酮（flavanone）和異黃酮（isoflavone）則是無色、白色或淺棕色。通常，類黃酮於食品和飲料中的形式也以糖苷為主。它們是在水中的溶解度相對低，但可溶解於甲醇、乙醇等溶劑中。因此，若與花青素相比，類黃酮對食物的顏色的重要性相對較低。

類黃酮的基本結構是一個二苯基丙烷的骨架，即兩個苯環（標示為A環和B環，參見右頁圖(a)）以丙烷鏈構成一個封閉的吡喃環（含雜環的氧，標示為C環）相連。此一結構也被稱為C6-C3-C6。在大多數情況下，B環被連接到C環的位置2上，少數如B環接在C環的位置3被稱為異黃酮，若B環被連接在C環的位置4上則稱為新黃酮（neoflavone）。C環可以是一個α吡喃酮，如黃酮和異黃酮，或二氫衍生物（dihydro derivative），如黃烷酮和黃烷酮醇。常見的糖類有L-鼠李糖、D-葡萄糖、半乳糖，或阿拉伯糖，可以在C環的位置3或7連結形成糖苷。

類黃酮可分為多種類別，如黃酮（例如黃酮、芹菜素、木犀草素）、黃酮醇（例如槲皮素、山柰酚、楊梅素、漆黃素）、黃烷酮（例如橙皮素、柚皮素）黃烷酮醇以及黃烷醇等等。若類黃酮的C環是打開的，則稱為查耳酮。類黃酮的化學性質除了取決於它們的結構之外，其他如羥基化、取代基、互變異構或者聚合反應都會影響黃酮類的化學特性。舉例而言，類黃酮羥基能夠清除自由基，有效地產生抗氧化作用，或者亦可透過金屬離子螯合反應，防止自由基損害生物分子。

在紫外光／可見光光譜上，大多數黃酮和黃酮醇會有兩大吸收峰：吸收峰I（320～385nm區間）代表B環的吸收，且吸收峰II（250～285nm區間）對應於A環的吸收，而其他官能基則可能會影響此二種吸收峰的偏移。

以下就各種類黃酮分別說明：

1. 黃酮（flavone）

它們具有位置2和3之間形成雙鍵，並在C環的位置4上有酮基。黃酮是蔬菜和水果中最多的天然黃酮，具有在A環位置5的羥基。主要發生在B環位置5或7的羥基透過甲基化和醯化來連結糖基。黃酮可能有助於抑制低密度脂蛋白（LDL）膽固醇的氧化，常見的有芫花的芹菜素、金銀花的木犀草素、川陳皮及紅橘。

A. 二苯基丙烷骨架構成類黃酮色素的基礎

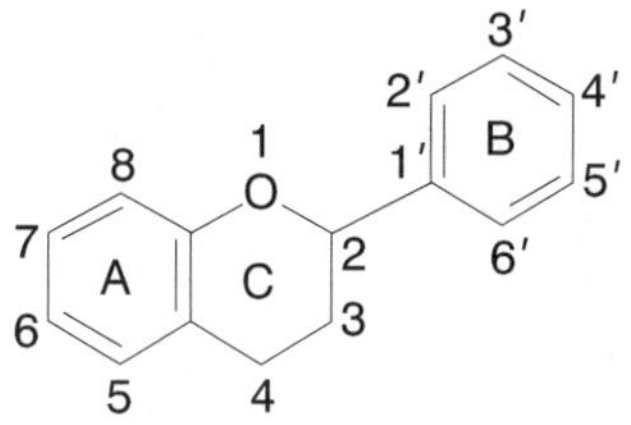

B. 類黃酮糖苷構造

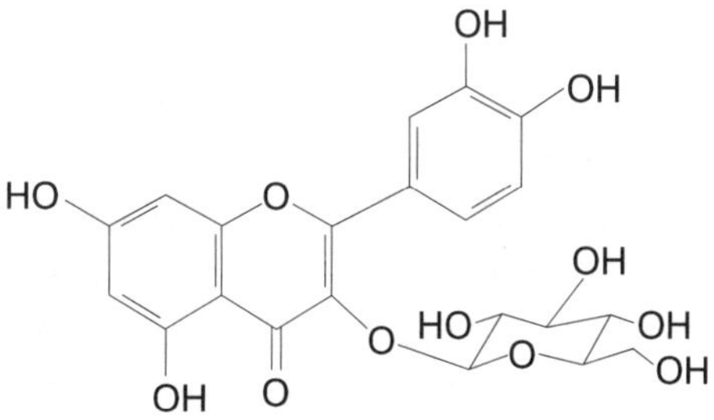

C. 類黃酮羥基能與自由基反應，產生抗氧化作用

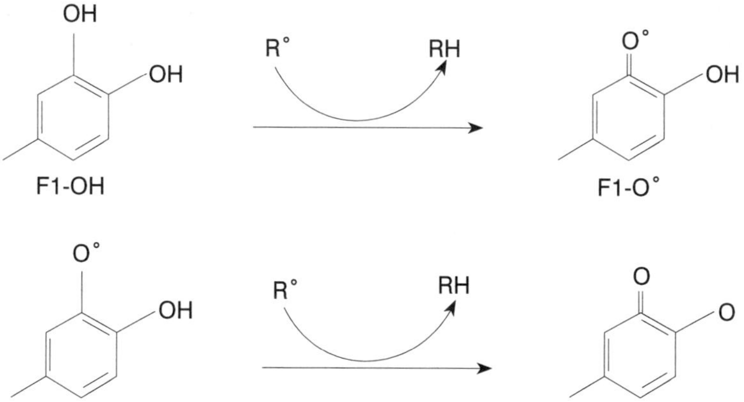

F1-OH

F1-O°

8-9 多酚類色素（四）

2. 黃酮醇（flavonol）

黃酮醇骨架是3-羥基黃酮，三羥基可以被糖基化。與黃酮相同的是，黃酮醇具有非常多元的甲基化和羥基化模式，常見在水果和蔬菜類中，分布雖多但是相對濃度較低。它們可以作為抗氧化劑、抗炎劑，並可調節不同的細胞信號傳導途徑。例如，槲皮素（quercetin）可以抑制致癌物。與黃酮醇相關的糖通常是葡萄糖或鼠李糖，其他尚有半乳糖、阿拉伯糖、木糖、葡糖醛酸等。

3. 黃烷酮（flavanone）

黃烷酮，也叫dihydroflavones。黃烷酮有飽和的C環，加上多羥基的選擇，以及糖基化或甲基化，因此擁有相當多的衍生物。黃烷酮的類型包括柚子中的柚皮苷、苦味抗氧劑橙皮苷和檸檬中的聖草次苷。在一般情況下，黃烷酮可以幫助抵抗在體內的病毒、過敏原，甚至致癌物質。例如柚皮苷能降低膽固醇和調整雌激素。黃烷酮通常認為能降低心血管疾病的風險，使血液中的血小板不易黏附到動脈，亦能幫助清除自由基，避免細胞被損壞。許多黃烷酮與抗氧化酶相互作用，與維生素C和E一樣能保護人體免受化學物質傷害。

4. 異黃酮（isoflavone）

大多數黃酮的B環連接到C環的位置2上，但異黃酮具有B環連結在C環的位置3上。此一結構使得異黃酮與類固醇相似，包括雌激素中的雌二醇。因此，異黃酮也被稱為植物雌激素。異黃酮僅存於豆科植物家族，尤其是大豆、紅三葉草。大豆和大豆製品（如豆漿、豆腐、豆豉和味噌）被認為是異黃酮主要的飲食來源。以異黃酮為主的植物激素替代療法（HRT）已被證明是一個非常有效的治療對於預防更年期骨質流失和血管舒張引起的盜汗和熱潮紅症狀。

5. 查耳酮（chalcone）

查耳酮和二氫查耳酮在C環處具有開放式的直鏈結構。查耳酮具有可調控膽固醇、防止癌症、減少血壓、調控血糖、抗菌和抗病毒、提高肝腎功能、防止血栓、壓制胃酸分泌物及作為強力抗氧劑，可幫助保護器官免受保護性的自由基和減慢老化過程。天然植物如明日葉（Angelica keiskei Koidz）、灰毛豆（Tephrosia purpurea Pers.）、甘草（Glycyrrhisa uralensis Fisher et D.C.）等富含查耳酮。

類黃酮群

類黃酮分類	常見結構		
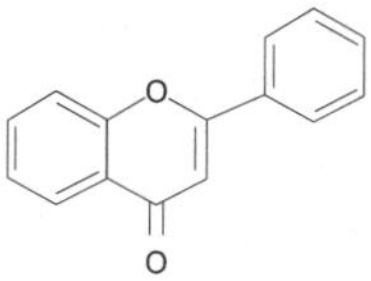 黃酮	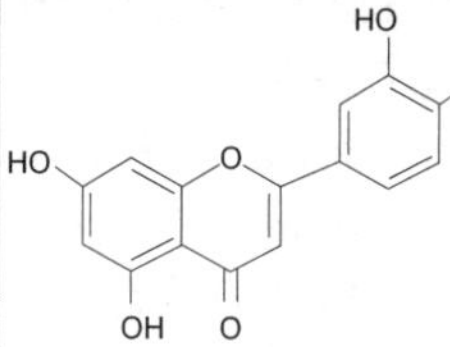 木犀草精	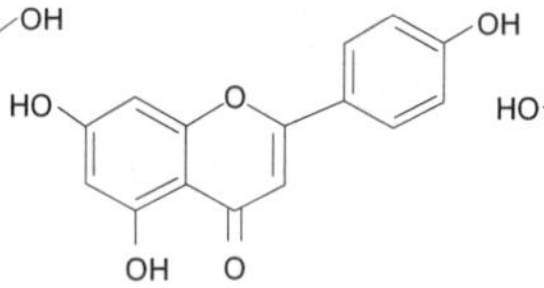 芹黃素	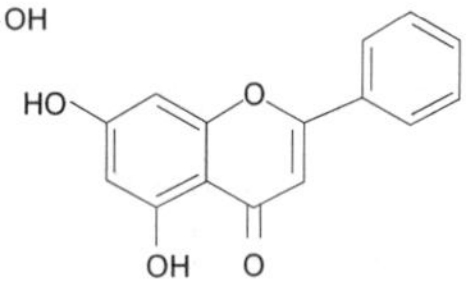 白楊素
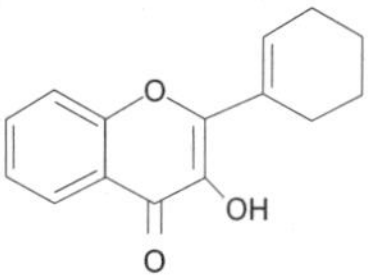 黃酮醇	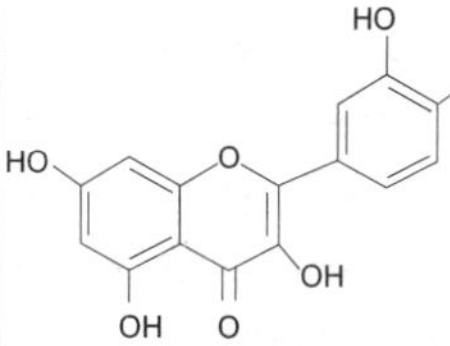 槲皮素	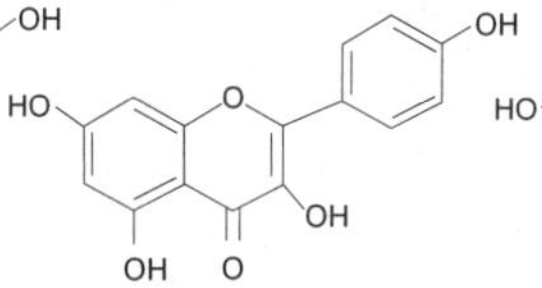 山奈酚	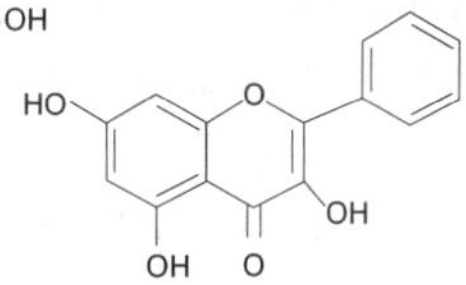 高良薑素
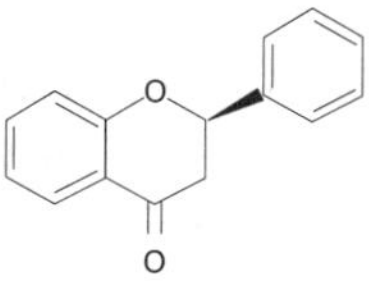 黃烷酮	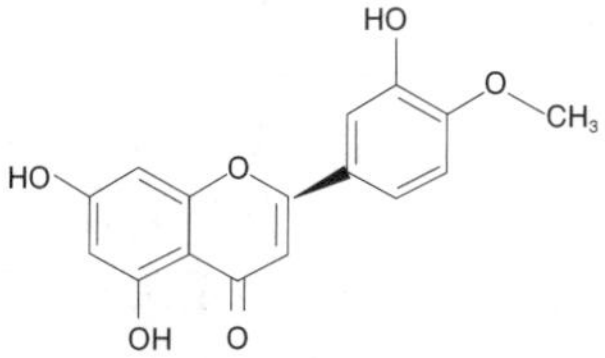 橙皮苷	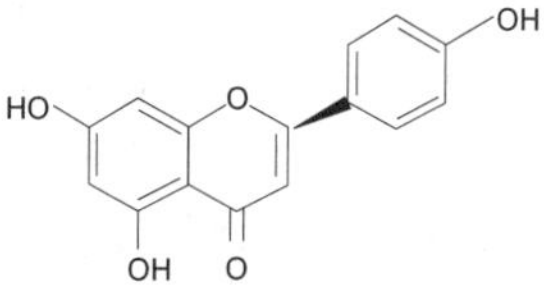	柚皮素
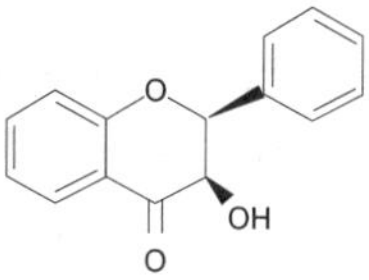 黃烷酮醇	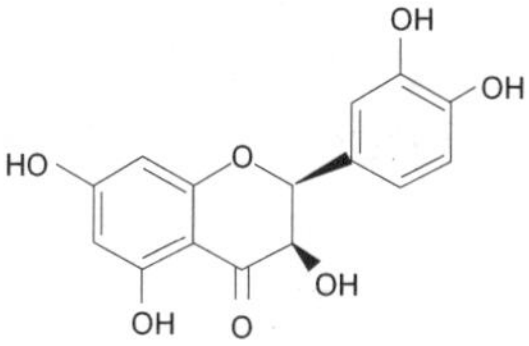 黃杉素		
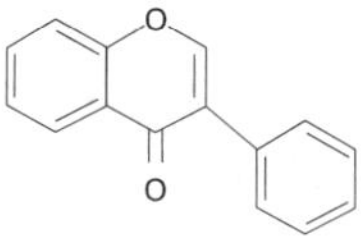 異黃酮	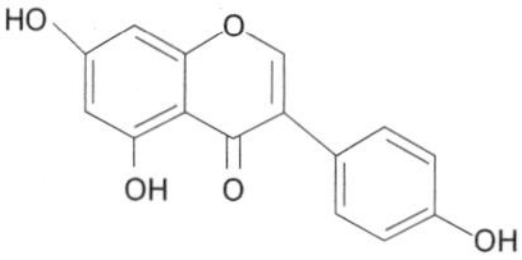 大豆異黃酮	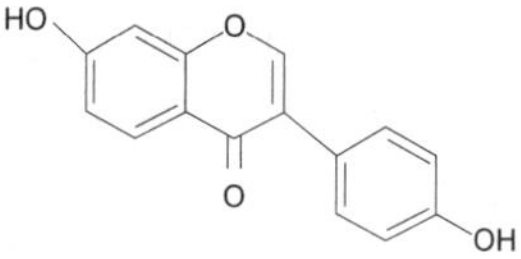	大豆黃酮

8-10 多酚類色素（五）

黃烷醇

黃烷醇（flavanol）亦稱黃烷-3-醇（flavan-3-ol），常以兒茶素稱之，早期曾被視爲類黃酮的一種，但因缺少酮基後來才單獨分類。黃烷醇可分爲游離型兒茶素（兒茶素單體）、酯型兒茶素（複雜兒茶素）、原花青素（proantho-cyanidins）、茶黃素（theaflavin）、茶紅素（Thearubigins）等等。其中游離型兒茶素有兒茶素（catechin, C）、表兒茶素（epicatechol, EC）、沒食子兒茶素（gallocatechin, GC）、表沒食子兒茶素（epigallocatechin, EGC）等；酯型兒茶素最常見的有表兒茶素沒食子酸酯（epi-catechin-3-gallate, ECG）以及表沒食子兒茶素沒食子酸酯（epigallocatechin-3-o-gallate, EGCG）二種，其餘的有沒食子兒茶素沒食子酸酯（gallocatechin gallate, GCG）、兒茶素沒食子酸酯，和表兒茶素沒食子酸酯等。兒茶素是黃烷醇中最主要的成員，結構上與類黃酮相似，具有兩個苯環（A和B環）和一個二氫吡喃雜環（C環）上，有一羥基總是固定連接在C環的位置3上。由於在位置2和3缺乏雙鍵，形成兩個對掌性碳原子中心。因此，它有四個立體異構物。反式構型稱爲兒茶素，順式構型稱爲表兒茶素，另外每個構型具有兩個鏡像異構體（enantiomer，以D/L或+/−表示），即（+）−表兒茶素和（−）−表兒茶素，（+）−兒茶素和（−）−兒茶素共四種。

其中（+）−兒茶素和（−）−表兒茶素是最常存在於可食植物的兩種異構體。兒茶素單體，以及二聚體（dimer）和三聚體（trimer）是無色的。高分子聚合物如單寧酸或原花青素，會加深顏色。兒茶素約占茶多酚裡75%到80%含量，也是茶的苦澀味的來源之一，此外兒茶素也大量存在可可中，以及水果、蔬菜和葡萄酒等。表兒茶素遇熱相對穩定，例如在酸性pH5環境下，經過七小時沸水煮沸僅15%被降解，產生兒茶酚（鄰苯二酚）等物質。

茶多酚類中酯型兒茶素所占比例最大，爲茶多酚總量的55%左右，其含量爲鮮葉乾物重的12%～19%，其中表沒食子兒茶素沒食子酸酯（EGCG）含量最高。酯型兒茶素是茶葉抗癌的重要組成分，也是決定茶葉飲料品質好壞的關鍵因素之一。關於抗氧化活性，（+）−兒茶素已被發現是不同的類黃酮的不同成員之間的最強大的自由基清除劑。不發酵的綠茶含有豐富的兒茶素（例如：EGCG），在發酵過程中酶氧化反應使得鮮葉內無色的兒茶素轉化成深棕色高分子聚合物（例如：茶黃素和茶紅素）。茶黃素是黃色／橙色顏料，多酚類和茶黃素在發酵時被連續和無規聚合。茶紅素是存在於紅茶中的一種橙褐色色素，影響茶的味道與色澤，分子差異大且異質性高，因此難以完整萃取。

黃烷醇分類

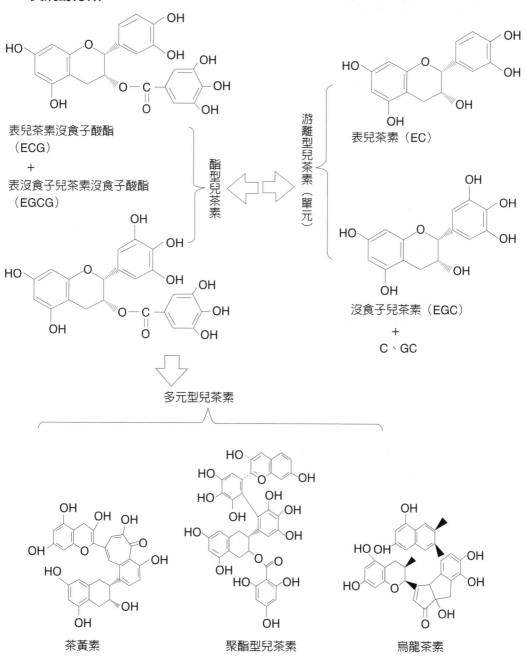

表兒茶素沒食子酸酯
（ECG）
＋
表沒食子兒茶素沒食子酸酯
（EGCG）

酯型兒茶素

游離型兒茶素（單元）

表兒茶素（EC）

沒食子兒茶素（EGC）
＋
C、GC

多元型兒茶素

茶黃素　　　　　聚酯型兒茶素　　　　烏龍茶素

8-11 多酚類色素（六）

單寧

單寧（tannin）亦稱鞣質，外觀爲咖啡色粉末。在植物中含有越多的丹寧，則植物顏色越易偏黃、偏紅或棕色。由於單寧的分子結構巨大又富多樣性，可分成三大類：可水解的單寧（hydrolysable tannin）、不易分解的縮合單寧（condensed tannin）和複雜單寧（complex tannin，指縮合單寧與水解單寧的混合物）。其中水解單寧又可分爲沒食子單寧（gallotannin）和鞣花單寧（ellagitannin）。根據生化定義，單寧通常是指能與蛋白質或其他大分子的水溶液作用，會形成不溶性的沉澱物的化合物，但有許多例外，例如有些單寧與蛋白質的親和力很低，而有些非單寧物質濃度高時也可能與蛋白質產生沉澱。

水解性單寧水溶性高，其中沒食子單寧是以沒食子酸作爲單寧組成的單位，其他衍生物相當多樣化，如多元醇、兒茶素或三萜單位等。單寧酸（亦稱鞣酸）是其中之一，屬於多酚含量較高的植物次級代謝產物，包括沒食子醯基酯和衍生物，是植物界常見的成分，茶則是最有名的含單寧酸飲料。單寧酸屬於可水解單寧，例如以熱水處理或水解單寧酵素（tannase）。

鞣花單寧是由至少有兩個沒食子單元以C-C鍵耦合而成，形成六羥基二酚酯（hexahydroxy-diphenoyl ester）的環多醇類。在更廣泛定義上也包括此類衍生進一步氧化或聚合後的產物，都屬於鞣花單寧。

兒茶素和表兒茶素形成的聚合物，稱爲縮合單寧或原花青素（proanthocyanidin, PC），通常將二到五聚體稱爲低聚體（oligomeric proanthocyanidins, OPC），將五聚體以上的稱爲高聚體（polymeric proanthocyanidins, PPC）。大多數縮合丹寧具水溶性，只有少數巨大分子例外。縮合單寧是單寧中含量最多的種類，幾乎存在於各種植物。原花青素是植物中一種色素成分，可經由酸催化裂解生產的花青素。縮合單寧可在酸性環境下加熱，可進一步聚合成紅色沉澱（櫟鞣紅，phlobaphene）此反應出現在釀酒用的紅葡萄果皮以及紅樹林植物樹皮的顏色中。

黃烷-3,4-二醇（luecoanthocyanidins）有時會與原花青素混淆。黃烷-3,4-二醇經由熱與酸處理後能得到的花色素與單體黃酮。因此，它們具有相似的縮合單寧的反應性化學，但它們不與蛋白質相互作用形成沉澱物，所以不能被歸類爲單寧。一般而言，食物裡的縮合單寧含量比可水解單寧酸多。研究顯示，單寧在動物體內會降低蛋白質消化率、生長率和代謝作用，而許多單寧分子也已顯示有良好的抗氧化性與抗誘變的能力。另一方面，單寧酸的抗菌性也可用於食品加工，以增加某些食物，如魚肉的保鮮期。科學家推論，單寧的劑量和種類應是影響健康的關鍵。

單寧及其分類的結構

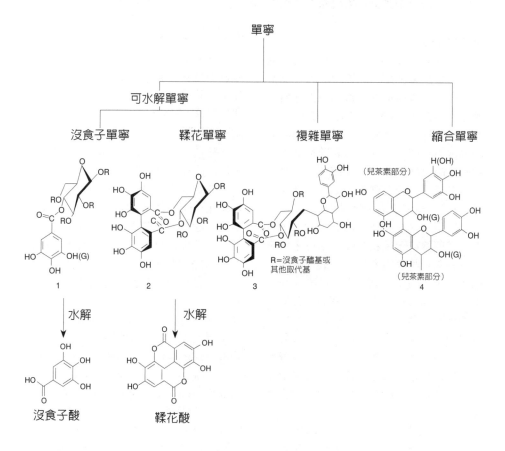

單寧

可水解單寧

沒食子單寧　鞣花單寧　複雜單寧　縮合單寧

R=沒食子醯基或其他取代基

（兒茶素部分）

（兒茶素部分）

水解

水解

沒食子酸

鞣花酸

8-12 其他天然食品色素（一）

焦糖色素

　　焦糖色素（caramel）是世界上使用最廣泛的食品著色劑。它被用於許多食品和飲料上，包括可樂、醬油、調味料、麵包和寵物食品等。焦糖色素具水溶性。是暗棕色的液體或固體。焦糖色素的最常用的碳水化合物是高葡萄糖玉米糖漿、轉化糖和蔗糖。高葡萄糖玉米糖漿所得到的焦糖色素較少黏性且穩定，是良好且安全的焦糖色素來源。

　　焦糖化是經由加熱約180～200℃，將糖（如蔗糖或葡萄糖）除去水分子，再進行異構化和聚合的過程，形成暗棕色較大分子量的化合物。過程中糖在高溫下，接近沸點時產生熔融發泡，分解成葡萄糖和果糖。接著是一個縮合步驟，單糖相互反應失去水生成二果糖酸酐。下一步驟是醛糖或酮糖，並進一步脫水反應的異構化。最後的反應系列包括裂解反應（產生味道）和聚合反應（產生顏色）。

　　作為無酶參與的焦糖化的過程中，屬於非酶促褐變反應。焦糖的口味可以歸因於焦糖反應中產生的，伴隨著甜糖的不同的化合物。例如，裂解時產生的二乙醯具有奶油般的味道，其他產物如酯類可以散發朗姆酒口味，呋喃味道像堅果。梅納反應被認為類似焦糖，二者差異在於焦糖發生在較高的溫度，並且是糖與自身的反應。然而梅納反應發生在糖和蛋白質，發生條件只需較低的溫度。由於過熱會導致所有這些分子的分解，在製造時必須確保低聚合反應能夠充分進行，以產生正確顏色與焦糖膠體分子。若是急速過熱，可能會導致焦糖膠體燃燒，變成黑碳的碳化反應。

紅麴色素

　　紅麴色素（monascorubrin）是暗紅色粉狀、糊狀或液體，有輕微的特徵氣味，由紅麴黴菌屬的微生物所分泌，也是唯一是由微生物所生產的食品色素。紅麴色素的著色性能都很優秀。特別是對於蛋白質的親和力非常強。紅麴因為對熱相當穩定，可耐受達100℃以上，早於數百年前就被應用於相對較高的溫度的食品加工過程，但是若受到太陽直射，分子結構仍會遭到破壞。紅麴色素具有4種不同的構造物，分別是紅麴素（monasin）、紅麴黃素（ankaflavin）、紅斑素（rubropunctatin）及紅麴紅素（monascorubin），前兩者為黃色，後兩者為紅色。這4種色素均為紅麴菌正常的二級代謝產物，但也可以經過化學或酵素性修飾，成為紫色色素。此外，紅麴色素也可以和胺基糖類、多胺基酸類、胺基醇類等多種化學物質產生開環及Schiff重排反應，產生水溶性衍生化合物。由於紅麴菌在生長及代謝過程中易產生乙醇、酵素、輔酵素、抗生素、抗低壓素及凝絮劑等物質，因此在作為食品色素之時，應避免產生或須加以去除。

焦糖是各種高分子量組成的複雜混合物

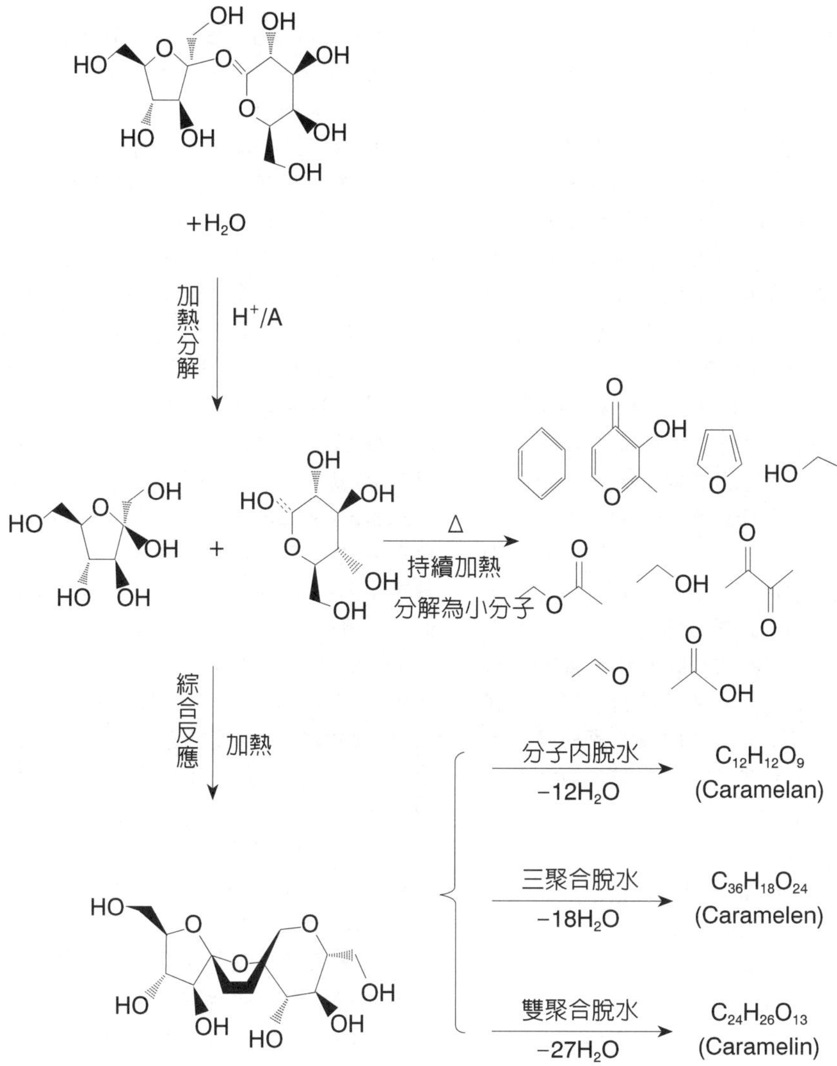

焦糖是各種高分子量組成的複雜混合物。它們可以被分為三組：Caramelans (C$_{12}$H$_{12}$O$_9$)、Caramelens (C$_{36}$H$_{18}$O$_{24}$)和Caramelins (C$_{24}$H$_{26}$O$_{13}$)（顏色由淺至深，分子由小而大）。

8-13 其他天然食品色素（二）

紅麴色素的安全性很高，研究顯示，黃色的紅麴色素對微生物不會產生變異作用，對小老鼠的LD50為132 mg／20公克體重，對大型老鼠不具毒性。紅麴色素可溶於酒精溶液（70%酒精），但僅微溶於水。紅麴色素在酒精中安定的特質，使其適合應用於酒精性飲料的調色；水溶性黃色到紫色的紅麴色素則可應用於修飾加工肉品、水產品、果醬、霜淇淋及番茄醬的顏色。

紅麴除了被用作為著色劑和調味劑，也同時能降低總膽固醇與高血脂症。紅麴黴菌發酵產生的防腐抗菌效果也已被證實，特別是對金黃色葡萄球菌具有抑制效果。值得注意的是，紅麴萃取物中斯他汀類藥物（statin）可能造成約1%至2%的人們出現嚴重反應，包括骨骼肌損傷、肝功能損害和腎臟毒性。紅麴菌產物應慎重使用，特別是針對孕婦、肝病患者，或正在服用其他降膽固醇藥物者須特別小心，宜先行詢問醫師再決定是否適合攝取此類產品。

薑黃素

薑黃（turmeric）是薑黃根研磨後的粉末，是咖哩粉的主要成分之一。黃綠色到亮黃色的薑黃素（curcumin，亦稱為diferuloyl methane）是主要的成分之一，高濃度時在不同pH值下結構穩定（酸性至中性為黃色，鹼性時為紅色），並具有優良的熱穩定性。薑黃素與其衍生物主要包括薑黃素、去甲氧基薑黃素（de-methoxycurcumin）和二去甲氧基薑黃素（bisdemethoxycurcumin）。

薑黃素是對稱分子，具有兩個鄰甲氧酚基連接到不飽和β二酮基庚二烯的兩端。該二酮基呈現酮-烯醇互變異構（keto-enol tautomerism），在晶體狀態以順式一烯醇結構為主，而在非極性溶劑中多以酮的形式穩定存在。薑黃素幾乎不溶於水，但易溶於極性溶劑如二甲基亞碸（DMSO）、醇類、乙酸乙酯與醋酸等。薑黃素具有三個活性官能基，即二酮基以及兩個酚基，在正常細胞中具有抗氧化活性，能消除活性氧物種（reactive oxygen species，簡稱ROS，包括自由基、氧化劑和單線態氧$^1O_2$等）。薑黃素若在稀溶液中，會隨著pH值增加而快速降解。例如，在μM濃度下，溶液中90%的薑黃素在30分鐘內會降解，生成香草精（vanillin）、阿魏酸（ferulic acid）和阿魏醛等酚類小分子。此外，薑黃素若暴露在陽光下容易分解，或者附著到脂質、脂質體、白蛋白以及環糊精分子上時也容易降解。

薑黃顯示了較強的抗氧化、抗菌和抗發炎的特性，加上容易附著於蛋白質上，被廣泛用於賦予調理食物的顏色和味道，以及東方傳統醫學上。乙醇已被發現是用於提取薑黃素最優選的溶劑。由於β二酮基部分作為有效的金屬螯合劑的強親和力。研究發現薑黃素通過與重金屬螯合來降低生物毒性。

紅麴色素的基本結構

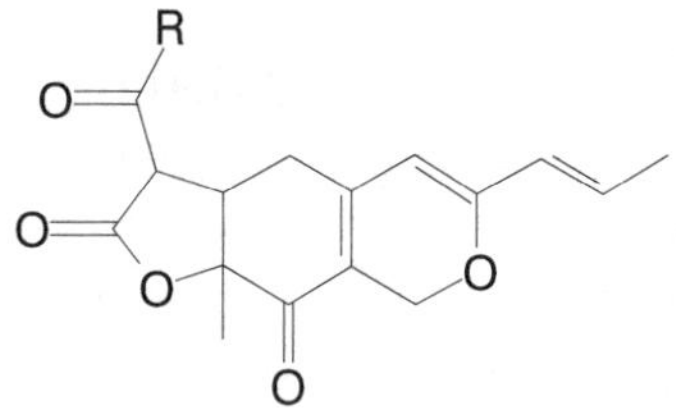

紅麴色素的種類

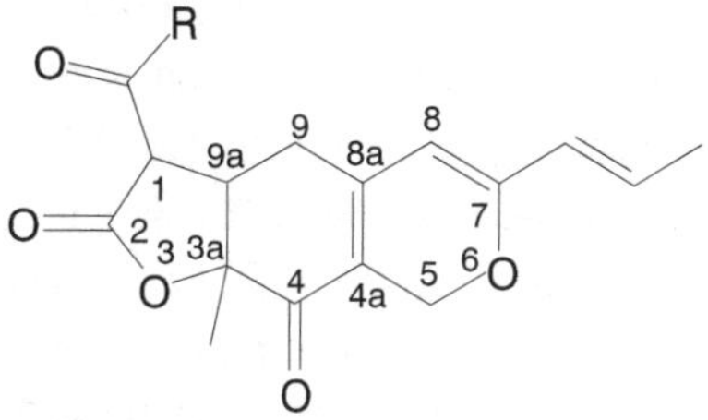

紅麴素（Monasin）R=C_5H_11　MW=358
紅麴黃素（Ankaflavin）R= C_7H_15　MW=386

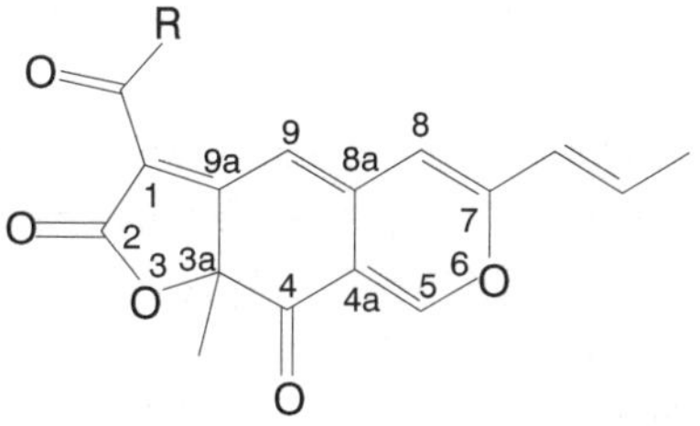

紅斑素（Rubropunctatin）R=C_5H_11　MW=354
紅麴紅素（Monascorubin）R=C_7H_15　MW=382

薑黃素結構

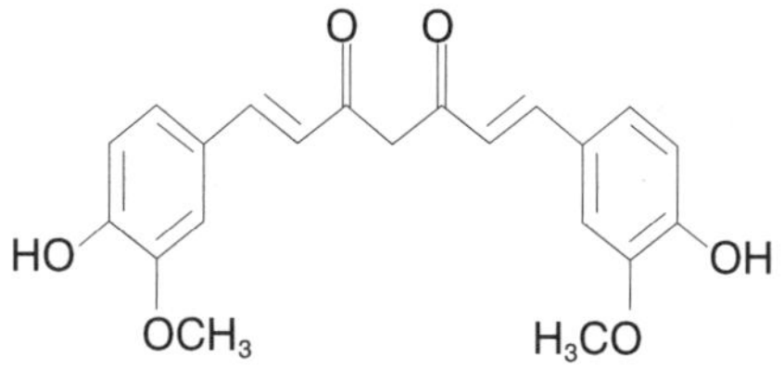

8-14 其他天然食品色素（三）

甜菜苷

甜菜苷（betanin），或稱爲甜菜紅色素，是從甜菜根萃取的紅色糖苷食品色素。甜菜色素是由兩大類組成：紅紫色的甜菜紅素苷（betacyanins），如甜菜苷和異甜菜苷，和黃色的甜菜黃素（betaxanthins），例如仙人掌黃質（vulgaxanthin）I和II。甜菜苷具水溶性，在甜菜中占所有色素的75～95%，其苷元（betanidin）可通過水解，除去葡萄糖分子後取得。

甜菜苷的顏色取決於pH值，在pH4～5之間是藍色，隨著pH增加而顏色漸深，由紅色成爲藍紫。一旦pH達到強鹼性時，甜菜苷會因水解作用降解，進而使顏色變淡，趨近黃棕色。甜菜苷的結構，包含一個酚醛樹脂和環狀胺基，是非常好的電子供應者，可作爲抗氧化劑。研究表明，甜菜色素是有效的自由基清除劑和防止ROS的氧化作用。

在食品加工方面，甜菜苷的最常見的用途是著色於冰淇淋、糖果、飲料、水果或奶油餡。甜菜苷也用於修飾湯，以及番茄和燻肉製品的顏色。甜菜苷受到光照射，或者遇熱、氧氣會產生降解。因此，甜菜苷產品的保存期較短，通常會以冷凍方式、乾燥狀態或糖漬下出售。產品添加抗氧化劑像是抗壞血酸和螯合劑可以減緩甜菜苷降解過程。

黃梔苷

黃梔苷（crocin）亦稱爲藏紅花素，是一種天然的水溶性類胡蘿蔔素，爲深紅色晶體，溶解在水中時，它形成橙黃色溶液。黃梔苷是黃梔子的果實中以及藏紅花中主要的色素，以及番紅花柱頭取得的番紅花色素中的主要成分。黃梔苷具有清除自由基的能力，可作爲抗氧化劑，對於在神經變性疾病的治療上具有功效。地球上的類胡蘿蔔素，其中大部分是脂溶性，因此黃梔苷便成爲相當特殊的水溶性類胡蘿蔔素。梔子黃（gardenia yellow）是從梔子黃色果實中取得的，是一種水溶性黃色藏紅花素。早期，梔子在亞洲被視爲中藥和食物，如今黃梔苷已被廣泛添加修飾麵條、點心，以及甜點食品的顏色。梔子黃若經過酶促反應可以變成綠色，特別是用來製成麵粉的發酵食品和食品中。這種顏色的變化的原因在於梔子苷（一種環烯醚萜苷），經過發酵會變成藍色，而此一藍色和梔子黃的黃色相結合，便產生了綠色梔子綠（gardenia green）。梔子綠具有優異的食品著色性能，在pH值4～8之間能穩定保持清澈碧綠的顏色調，加上優越的耐熱性，即使在食物的顏色在80℃下加熱30分鐘，色調依然保持不變。梔子綠的耐光性相對較其他食品色素穩定，因此常被用於食品加工中。

常見其他類天然食品色素結構

甜菜苷

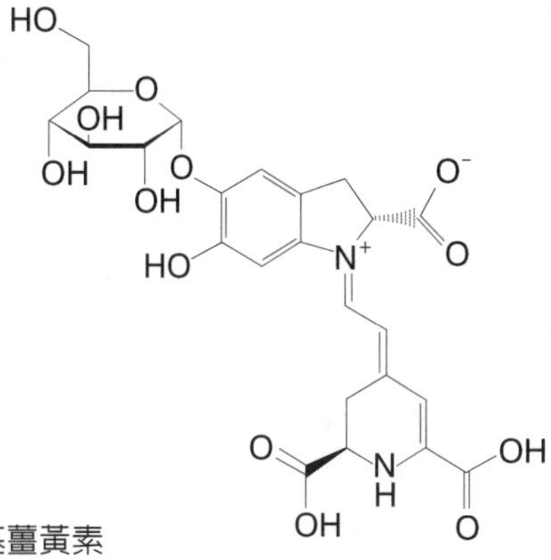

去甲氨基薑黃素

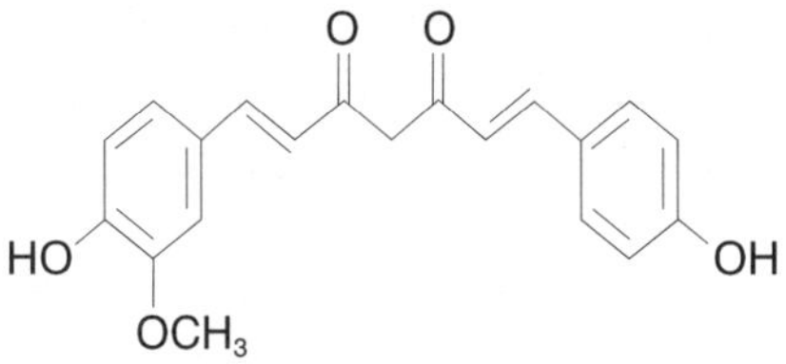

胭脂紅

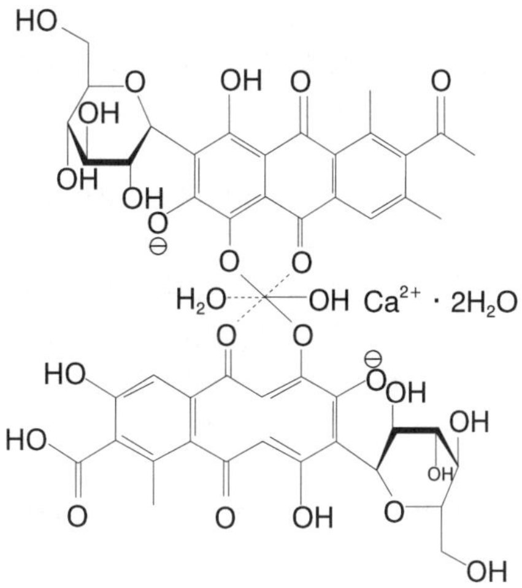

二去甲氨基薑黃素

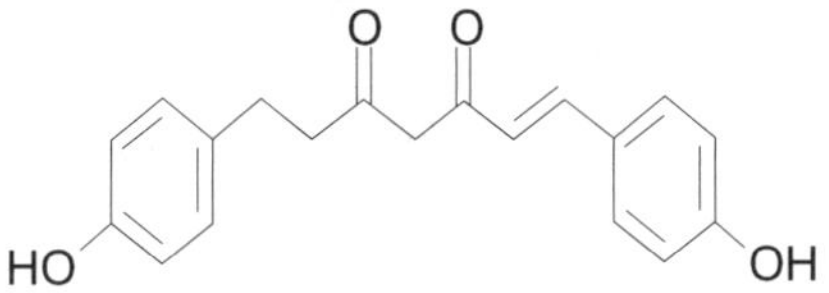

黃梔苷

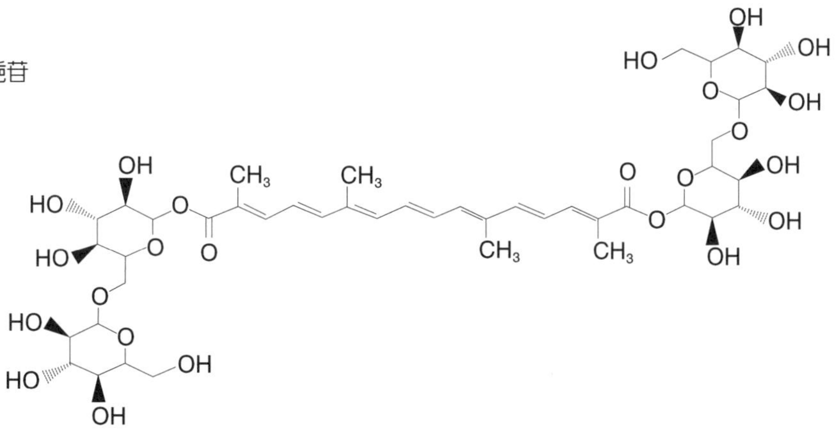

8-15 其他天然食品色素（四）與人工合成色素

胭脂紅

胭脂紅（carmine）為水溶性粉末或液體形式，具有鮮豔的紅色，是唯一從動物身上取的天然食品色素。胭脂紅在食品中被廣泛地應用於修飾紅色和橙色色調。胭脂紅從胭脂紅酸獲得，而胭脂紅酸是由生長在南美洲半乾旱地區中，某些仙人掌品種上的胭脂蟲碾碎後取得。胭脂紅在廣泛的pH範圍內，表現出優異的熱穩定性和光穩定性。

其他天然著色劑

我國法規列表之天然食品色素，細列如下表。常見尚有莧紅素（amaranthin）與婀娜多（annatto）等，茲依序介紹如下。

甜菜素如果在其他莧科中出現，則稱為莧紅素，也稱為莧菜紅素。此外，莧紅素也會在火龍果或者其他仙人掌科植物果實中出現。莧紅素的主成分是由莧菜苷（amaranthin）和甜菜苷，莧紅素對於高熱或pH偏鹼或偏酸容易降解，導致顏色消失，所以在食品加工上通常添加於糖果色素、酒精或冰品中，使產品顏色艷麗。

婀娜多為一天然的類胡蘿蔔素類色素，色澤呈粉橘色。婀娜多主要是由一種熱帶地區紅木（Bixa Orellana，又稱胭脂樹）的種子萃取得到。婀娜多依溶解性可分為水溶性的降紅木素（nobxin）以及脂溶性的紅木素（bixin）。婀娜多色素廣泛地應用於食品中，如：油脂、乾酪、人造奶油、糖果、烘培食品、麵類調色使用。

人工合成色素

人工合成色素（artificial pigment）是指用人工化學合成方法所制得的有機色素，主要是以煤焦油中分離出來的苯胺染料為原料製成的。法定的食品色素大多是水溶性的酸性煤焦色素。

人工合成色素具有色澤鮮豔、著色力強、穩定性高、無色澤鮮豔、著色力強、穩定性高、無臭味、溶解性佳、易調色、成本低等臭味、溶解性佳、易調色、成本低等特性。研究報告指出，幾乎所有的合成色素都無法提供營養，某些合成色素甚至會導致生育力下降、畸胎或在人體內可能轉換成致癌物質。

我國允許之天然食品色素種類

中文／英文名稱	來源
葉綠素	
葉綠素（chlorophyll colors）	由綠色可食植物之葉取得。主成分：葉綠素（chlorophyll）
綠藻色素（chlorella colors）	由綠藻取得。主成分：葉綠素（chlorophyll）
類胡蘿蔔素	
胡蘿蔔色素（carrot colors）	由胡蘿蔔之根莖取得。主成分：胡蘿蔔素（β-carotene）
甘藷色素（sweet potato colors）	由甘藷（ipomoea batatas POIR）之塊根取得。主成分：胡蘿蔔素（carotene）
黃玉蜀黍色素（corn colors）	由黃玉蜀黍（zea mays L.）之種子取得。主成分：類胡蘿蔔素（carotenoids）
蟹色素（crawfish colors）	由蟹等之甲殼取得。主成分：類胡蘿蔔素（carotenoids）
橘子色素（orange colors）	由橘子之果皮取得。主成分：類胡蘿蔔素（carotenoids）
紅椒色素（paprika colors）	由茄科之紅椒（caprium annuum）果實取得。主成分：類胡蘿蔔素（carotenoids）
蝦色素（shrimp colors）	由蝦子之甲殼取得。主成分：類胡蘿蔔素（carotenoids）
葉黃素類（xanthophylls）	由苜蓿中萃取濃縮而得。主成分：葉黃素類（xanthophylls）
類黃酮	
蕎麥全草抽出物（buckwheat extract）	由蕎麥（fagopyrum esculentum MOENCH）全草抽出取得。主成分：黃色素（flavonoids）
可可色素（cocoa）	由可可（theobro macacao）之種子取得。主成分：黃色素（flavonoids）
甘草色素（licorice colors）	由甘草或其他同植物之根及莖取得。主成分：黃色素（flavonoids）
洋蔥色素（onion colors）	由洋蔥（allium cepa L.）之鱗莖取得。主成分：黃色素（flavonoids）
花生色素（peanut colors）	由花生（arachis hypogaea L.）果實之內皮取得。主成分：黃色素（flavonoids）
紅花黃（safflower yellow）	由紅花（carthamus tinctorius）之花瓣取得。主成分：黃色素（flavonoids）
高粱色素（sorghum colors）	由高粱果實之殼取得。主成分：黃色素（flavonoids）
花青素	
花青素（anthocyanin）	由深色可食植物及果實取得。主成分：花青素（anthocyanin）
藍莓色素（blueberry colors）	由藍莓（vaccinium corymbosum L.）取得。主成分：花青素（anthocyanins）
櫻桃色素（cherry colors）	由櫻桃（prunus pauciflra BUNCH）取得。主成分：花青素（anthocyanins）
藍果（蒴藋）色素EI（derberry colors）	由藍果（蒴藋）（sambucus caerulea RAFIN.）取得。主成分：花青素（anthocyanins）
葡萄汁色素（grape juice colors）	由葡萄（vitis vinifera L.）榨汁取得。主成分：花青素（anthocyanins）

（接下頁）

中文／英文名稱	來源
Skin colors	由紅葡萄之果皮取得。主成分：花青素（anthocyanins）
洛神花色素（hibiscus colors）	由洛神葵（hibiscus sabdariffa L.）之花取得。主成分：花青素（anthocyanin）
桑椹色素（mulberry colors）	由桑椹（morus nigra L., M. alba L.）取得。主成分：花青素（anthocyanins）
紫蘇色素（perilla colors）	由紫蘇之葉取得。主成分：花青素（anthocyanins）
紅玉蜀黍色素（purple corn colors）	由紅玉蜀黍（maiz morado）種子之殼取得。主成分：花青素（anthocyanins）
紫甘藍菜色素（red cabbage colors）	由紫甘藍菜之葉取得。主成分：花青素（anthocyanins）
李子色素（plum colors）	由李子之果皮取得。主成分：花青素（anthocyanins）
草莓色素（strawberry colors）	由草莓（fragaria ananassa DUCHESNE）取得。主成分：花青素（anthocyanins）
黃櫨苷	
梔子藍色素（gardenia blue）	由黃梔子色素經酵素處理後所得。主成分：Genipin
黃梔子色素（gardenia yellow）	由黃梔子（gardenia augusta MERR. vargracliflora HORT）之果實取得。主成分：黃梔苷（crocin）
番紅花色素（saffron）	由番紅花（crocus sativus L.）之柱頭取得。主成分：黃梔苷（crocin）及黃梔配質（crocetin）
多酚類	
Colors	主成分：多酚類（polyphenol）
大瑪琳色素（tamarina colors）	由大瑪琳（tamarindus indica L.）之種子取得。主成分：多酚類（polyphenol）
其他色素	
Amaranthus colors	由紅莧菜取得。主成分：莧紅素（amaranthin）
婀娜多（annatto）	由紅木種子取得。水溶性婀娜多主成分：Norbixin；油溶性婀娜多主成分：紅木素（bixin）
紅甜菜色素（beet red）	由甜菜（beta vulgaris）之根莖取得。主成分：甜菜（betanin）
胭脂紅（carmine）	由雌性胭脂蟲（coccus cacti L.）取得。主成分：胭脂蟲酸（carminic acid）
紫菜色素（laver colors）	由紫菜（porphyra tenera KJELLM）取得。主成分：藻紅素（phycoerythrin）
紅麴色素（monascus colors）	由紅麴菌（monascus purpureus, monascusanka）產生
藍藻色素（spirulina colors）	由藍藻（spirulina）取得。主成分：藻藍素（phycocyanin）
番茄色素（tomato colors）	由番茄之果實取得。主成分：番茄紅素（lycopene）
薑黃色素（turmeric）	由薑黃（curcuma longa）之根莖取得。主成分：薑黃素（curcumin）

我國法規允許的人工合成色素

食品色素	E編碼與俗名
食用黃色4號	E102，檸檬黃，tartrazine
食用黃色5號	E110，日落黃，sunset yellow FCF、orange yellow S
食用紅色6號	E124，ponceau 4R、cochineal red A
食用紅色7號	E127，赤蘚紅，Erythrosine
食用紅色40號	E129，Allura Red AC
食用藍色2號	E132，靛藍，Indigotine、indigo carmine
食用藍色1號	E133，亮藍，brilliant blue FCF
食用綠色3號	E143，固綠FCF，fast green FCF
銅葉綠素	E141，copper complexes of chlorophyll and chlorophyllins
銅葉綠素鈉	sodium copper chlorophylin

參考文獻

1. Thomas Richardson and John W. Finley. *Chemical Changes in Food during Processing.* 2011.

2. Hock-Eng Khoo, K. Nagendra Prasad, Kin-Weng Kong, Yueming Jiang and Amin Ismail. *Carotenoids and Their Isomers: Color Pigments in Fruits and Vegetables, Molecules*, 16(2), 1710-1738, 2011.

3. Eiichi Kotake-Nara and Akihiko Nagao. *Absorption and Metabolism of Xanthophylls, Mar Drugs*, 9(6),1024-1037, 2011.

4. Mohamed A. El-Raey, Gamil E. Ibrahim, Omayma A. Eldahshan, Lycopene and Lutein. A review for their Chemistry and Medicinal Uses. *Journal of Food Technology*, 2, 570-581, 2007.

5. Anthony Ananga, Vasil Georgiev, Joel Ochieng, Bobby Phills and Violeta Tsolova. *Agricultural and Biological Sciences.* The Mediterranean Genetic Code-Grapevine and Olive, Chapter 11, 2013.

6. P. Suganya Devil *, M. Saravanakumar and S. Mohandas. The effects of temperature and pH on stability of anthocyanins from red sorghum (Sorghum bicolor) bran. *African Journal of Food Science*, 6(24), 567-573, 2012.

7. Shashank Kumar and Abhay K. Pandey. Chemistry and Biological Activities of Flavonoids: An Overview, *The Scientific World Journal*, ID162750, 16 pages, 2013.

8. Kavirayani Indira Priyadarsini. *The Chemistry of Curcumin: From Extraction to Therapeutic Agent, Molecules*, 19, 20091-20112, 2014.

9. 闞健全，《食品化學第二版》，新文京出版社，2007。

10. C. Faustman, R. G. Cassens. The Biochemical Bosis for Disaloration in Fresh Meat: A Review. *Journal of Muscle Fords, 1,* I3, 1990.

11. A. E. D. Bekhit, L. Cassidy, R. D. Hurst, M. M. Farouk. Post-mortem metmyoglobin. *Meat Sci, 75*, 53-60.

第9章
肉之特性

孫藝玫

9-1 肉的來源、組織結構、化學成分與營養（一）

肉類在人類膳食中占有重要地位，肉除了有豐富的口感及風味外，也是人體所需要必需胺基酸的重要來源，因此肉類不僅是美味的來源，也是重要的營養素。而此處所指肉類包括禽畜類及魚類。了解肉的結構與特性，有助於未來處理肉類加工品與釐清對加工肉品的迷思。

1. 肉的來源

肉（meat）指供食用的動物肉，本義即指動物的肌肉；一般所說的肉，是指屠宰後的畜禽除去血、皮、毛、內臟、頭、蹄的屠體，包括肌肉、脂肪、骨骼或軟骨、腱、筋膜、血管、淋巴、神經、腺體等。常見的肉類有豬肉、牛肉、羊肉等，雞鴨鵝等家禽與野味（山豬、兔肉）等肉類在色澤、口感與營養成分上則有不同，但基本結構是相似的。常見肉類與特徵如右頁表列。

2. 肉的組織結構與特性

肉類品種雖然繁多，但結構大致相同。從食品加工的角度，動物體可利用部位可粗略地劃分為肌肉組織、脂肪組織、結締組織、骨骼組織。而肉的食用部位大多為骨骼肌（skeletal muscle）、結締組織（connective tissue）、脂肪（fat）、骨頭（bone）及少量的平滑肌如血管所組成。骨骼肌由肌肉纖維組成，每一肌肉纖維有數條肌原纖維（myofibrils），而肌肉主要組成為肌原纖維與結締組織。右頁中間為肌肉構造圖。

3. 肉的化學組成與營養

肉類營養成分組成的比例可因動物種類（species）、品種（breed）、年齡、性別、營養狀況、部位及肥瘦程度不同而異，而且各個組織的化學成分也不同。因此，肉的不同結構形態，不僅決定了肉的性質，也決定了肉的營養價值。

肉類食物主要的營養價值是提供蛋白質，同時還提供脂肪及一些礦物質和維生素。所有的肌肉都富含蛋白質且是一些維生素與礦物質的來源，肉類碳水化合物含量低（約1%）且不含膳食纖維。脂肪的含量則依動物種類、品種與飼養方式、部位與烹調方式而有差異。

(1) 水分：水分是肉中含量最多的部分，約占70%左右；水分對肉質影響很大，乾式烹調時水分流失，肉質則較乾燥。所以如何保留肉中的水分是很重要的。

(2) 蛋白質：蛋白質的含量一般為10～20%；其中以肝臟含量較高，可達21%以上；其次是瘦肉，含量約17%，以牛肉較高，可達20.3%；肥肉的含量較低，如肥豬肉蛋白質含量僅2.2%。一般的瘦豬肉的蛋白質含量約為10%至17%，肥豬肉則只有2.2%；瘦牛肉為20%左右，肥牛肉為15.1%；瘦羊肉17.3%，肥羊肉9.3%；兔肉21.2%；雞肉23.3%；鴨肉16.5%；鵝肉10.8%。其中，兔肉高蛋白，低脂肪（0.4%），且膽固醇含量低，非常適合患高血壓、心臟病以及動脈粥樣硬化這些病症的人食用。除肉外，動物的內臟作為肉類食物的另一部分，亦能提供蛋白質。豬、羊、牛的肝臟，蛋白質含量約為21%，雞、鴨、鵝的肝，蛋白質含量為16%到18%。肉類蛋白質的有9種必需胺基酸組成，接近人體組織需要，因此生理價值較高，稱為完全蛋白質或優質蛋白質；在胺基酸組成比例上，除苯丙氨酸和蛋氨酸較人類需要量比值略低外，其餘均足夠。

常見肉類與特徵

名　稱	年　齡	特　徵
小牛肉（veal）	13～14週	肉顏色極淡、風味佳
犢牛（calf）	14～52週	肉顏色略深，結締組織較多
牛肉（beef）	超過一年	肉呈深紅色，腥味重
豬肉（pork）	5～12週	肉呈粉紅色，略呈大理石花紋
羔羊肉（lamb）	未滿一年	肉呈櫻桃紅色，較嫩
成羊肉（mutton）	超過一年	肉呈深桃紅色，腥味極重，肉較韌

肌肉構造圖

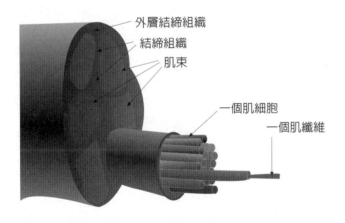

9-2 肉的化學成分與營養（二）

(3) **脂肪**：動物體脂肪的分布主要可分三部分，內臟周圍、皮下脂肪與肌間脂肪，且是依此順序在體內形成，其中肌間脂肪被認為是大理石紋（marbling）的雪花肉或霜降牛。肥肉的脂肪含量較瘦肉高，瘦肉的脂肪含量平均在10～30%。脂肪是肉的所有成分中，所占比例變化範圍最大的，平均含量是10～30%。

常見的肉類的脂肪含量平均值為：豬肉20%至35%，牛肉10%至20%，牛犢肉5%至10%，綿羊肉10%至20%。畜類脂肪中飽和脂肪酸高於禽類脂肪，如豬油含42%，牛油53%，羊油57%，而雞油只含26%，鴨油含29%。

肉中的脂肪主要是三酸甘油酯，還有少量卵磷脂、膽固醇、游離脂肪酸等。動物脂肪中含人體必需脂肪酸含量一般較植物油高；但動物脂肪因含有膽固醇，所以患有冠心病、高血壓的人及老年人，不宜多食。

(4) **非蛋白質含氮化合物**：肉含有可溶於水的含氮化合物，是肉湯鮮味的主要來源，包括肌凝蛋白原、肌肽、肌酸、肌酐、嘌呤、尿素和胺基酸等非蛋白含氮物質。

(5) **不含氮的有機化合物**：肉中的不含氮有機化合物多為碳水化合物，在肉類中含量很低，平均為1～5%，其中以內臟器的碳水化合物含量較高。

(6) **無機物**：肉中無機物即礦物質含量，約為0.6～1.1%；一般瘦肉中的無機物含量較肥肉多，而內臟器官又較瘦肉多。含量最多的鉀，其次是鈉。肉類含鈣少，含磷較多。動物肝和腎中含鐵較豐富，人體對其利用率也較高。

(7) **揮發性成分**：肉的香味是複雜的有機化合物且主要是在烹調後產生，否則生肉通常帶淡淡的血味。加熱過程中硫化氫、氨、乙醛、丙酮、二乙醯、已醛、甲基乙基甲酮、異丁醛、丁烯醛、戊醛、異丁醇、二甲基硫化物，以及微量甲酸、乙酸、酪酸等為肉的香味主要來源。其揮發性物質依來源主要分為二類，一為生肉中所產生的香氣，另一種是加熱過程中所產生的氣味，主要是由梅納反應和遞降分解作用而來。

(8) **維生素**：維生素的含量以動物內臟，尤其是肝臟為最多，其中不僅含有豐富的維生素B，還含有大量的維生素A。B群中以B_2含量最高。除此之外，動物肝臟內還含有維生素D、葉酸、維生素C等，所以動物肝臟是一種營養極為豐富的食品。肉類的肌肉組織中，維生素含量較少，但豬肉中含有較高的維生素B。

肉的營養成分（每100克）

來源	卡路里（Kcal）	蛋白質	脂肪	膽固醇
鵝	1170	23.4 g	20.8 g	77 mg
雞胸	427	23.6 g	0.7 g	63 mg
雞腿	895	28.2 g	11.3 g	85 mg
火雞	1060	27 g	16.2 g	85 mg
牛排	940	28.9 g	12.1 g	82 mg
豬肉（五花）	1340	16 g	28.9 g	62 mg
豬肉	841	28.7 g	9.6 g	86 mg
兔肉	785	26.9 g	8.9 g	87 mg
羊肉（瘦）	755	27 g	7.9 g	87 mg
鹿肉	625	28.1 g	4 g	63 mg

常見肉類的脂肪含量平均值

豬肉	牛肉	牛犢肉	綿羊肉
20～35%	10～20%	5～10%	10～20%

畜類與禽類脂肪中的飽和脂肪酸平均值

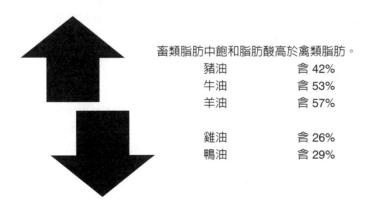

畜類脂肪中飽和脂肪酸高於禽類脂肪。
豬油　　　　　　含 42%
牛油　　　　　　含 53%
羊油　　　　　　含 57%

雞油　　　　　　含 26%
鴨油　　　　　　含 29%

9-3 肉的色澤

1. 色澤的形成

肉的基本顏色主要為肌紅蛋白（myo-globin），是由153個胺基酸環繞中央的血基質（heme）組成含有鐵離子的單鏈蛋白質，其鐵離子可與氧接合，同時藉由特定胺基酸官能基的協助，可達儲氧的目的。需要時可以把結合著的氧氣釋放出，功能有如血液中的血紅蛋白（hemoglobin），但其對氧氣的親和力大於血紅蛋白。

2. 色澤的變化

(1) 新鮮肉的基本顏色變化

肉的色澤主要由三種形態的肌紅蛋白（肌紅素）所產生，肌紅蛋白為存在於肌肉組織內含血基質之色素蛋白。剛剛切開或真空包裝的牛肉，帶著紫紅色澤，是由於其肌紅蛋白為具有還原態的亞鐵離子（Fe^{2+}）的去氧肌紅蛋白：鮮紅肉色，則是因為肌紅蛋白與氧結合形成氧合肌紅蛋白，此時的鐵仍維持二價的還原態（Fe^{2+}）。而新鮮牛肉所不喜見到的棕色，則因二價的亞鐵離子已被氧化成三價的鐵離子（Fe^{3+}），而形成了變性肌紅蛋白。肉煮熟後變色，也是因為未熟的肉色為氧合肌合蛋白（Fe^{2+}），煮熟後，肉色為變色肌紅蛋白的灰褐色（Fe^{3+}）。

(2) 添加亞硝酸鹽的肉色變化

肉類加工品中添加硝酸鹽與鹽醃製時，肉中之細菌（硝酸還原菌）會逐漸分解硝酸鹽，變成亞硝酸鹽，這即為細菌的還原作用。硝酸鹽反應成亞硝酸鹽是在醃漬裡緩慢進行，亞硝酸因肉品本身具有還原作用或添加還原劑（如抗壞血酸鈉、異抗壞血酸鈉）及鹽醃裡的細菌，變成一氧化氮。

$$HNO_3硝酸鹽 + 2H^+ \rightarrow HNO_2亞硝酸鹽 + H_2O$$
$$HNO_2 \rightarrow NO一氧化氮 + H_2O$$

所產生的一氧化氮（NO）會與肌紅蛋白（myoglobin）結合產生鮮紅色的亞硝肌紅蛋白（nitroso myoglobin），亞硝肌紅蛋白經加熱後會變成典型醃漬肉之安定的粉紅色亞硝肌血色素原。

用鹽、硝酸鹽和熱處理肉類，會有顏色和風味的改變，也可延長保存期限和減少腐敗。雖然添加硝酸鹽與胺基酸結合會產生致癌物亞硝胺（nitrosa-mines），但是為避免高致死率的肉毒桿菌中毒的發生，因其添加可抑制肉毒桿菌的生長和毒素的產生。

3. 影響肉色的因素

同一動物體的肉色會因年齡、飼養方式、包裝與醃製調理烹煮方式的不同而異。動物體年齡越大，肉色越深；小牛肉因於飼料限制鐵質的存在，肉色似豬肉而不像一般的牛肉。肉色因醃製或烹調的影響，肌紅蛋白的二價鐵會轉變為三價鐵，球蛋白會變為變性球蛋白；加熱烹調會產生梅納反應等，均會造成肉色變化。

微生物汙染會發生灰色、綠色、黑色之色變，並產生腐臭味；如紅肉變綠的原因可能是因為細菌產生硫化氫，或過氧化氫所造成。化學物的汙染也會造成肉色變化，如亞硝酸鹽分布不均，則會在肉上產生綠色斑點，過量誤食會中毒，所以亞硝酸鹽多與鹽先混和均勻後使用。

影響肉色的因素：異常肉

異常肉的形成與pH值	
動物體在死亡時，肉的pH為中性到微鹼性的pH 7.0～7.2，之後屠體因處於無氧狀況，醣解作用產生的乳酸堆積後，造成pH下降至蛋白質的等電點。如代謝不正常，會產生異常肉。所以異常肉的形成與肉最終的pH有關，也會影響肉的品質與顏色。一般有以下二種異常肉。	
水樣肉（PSE）	暗色肉（DFD）
最終pH為5.1～5.4範圍的肉類，其蛋白質變性，產生水樣肉（PSE meat），外觀為淡白（pale）、組織軟（soft）、汁液易流失（exudative）的肉。會發生於豬、牛與家禽，多因緊迫或遺傳因素造成。	由於動物體屠宰時長時間消耗肌肉內的醣，致使死後乳酸產生量低，pH無法降低。不正常的高pH值（pH6.6）會產生暗色肉（dark cutter），其肉質色深（dark）、組織緊實（firm）、乾（dry），口感不佳。

肌紅蛋白

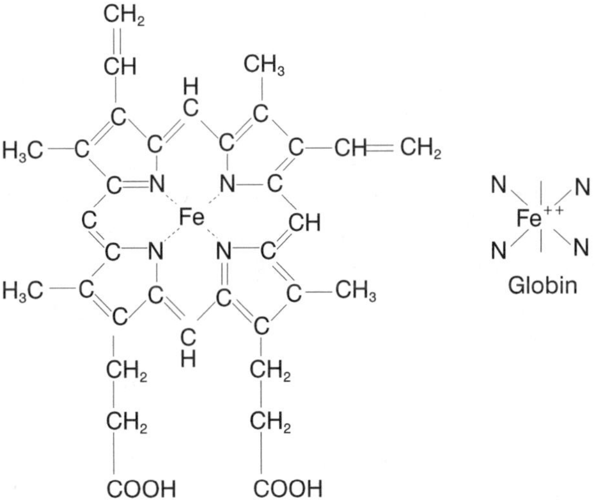

亞硝肌紅蛋白

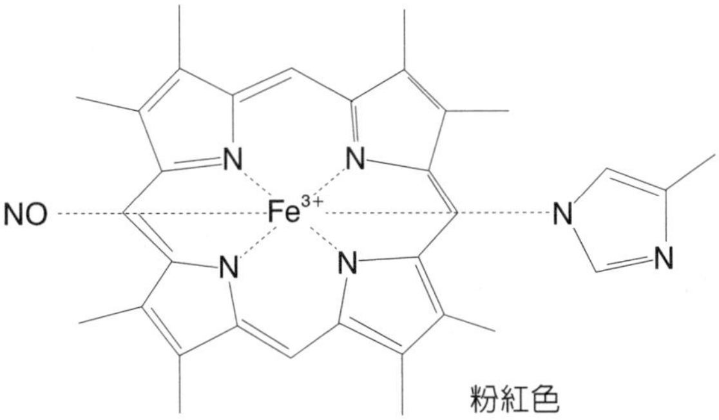

粉紅色

9-4 肉蛋白質的特性及其作用

肉富含蛋白質，除賦予肉製品特有的風味，尚有其他重要的功能特性，如保水性和乳化性等，使能製造出口感不同的肉製品。在細肉糜製品（如熱狗、貢丸）的生產中，蛋白質的乳化作用好壞影響產品的品質和口感；而在大塊肉製品（如西式火腿）生產中，蛋白質的保水性對最終產品的性質則較重要。

1. 保水作用（water holding capacity）

(1) **肉中水分的存在形式**：肉中的水分一般占肉重的70～80%左右，分三種形式存在，即結合水（bond water）、準結合水（不易流動）和自由水（free water）；與肉保水性有關的主要是準結合水和自由水。結合水約占總水分的5%，這類水分布在肌肉蛋白質大分子周圍，借助於分子表面的極性基團與水分子之間的靜電引力，緊緊地與蛋白質表面的親水基結合，不易蒸發和凍結；準結合水（為結合水一種）約占總水分的85%左右，存在於肌原纖維和肌質網之間，受蛋白質分子中親水基團的吸引，不易流動，0℃以下逐漸形成冰晶；自由水約占總水量的10%，存在於細胞間隙及組織間隙，只靠毛細管張力結合於蛋白質分子的最外面，能自由流動。

(2) **保水性的概念**：保水性是指肉在冷凍、解凍、醃製、絞碎、加熱等的加工過程中，肉中的水分以及添加到肉中的水分能被保持的性質與能力。保水性的高低，直接決定著最終產品的口感質地、風味和組織狀態，保水性越高，肉的加工性能越好。肉的保水性對肉品加工的質量和產品的數量都有很大影響。

(3) **影響肉蛋白質保水性的因素**：保持肉中的水分必須有兩個前提，一是肉中有存留水分的空間，二是肉維持水分存留的能力。會影響的因素有肉的蛋白質的含量、pH值、動物因素、解僵與熟成、添加無機鹽、加熱等。

2. 乳化作用（emulsification）

乳化作用即為兩種將不易溶的液體（如水和脂肪），使一液體均勻分散於另一種液體中的過程。要保持乳化物穩定，必須有乳化劑存在，因為當脂肪和水接觸時，兩相之間有較大的表面張力，而乳化劑可以降低分散相與連續相之間的表面張力，增加乳化物的穩定性。

整個水包油型的肉糜乳化物中，分散相是固體或液體的脂肪球，連續相是內部溶解（或懸浮）有鹽和蛋白質的水溶液。乳化劑的就是連續相中的鹽溶蛋白。在香腸肉糜中，約含有12%的蛋白質，這些蛋白質中約有30%為可溶性鹽溶蛋白，30%為蛋白，30%為結締組織蛋白和10%的非蛋白氮。

但鹽溶性蛋白是不溶於水和稀鹽溶液的，故在乳化肉品斬拌時（chopping），必須加鹽來幫助這些鹽溶蛋白析出，使其作為乳化劑將分散的脂肪顆粒完全包裹住，形成一穩定的肉糜乳化系統。雖然結締組織的膠原蛋白也可包裹在脂肪球表面，但這些蛋白在加熱過程中會轉變成明膠流失，使脂肪球裸露而造成產品出油。所以，膠原蛋白的乳化性較鹽溶性蛋白差。

氧合肌紅蛋白（oxy-myoglobin）：去氧肌紅蛋白：變性肌紅蛋白（met-myoglobin）

| | 氧肌紅蛋白
（深紅色） | 肌紅蛋白
（紫紅色） | 變性肌紅蛋白
（棕色） |

影響肉蛋白質保水性的因素

肉中蛋白質的結構與pH值	肉中的蛋白質是以結構蛋白的方式存在，肌肉蛋白質為均勻的網狀結構，為水分提供了大量的存留空間，這種網狀結構愈疏鬆，能結合的水分就越多。在肉可能的pH範圍內（5.2～6.8），隨pH增加，如肌肉開始解僵或熟成，肌肉蛋白質所帶負電荷增加，電荷的斥力使肌原纖維之間距離增大，肉的保水性就會增高；當pH在蛋白質的等電點時（僵直pH 5.0～5.5），肌原纖維不帶電或帶電很少，保水性就低。
肉品加工	任何增加肉品酸性或使其接近等電點的做法，如直接加酸，會降低肉的保水力。然而，一定濃度的鹽溶液能使肌原纖維上的負電荷增加、肌原纖維之間的斥力增強、纖維間空隙加大，所以，加鹽可提高肉的保水性。因此，肉在加工前應先加鹽醃製。此外，最常用的方法是在肉中添加鹼性的多聚磷酸鹽於肉品加工中，使肉的pH上升，提高保水性。
其他	畜禽種類、年齡、性別、飼養條件、肌肉部位及屠宰前後處理等，對肉保水性都有影響。以下就不同條件的保水性差異說明。

畜禽種類	年齡和性別	屠宰前後處理
兔肉的保水性最佳，依次為牛肉、豬肉、雞肉、馬肉。	去勢牛＞成年牛＞母牛＞幼齡＞老齡，成年牛隨體重增加而保水性降低。	肉加熱時保水能力明顯降低，加熱程度越高保水力下降越明顯。這是由於蛋白質的熱變性作用，使肌原纖維緊縮，空間變小，準結合水被擠出。

➕ 知識補充站

新鮮肉中的蛋白含量和脂肪有關，但不像脂肪和水分的關係那樣密切。肌紅蛋白與肉色關係密切，肌紅蛋白與氧結合與否對肉色影響極大。膠原蛋白（collagen）、彈性蛋白（elastin）及網硬蛋白都屬於硬蛋白，它們構成了結締組織（膠原蛋白和水一起加熱變明膠可以溶化，但是網硬蛋白和彈性蛋白卻不會溶化）。

9-5 肉的風味（一）

肉中的蛋白質與肉的風味形成有很重要的關係，因為蛋白質降解，會生成多肽和游離胺基酸，它們中的一些是風味的先驅物質或本身就具有很好的風味，在加熱時會形成熟肉的風味。風味的來源極其複雜，肉類風味是香氣先驅物質發生化學反應產生的大量揮發性物質的綜合反應，其中以梅納反應（Maillard reaction）和脂質氧化產物對香氣的貢獻最大。研究發現，梅納反應是肉風味的主要來源，肉中胺基酸與糖一起加熱時，會產生一種特有的風味。而酶的最適活性pH範圍都為中性，故肉在成熟時，最終pH越高，游離多肽和胺基酸的含量也越多，肉的最終風味也就越好。

1.風味的構成

生肉風味不多且有血味，肉的風味是其由瘦肉與脂肪的風味先驅物在烹調時產生揮發性風味物質組成。約有數千種的熟肉揮發性風味物質已被確認出。

早期肉品風味的研究即發現肉中低分子量的水溶性化合物與脂肪是熟肉最重要的風味來源，如游離糖（free sugars）、游離胺基酸（free amino acids）、蛋白胜肽（peptides）、維他命、磷酸糖（sugar phosphate）、核酸糖（nucleotide-bound sugars）、核甘酸（nucleotides）等物質參與梅納反應或氧化降解等加熱而產生揮發性的風味物質。

肉品的風味與飼養有莫大的關連，一來由於脂肪層會儲存「氣味分子」，因此餵食動物的飼料與時間會影響肉品風味。除此之外，如在肉類重要的呈味物質，具有強烈風味增強功能的IMP含量（為高鮮味精的成分之一），在土、肉雞之間並沒有顯著差異，但是胸肉明顯高於腿肉。在其胺基酸含量的比較上，土雞、白肉雞、性別、部位間則各有消長，在兩種雞之間，很難找到單一或簡單幾種化合物來作為代表性的比較。有研究指出水煮牛肉的臭味主要是由2-呋喃甲硫醇，4-羥基-2,5-二甲基-3（2H）呋喃酮（4-hydroxy-2,5-dimethyl-3(2H)-furanone）與2-甲基-3-呋喃硫醇（2-methyl-3-furanthiol）等物質構成；而2-乙基3，5-二甲基-吡嗪（2-ethyl-3,5-dimethyl pyrazine）與2,3-二乙基-5-甲基吡嗪（2,3-diethyl-5-methylpyrazine）則使烤牛肉有燒烤、焦糖、燒焦與土味。不同肉類如豬肉、羊肉、火腿等的風味物質在其他研究中也有記載。

2.風味的產生途徑

肉的風味多於加熱後產生，煮熟肉的風味特徵對消費者對肉品品質、接受度與喜好度很重要，脂肪含量也會影響風味，而這些風味的形成，是揮發性風味物質加熱後經過以下四種方式生成：(1)胺基酸或胜肽與還原糖作用的梅納反應，(2)脂肪氧化，(3)梅納反應產物與脂肪氧化產物的交互作用，(4)維生素降解。風味的產生主要由梅納反應形成，也可經由肉品的醃製與醃製液泡製生成。

肉風味物質的代表前驅物

風味前驅物	詳細名稱
游離胺基酸 （free amino acids）	胱胺酸（systine）、半胱胺酸（systeine）、甘胺酸（glycine）、離氨酸（lysine）、丙氨酸（alanine）、纈草胺酸（valine）、異白氨酸（isoleucine）、白氨酸（leucine）、羥丁氨酸（threonine）、絲氨酸（serine）、脯氨酸（proline）、天門冬素（asparagines）、天門冬氨酸（aspartic acid）、蛋氨酸（methionine）、穀氨酸（glutamic acid）、苯丙氨酸（phenylalanine）、穀氨醯胺（glutamine）、鳥氨酸（ornithine、組氨酸（histidine）、酪氨酸（tyrosine）、色胺酸（tryptophan）、精氨酸（arginine）
還原糖 （reducing sugars）	核醣（ribose）、葡萄糖（glucose）、木糖（xylose）、澱粉（starch）、甘露糖（mannose）、果糖（fructose）、麥芽糖（maltose）、甘露糖-6-磷酸（mannose 6-phosphate）、葡萄糖-6-磷酸（glucose 6-phosphate）、果糖-6-磷酸（fructose 6-phosphate）、核糖-6-磷酸（ribose 6-phosphate）
脂質 （fats/ lipids）	三酸甘油酯與磷脂（triglycerides and phospholipids） 油酸（oleic acid (C18:1n-9)） 亞麻油酸（linoleic acid (C18:2n-6)） 次亞麻油酸（linolenic acid (C18:3n-3) and etc.）
維生素（vitamin）	維生素B_1（thiamin）
核甘酸與胜肽 （nucleotides and peptides）	穀胱甘肽（glutathione）、肌肽肌苷（carnosine inosine）、肌苷單磷酸（inosine monophosphate）、肌苷-5單磷酸（inosine 5'-monophosphate）、鳥嘌呤核-5單磷酸（guanosine 5-monophosphate）、肌酸（creatine）、肌酸酐（creatinine）、次黃嘌呤（hypoxanthine）等

油脂降解反應與梅納產物的交互作用

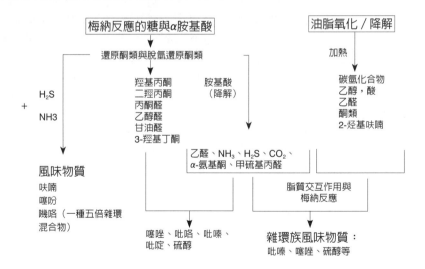

9-6 肉的風味（二）

(1) 梅納反應：梅納反應是由肉表面的變性蛋白質與糖結合，生成肉的風味與顏色，所以又稱為褐變反應。梅納反應的發生溫度約在300～500°F，由於反應時外部溫度較高，所以肉外部風味較內部強烈。

(2) 醃製：醃製通常由酸、油、香料三種元素組成；酸會將肉的蛋白質變性，打開通道使風味進入肉的結構中；但醃製多只作用於肉的表面，在雞胸與魚的作用較佳，因為其結構不像其他的肉那樣緊密。較緊實的肉，於醃製時，適合切成小塊較能達到醃製的效果。但醃製過久，酸可能會將肉的表面「煮熟」而使肉質乾燥。豬肉與牛排可醃製數小時，但其他肉類醃製時間不宜過長。

(3) 醃製液泡製：以醃製液泡製肉品是以鹽水浸泡肉，因肉的水分濃度較鹽水低，鹽會藉滲透壓進入包圍著肉的半穿特性細胞膜內。進入肉內的鹽會溶解一些蛋白纖維使其容度增高後，水分會再流會肉內；所以當烹調加熱流失水分後時，仍保有水分存在。

另有一種煮熟肉的加熱臭與似肝的臭味會發生於預煮、冷卻煮熟再加熱的肉的不良風味。加熱臭的風味一般被形容為油耗味、紙板味、油漆味、酸敗、苦酸味及似肝臭味，主要負面影響肉品的感官品質、購買與肉品企業的經濟衝擊及顧客抱怨。研究發現其不良風味來源主要為細胞膜上磷脂質氧化造成。

3.影響風味的因素

購買後不宜儲存太久，應儘快食用。須注意解凍過的肉勿再冷凍，否則會大大影響肉的風味。

(1) 餵養方式（effect of diets）：膳食是顯示生長速率、表現、繁殖效率與肉品品質的重要指標。有研究報導乾草飼養的的動物較與以玉米飼養的的動物的風味較差，但也有研究持相反的意見；但飼料與餵養方式對肉風味之影響甚劇，尤其是影響肌肉內生成揮發性風味物質的脂肪含量。

(2) 品種與性別（effect of breeds and sex）：肉的脂肪因動物與部位不同而異；常活動的肌肉會用掉所儲存的脂肪，所脂肪量不高，不常活動的部位就會有較多的脂肪。動物的年齡也會影響，年齡較大，脂肪儲存較費時。研究也指出品種不同會影響揮發性風味成分，而後影響煮熟肉的整體風味特性。性別不同，使公牛的肉比母牛有較強的肝與血的味道，其不同可能是賀爾蒙造成脂肪成分不同，使其揮發性物質含量如碳水化合物、醛類（aldehydes）、酒精、酮類不同所致。

肉品醃製原理

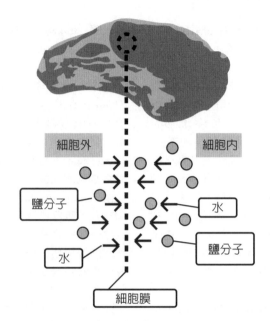

渗透作用是水由低濃度的溶液經半穿特性的細胞膜流向濃度較高的溶液。

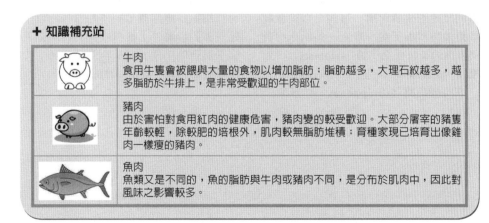

＋ 知識補充站

	牛肉 食用牛隻會被餵與大量的食物以增加脂肪；脂肪越多，大理石紋越多，越多脂肪於牛排上，是非常受歡迎的牛肉部位。
	豬肉 由於害怕對食用紅肉的健康危害，豬肉變的較受歡迎。大部分屠宰的豬隻年齡較輕，除較肥的培根外，肌肉較無脂肪堆積；育種家現已培育出像雞肉一樣瘦的豬肉。
	魚肉 魚類又是不同的，魚的脂肪與牛肉或豬肉不同，是分布於肌肉中，因此對風味之影響較多。

9-7 肉的風味（三）

(3)**冷藏熟成**（effect of chiller aging）：熟成是一種被廣泛使用來增進肉品吃的品質，如嫩度、多汁性與風味的方法。未經熟成的肉風味較熟成過的肉弱且無味。熟成也會使肉增加脂肪的風味，但熟成超過3個星期以上，可能會有明顯的肝味、血味、苦味與不良風味。

牛肉熟成可增加特定風味及品嚐後的強度（aftertaste intensity），屠宰後，消化循環停止，造成乳酸堆積於肌肉內，使pH值下降；熟成情況（如氧氣的可利用性、溫度、濕度與熟成時間）使得牛肉最終風味不同；高氧環境熟成會使牛肉有燒焦的不良風味，乾式熟成的風味較真空或二氧化碳熟成汁風味較佳。

(4)**烹調溫度與pH值**（effect of cooking temperature and pH conditions）：藉由烹煮溫度的梅納反應與脂質氧化也是風味發展的一個重要影響因素。胺基酸會經由斯脫雷克爾降解反應（Strecker degradation），降解產生醛類和胺基酸，含硫胺基酸的降解（如，半胱胺酸（cysteine）、胱氨酸（cystine）與甲硫胺酸（methionine）生成的硫會影響到梅納反應的後續作用，這些化合物會與胺類與胺基酸反應，產生一些風味物質與熟肉的有氣味之物體（odorants），如吡嗪（pyrazines）、惡唑（oxazoles）、一硫二烯伍圜（thiophenes）、硫氮二烯伍圜（thiazole）與其他六環含硫化合物（heterocyclic sulfur containing compounds）。

(5)**放射線處理**（effect of irradiation on meat flavors）：放射線是一種可減少食品中引起疾病細菌的食品安全技術；針對生肉、禽肉或即食肉（ready-to-eat meats）適用不同的照射劑量用以消除常見的大腸桿菌（E. coli）、沙門氏菌（Salmonella）、李斯特菌（Listeria）、病毒或寄生蟲。然而放射線可能會引起不良的氣味與風味，不良氣味會因肉的種類、照放射線時的溫度、放射線照射時或之後的氧氣暴露狀況、包裝、與是否有抗氧化劑的存在。

因為降解的產物為較短鏈的脂肪酸，因此會有較多的揮發性物質影響梅納反應，使肉風味物質如硫代二烯伍圜（sulfur-substituted thiophenes）的減少。因此，膳食、飼養的穀類、福利與動物的管理都應列入考量。烹調的狀況如溫度、烹調時間與烹調方法都是決定揮發性風味物質生成的重要關鍵。總而言之，高溫烹調（如燒烤）的肉類風味會因梅納反應而產生較佳的風味物質。除烹調的影響外，慢煮與較長時間的保溫烹調會使不佳的風味物質揮發掉，因而降低加熱臭（warm-off flavor）。

影響肉風味的因素

烹調溫度 與pH值	烹煮溫度會影響化學反應而決定風味特色： 燉煮：不會有燒烤的風味，因為燉煮有大約1的水活性，且溫度不會超過100℃。 燒烤：燒烤的肉類有乾的表皮且溫度超過100℃，因此，因低水活性與高表面溫度產生風味的物質，比燉煮的肉多了燒烤的風味。 一般而言，溫度較高，脂肪族的醛類（aliphatic aldehydes）、苯環化合物（benzenoids）、多硫化物（polysulfides）、六環（heterocyclic）與脂質衍生揮發物生成濃度越高。 酸鹼值（pH）也是影響揮發性風味物質種類於梅納反應中生成的一個重要因素，而後決定煮熟肉類的最終風味。
放射線處理	放射線處理的肉會減少病菌產生，但會有不良風味的生成，為減少這種情形，可先以冷凍肉再以放射線處理。以真空（無氧）方式或添加鈍性氣體（如氮氣、氦氣、氬氣、二氧化碳）的調整氣體包裝來減少可能會受放射線照射影響的氧氣存在。低溫熟成肉類應被推廣以增進食物的品質，但不應時間過長（最多3週），因為風味的裂變與不良風味可能會因長時間而產生。

影響肉柔嫩度的因素

1.動物體的年齡：動物年紀愈大，肉質愈粗、結締組織及脂肪也愈多。

2.品種遺傳：肉柔嫩度受遺傳影響的比率約占45%。

3.飼養：高比例精料餵飼，動物體快速成長，肉較柔嫩。

4.飼養至屠後肉的肌肉部位：肌肉運動量和結締組織含量成正比，肉質較硬；活動程度愈少的部分，肉質愈嫩滑。所以腹部以上的肉質柔軟度大於腹部以下。

5.脂肪含量：脂肪會使肉質滑潤，是肉柔軟與多汁的主要因素；大理石紋肌肉脂肪被視為是高級肉品的主要因素。

6.屠宰處理：動物體屠宰處理電刺激後30分鐘內，施以50～100或400～550伏特電擊，肌纖維經電擊後斷裂，肉質會較柔軟。屠體如以骨盤懸吊方式懸掛，則有利後腿肉嫩度改善，可伸展屠體肌肉；傳統為以後肢懸吊方式懸掛。

7.溫度控制：屠體降溫速度太快，則肌肉收縮加劇，所以冷藏降溫速度不宜過快。

8.熟成：肌肉肌纖維會因為肌纖維蛋白質被組織蛋白分解酵素水解而變軟。熟成一般為控制微生物的生長，多在低溫下進行；熟成肉質於1～7天改善最速，7～14天趨緩，14天後則極緩。熟成的時間會依種類、時間和屠宰前之物理條件而異，其保水性也會改變。

9.肉品加工：肉的解凍方式與速率，是否有經機械及化學嫩化（滾打、絞碎、植物酵素等）、是否醃製（酸、鹼、鹽）、烹煮方式及溫度（油花較少配合低溫60℃）與切割方式（順著肌肉紋路直切或是橫切）等，均會影響肉質。

參考文獻

1. 食品產業網（2003），肉蛋白質的特性及其作用，www.foodqs.cn

2. 國民健康署（2015），烹調方式與熱量Retrieved on 2015/2/12 from http://www.hpa.gov.tw/BHPNet/Web/HealthTopic/TopicArticle.aspx?No=201205100014&parentid=201205100004

3. 黃鈺茹（2012），化學、食品檢驗分析證照學術科歷屆題庫，Retrieved on 2015/2/9
http://content.sp.npu.edu.tw/teacher/yrhuang/DocLib1/Forms/AllItems.aspx?RootFolder=/teacher/yrhuang/DocLib

4. 維基百科（2014），肉類食物，Retrieved on 2015/2/9 from http://zh.wikipedia.org/zh-tw/%E8%82%89%E7%B1%BB%E9%A3%9F%E7%89%A9

5. Hoa Van Ba, Inho Hwang, Dawoon Jeong and Amna Touseef (2012). *Latest Research into Quality Control*, book edited by Isin Akyar, ISBN 978-953-51-0868-9, Chapter 7: Principle of Meat Aroma Flavors and Future Prospect. Retrieved on 2014/12/10 from http://www.intechopen.com/books/latest-research-into-quality-control/principle-of-meat-aroma-flavors-and-future-prospect

第10章
乳之特性

程仁華

10-1 乳的來源與飲用好處

1.乳的來源

一般哺乳動物分娩後所分泌的白濁乳汁，以供幼畜完全維持正常發育稱為乳（milk）。牛奶（cow's milk）是乳牛分娩後由乳腺所分泌的乳汁，為初生仔牛營養所必需。牛乳的經濟價值及全球的產量為最大，所以乳即是指牛乳。台灣主要的乳牛品種：日本娟珊、荷蘭賀仕登及瑞士黃牛，大部分飼養賀仕登乳牛。經人為高度改良的乳牛，不但泌乳量可提高3～5倍，泌乳期也可以延長到300日左右，平均一頭牛生產後，其泌乳量約有4500～5000公斤。乳牛的品種大部分適合生長在寒帶氣候，在臺灣暑假天氣熱，產乳量少，而冬天氣候較冷，產乳較多；國人常把鮮乳當飲料喝的習慣，夏天為消費旺季，冬天為淡季，所以有冬季剩餘乳的問題；但是，近年國人喜歡喝咖啡，鮮乳的需求量在冬天也非常龐大，所以比較沒有冬季剩餘乳的問題。牛乳的機能性訴求，例如健康功效，提高附加價值及提高獲利。

2.飲用牛乳與羊乳的好處

喝鮮乳有什麼好處：(1)牛乳蛋白是人類攝取優良蛋白質的來源。(2)牛乳脂肪為人類體內熱能來源。(3)乳糖幫助消化吸收及骨骼硬化。(4)牛奶中的無機物質（灰分）是豐富而優良的鈣磷來源。(5)牛奶中的維生素是活力與精力泉源。

本草綱目「羊乳甘溫無毒、補寒冷虛乏、潤心肺、治消渴、療虛勞……」，一般常比較牛乳和羊乳的差異。鮮羊乳的特性有：(1)羊乳中含較高的非蛋白態氮（non-protein nitrogen, NPN），約占總氮量的9%；另外可能因羊乳中含較低的酪蛋白，所以其凝乳張力（curd tension）較弱。(2)羊乳脂肪中將近20%脂肪酸為短及中鏈（C4-C12）的脂肪酸，特別是羊乳中含許多羊脂酸（caproic acid, C8:0）及癸酸（capric acid, C10:0），使羊乳有較特殊的風味；同時羊乳脂肪球中缺乏凝集素（agglutinin）不會像牛乳脂肪凝集成團塊。(3)羊乳中鈣、磷的含量較牛乳為高。(4)羊乳中含豐富維生素A、B_1、B_2、菸鹼酸和泛酸。(5)乳糖較少。(6)羊乳中較缺乏葉酸及維生素B_{12}，如果在沒有添加副食品的情況下長期給嬰幼兒哺育羊乳，稱為羊乳貧血症（goat milk anaemia）。

3.什麼是初乳（colostrum）？

分娩完後泌乳前幾天所產生的乳水，它的特點為黃色而濃厚、有異臭、富黏性、比重1.060、冰點較低、固形分較多及球蛋白多。因為出乳的免疫球蛋白較多，所以增加了出生幼畜的抵抗力。

影響牛乳組成因子：品種、個畜、泌乳期、年齡、搾乳法、飼料、季節、環境溫度及健康狀況。

哺乳動物之乳汁組成

動物 成分(%)	水分	脂肪	乳糖	酪蛋白	白蛋白及球蛋白	灰分
人	88.50	3.30	6.80	0.90	0.40	0.20
牛	87.32	3.75	4.75	3.00	0.40	0.75
山羊	82.34	7.57	4.96	3.62	0.60	0.84
綿羊	79.46	8.63	4.28	5.23	1.45	0.97
馬	90.68	1.17	5.77	1.27	0.75	0.36
豬	84.04	4.55	3.30	7.23	7.23	1.05
犬	5.44	9.57	3.09	6.10	5.05	0.73
兔	—	16.71	1.98	8.17	2.21	—

政府提倡牛乳生產及消費

- 鮮乳消費呈倍數增加
- 乳品加工殺菌技術進步

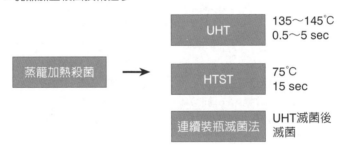

蒸籠加熱殺菌 →

UHT　135～145℃　0.5～5 sec

HTST　75℃　15 sec

連續裝瓶滅菌法　UHT滅菌後滅菌

鮮乳標章的資訊

冬、夏期品代號
（冬：英文字母，夏：注音符號）

流水號碼（每年更換）
容量別（目前有180cc～1892cc等多種）
期別（4～11月為夏期品，12月至翌年3月為冬期品）

5083338

7　ㄍ

純

946cc
夏期品

行政院農業委員會

五道防偽切痕

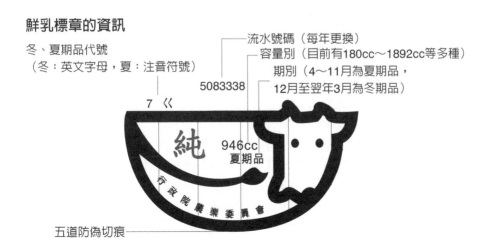

10-2 牛乳特性與鮮乳

1.牛乳的特性

牛乳常有一些異於正常乳的性質，這類的牛乳通稱爲異常乳（abnormal milk），可區分如下：

(1) **酒精不安定乳**：以酒精試驗測試呈現陽性的牛乳。所謂酒精試驗爲以70%酒精和鮮乳1:1的比例混合，凝固產生者爲陽性，通常表示測試乳不新鮮。

(2) **乳房炎乳**：大部分是榨乳時的機械力傷害或感染所產生乳房發炎的現象，因爲需施打抗生素抑制發炎，固乳房炎乳不可食用。磺胺劑（sulfadrugs）並非禁藥，治療牛隻乳房炎（mastitis）細菌感染的常用藥劑，必須＜0.1ppm。

(3) **其他異常乳**：例如初乳、末期乳、凍結乳及異物混入乳等。

酒精陽性乳可能的原因：(1)試料採取與測定方法不當；(2)pH是否降低；(3)混合溫度10～35℃不變但溫差15℃；(4)牛乳處理不當；(5)細菌增殖；(6)解凍不當；(7)攪動過度；(8)偶爾新鮮乳也會呈陽性；(9)變敗飼料，飼料供應不足，營養失調，大量食鹽投與及維生素不足；(10)疾病的發生：如肝功能失調、乳房炎、軟骨病、酮病。乳房炎乳造成原因：(1)細菌感染；(2)乳頭對細菌抵抗性減弱；(3)乳牛飼養管理；(4)榨乳技術；(5)衛生條件不良；(6)鈉、氯、非酪蛋白態氮、觸媒活性、細胞數爲數多；(7)鈣、鎂、磷、鐵、乳糖、脂肪、酸度、無脂固形分爲數少。

乳品食用安全性檢驗：(1)抗生素；(2)有機氯、有機磷化合物；(3)黃麴毒素；(4)Chloramphenicol；(5)重金屬；(6)多氯聯苯、戴奧辛、放射線等等。

牛乳加熱至40℃而不加攪拌，表面易形成一層薄膜，俗稱「乳皮」。如何防止乳皮形成的方法如下：(1)攪拌：加熱的同時予以攪拌；(2)溫度不宜過高：溫度小於40℃，減少水分蒸發；(3)加水稀釋：此法影響其濃度，較少使用。

2.牛乳過敏（milk allergy）

喝下牛乳產生腹痛、下痢、溼疹、氣喘、支氣管炎、蕁麻疹等症狀，這就是所謂的牛乳過敏。造成牛乳過敏的原因，是所飲用牛乳的蛋白質在尙未完全消化的狀態下即通過腸壁而進入血液中成爲抗原，以致體內對抗原產生抗體，當下一次再接觸到抗原蛋白質時，即會引起抗原-抗體的過敏反應。相當多的食品會引起過敏，只要含有蛋白質的食品均有可能產生過敏。多數的新生兒或幼乳兒發生牛乳過敏的現象，由於此時出生兒的腸管尙未充分發育，腸黏膜的通透性較高，所以發生對牛乳蛋白質過敏的機率也較大。

3.鮮乳中的鈣質

鮮乳中的鈣質易被吸收的三要素：(1)鮮乳中的乳糖會作用於小腸絨毛細胞的細胞膜上，促進鈣質透過細胞膜而被吸收。(2)鮮乳中與鈣質結合存在的酪蛋白在消化道中被分解促使鈣質被吸收。(3)鮮乳中的鈣、磷比約爲1：1，此時的鈣最容易被吸收。

鮮乳和牛乳的區別

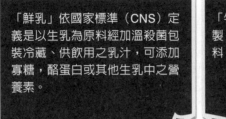

「鮮乳」依國家標準（CNS）定義是以生乳為原料經加溫殺菌包裝冷藏、供飲用之乳汁，可添加寡糖，酪蛋白或其他生乳中之營養素。

「牛乳」產品是加入乳粉進行調製，雖然仍有生乳為部分的原料，但並不符合鮮乳的定義。

免疫與過敏

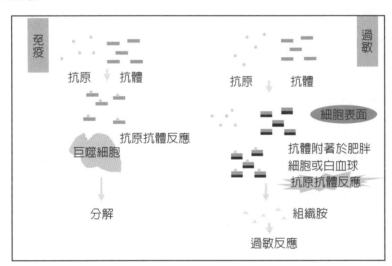

乳糖不耐症（lactose intolerance）

定義	許多國人喝牛乳缺乏乳糖酶的情況下，攝入的乳糖不能被消化吸收進血液，而是滯留在腸道產生瀉肚的狀況，通常人們無法忍受240ml牛奶則稱之
症狀說明	腸道細菌分解乳糖的過程中會發酵產生大量氣體，造成腹脹。過量的乳糖升高腸道內滲透壓，阻止水分的吸收而導致腹瀉。而且腸道細菌會在節腸處發酵分解乳糖成有機酸，例如：醋酸、丙酸、丁酸等，並產生氣體，例如：甲烷、H_2、CO_2等，造成腹脹
造成原因	造成乳糖不耐症為小腸黏膜乳糖酶缺乏，或是長期不攝入奶及奶製品也會造成。因為乳糖酶是屬於可調節酶，多喝鮮乳會導致此酶的含量變多；少喝鮮乳則造成乳糖酶的含量遞減

10-3 酪蛋白與乳清蛋白

1. 酪蛋白的特性

　　酪蛋白（casein）約占乳蛋白的80%，是乳中含量最多的蛋白，以固體微膠粒的形式存在。酪蛋白為兩性電解質，可以區分為α、β、γ酪蛋白，與鈣結合形成酪蛋白酸鈣，而與磷酸鈣構成複合體，懸浮於水中形成濁狀膠體。酪蛋白相對性對熱比較穩定；但是，它對酸的忍受度很低。另外加工常用凝乳酶破壞酪蛋白的穩定性而沉澱。所以，乳品加工過程中酪蛋白沉澱利用加酸、發酵產酸及凝乳酶的作用。

　　牛乳中酪蛋白會以40個小單位形成膠體的現象，懸浮在乳水中。大部分酪蛋白與鈣及無機磷酸鹽形成膠體狀，稱為酪蛋白膠粒（casein micelle）。其中α、β酪蛋白為疏水性，而k（kappa）酪蛋白為親水性。其特性為：

(1) 酪蛋白膠粒為球狀。
(2) k-酪蛋白存在膠粒表面。
(3) 鈣離子與磷酸基或梭基結合而維繫膠粒之形成。
(4) 疏水性基存在膠粒表面與內部。
(5) 膠性磷酸鈣存於膠粒表面。

2. 乳清蛋白

　　乳清蛋白（whey protein）為牛乳中酪蛋白沉澱後分離的清液（whey）中所含的蛋白質，包含有β乳球蛋白、α乳清蛋白、血清蛋白、免疫球蛋白和酶等蛋白質。其中比較重要為β乳球蛋白和α乳清蛋白。β乳球蛋白占乳清蛋白的50%，存在於pH3.5～7.5，為一簡單蛋白質，含有SH基，故加熱時會產生風味。α乳清蛋白占乳清蛋白25%，分子中有4個二硫鍵，不含SH基，相對性穩定。其功能為防止腦部的老化，增強肌肉及抗氧化作用。乳清蛋白在健康上能增加麩胱甘肽（glutathione）。麩胱甘肽是由半胱氨酸、麩氨酸、甘氨酸（cysteine, glutamic acid, glycine）等三種胺基酸組成的水溶性抗氧化劑，可以保護細胞並解毒各種有害物質、致癌物質、過氧化物和重金屬。

3. 酪蛋白和乳清蛋白的差別

　　牛乳中主要蛋白質為酪蛋白、乳清蛋白及血蛋白。血蛋白包括血清白蛋白和免疫球蛋白。免疫球蛋白在乳清蛋白占5～10%，初乳中則占15～26%；加熱會變性而影響乳蛋白膠體的行程及起泡性。比較服用乳清蛋白或是酪蛋白之後的7小時內，體內蛋白質的代謝過程，乳清蛋白比較容易消化吸收，在服用後的1～2小時之內，所含的胺基酸很快的進入血液循環中，而在約3～4小時之內消化完畢。然而，酪蛋白的消化吸收就比較慢，服用後約一個半小時，所含的胺基酸才逐漸進入血液中，但是消化過程很長，一直到7小時後，酪蛋白中的胺基酸仍然以穩定的速率進入血液循環。

酪蛋白膠粒的結構

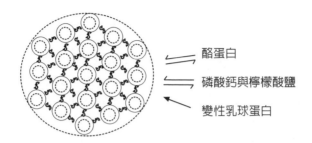

酪蛋白

磷酸鈣與檸檬酸鹽

變性乳球蛋白

酪蛋白的分類

種類	含量%	氮%	等電點
α-酪蛋白	75		4.7
$α_s$-酪蛋白		15.31	
κ-酪蛋白		15.46	
λ-酪蛋白		--	
β-酪蛋白	22	15.73	4.9
γ-酪蛋白	3	--	5.8

不同製造法的乳清蛋白性質

由乾酪生產取得
含有從κ-酪蛋白切下來的caseinomacropeptide及約0.3%脂肪球（以離心法分離）、發酵菌種及乳酸。

由凝乳酶蛋白取得
脂肪含量低，沒有菌種，不含乳酸。

由酸性凝乳取得
脂肪含量低，沒有凝乳酶，不含casein peptide，pH4.6，含較多的磷酸及鈣。

10-4 乳製品的製作處理方式

乾酪製作方式

製作乾酪（cheese）是利用凝乳酶的添加產生所謂的甜乾酪（sweet cheese）；或降低pH產生酸乾酪（acid cheese）。凝乳酶乾酪（rennet cheese）大部分的乾酪屬此種；酸性凝乳乾酪產生如cottage cheese、fresh cheese。凝乳酶（rennin）的作用為切割No. 105苯丙胺酸（Phe）和No. 106甲硫胺酸（Met）中間，並將k-酪蛋白切斷為副k-酪蛋白和糖巨肽。副k-酪蛋白（para-k-casein）的疏水基較多；糖巨肽（glycomacropeptide）則為親水性。pH對酪蛋白的影響：

(1) 酸凝固0.6～0.7%，常溫pH = 5.0凝固。

(2) 高溫酪蛋白不安定，稍高pH即凝固（可逆）。

(3) pH = 2.4強酸下，酪蛋白粒子崩壞（不可逆）。

製作乾酪添加菌原目的：

(1) 降低pH，凝乳酶達最佳活性環境，促進凝乳酶作用。

(2) 生成乳酸，促進截切凝乳後乳清排除。

(3) 菌原微生物於熟成過程中，作用於蛋白質及脂肪產生各種風味物質。

酸凝結機制的凝結條件：21℃；pH 4.6～4.7；乳酸鈣的形成；酸使鈣離子游離出酪蛋白膠體，酪蛋白失去Ca^{2+}後，於等電點凝結沉澱。

1. 煮凝乳及攪拌

需緩慢攪拌加熱至凝乳蒸煮溫度，在30分鐘內，使凝乳由35升至38.8℃。緩慢加熱目的：凝乳表面不會收縮太快，以利乳清完全排除；乳清酸度0.17～0.18%，凝乳粒收縮為截切時之一半時，凝乳粒內外硬度均一時。

2. 熟成（ripening, curing）

特有風味，組織變圓滑，蛋白質變可溶性，易被消化。低溫熟成時間長（風味完整）；高溫熟成時間短（風味尖銳、不協調）。蛋白質分解軟化，黴菌生長，成易崩碎質，長期熟成，水分漸失，質地變硬（帕瑪起司，Parmesan cheese）。

一般乳製品脂質的處理方式

市乳（city milk）加工的過程為淨化、均質、殺菌、冷卻、裝瓶及包裝。市乳正常區分為殺菌鮮乳和滅菌乳，殺菌乳為一般需冷藏鮮乳，滅菌乳則為可室溫處藏的保久乳。

均質（homogenization）

脂肪球的比重水輕，牛乳靜置時會呈現上浮的現象，主要為利用高壓、高速下破碎脂肪球，防止乳油浮起。其原理：由破裂、衝擊、加速、減速之衝擊破壞現象。

牛乳之物理性質

- 比熱：0.93

- 表面張力：液體均有減少表面張力的傾向

- 曲折率：1.3470～1.3515

- 冰點：～-0.550℃，與乳中的可溶性物質有關，攪入1%的水，冰點降低0.0055℃

- 沸點：100.17℃，與乳中的可溶性物質有關

- 黏度（20℃）：1.7～2.5cp

- 因含有磷酸鹽，具有酸鹼緩衝性

- 滴定酸以乳酸來表示

乾酪製作方式

- 牛乳 $\xrightarrow{離心分離}$ 乳油：脂肪（含脂溶性維生素）
  脫脂乳：酪蛋白

            乳清 $\xrightarrow{煮沸}$ 乳白蛋白、乳球蛋白
               濾液：乳糖無機質
                  水溶性維生素

- 牛乳 $\xrightarrow{酸或凝乳酶}$ 凝乳：酪蛋白及脂肪（脂溶性維生素）
  乳清：乳白蛋白、乳球蛋白、乳糖、無機質、水溶性維生素

10-5 乳的成分、乳酪組成與冰淇淋的製造

乳的成分

1.乳脂肪

脂肪為甘油（glycerol/glycerin）與脂肪酸（fatty acid）所形成的酯（ester），化學上稱為甘油酯（glyceride）。乳脂肪以中性脂肪為主三酸甘油酯（triglyceride），加上少量的磷脂質（phospholipid）與固醇類（sterol）及幾乎都存在脂肪球（fat globule）中的其他成分。乳脂是以小脂肪球的乳濁狀存在，脂肪安定的存在牛乳中，主要表面有一層脂肪球皮膜安定物質（fat globule membrane materials），脂蛋白質為主要形成物質，加熱、冷凍及磨擦會破壞其穩定性。

2.乳酪（butter）組成

脂肪、水分、食鹽、凝乳及微量的灰分、乳糖、酸、磷脂質、空氣、酶和維生素等。為water/oil的平衡相，分離乳酪濃度以含30～40%脂肪為標準，乳酪需經由攪動的方式製成，類似均質脂肪球的相反機制，為製作乳酪最重要的步驟，攪動（churning）目的：

(1) 使脂肪球結成粒狀。

(2) 破壞脂肪球皮膜，使脂肪球重新融合。

(3) 使原來的oil/water相轉變為water/oil。

發酵並非製造乳酪一定必需的過程，甜乾酪不需經過發酵；乳酪發酵主要產生特殊芳香物質；乳酸菌產酸，降低乳酪黏度，攪動容易，脂肪分離完整。發酵主要產物為聯乙醯。如欲增加聯乙醯的量，可以添加一些檸檬酸至乳油中。乳糖分解所生之醋酸或丙酸，甘油酯及微量游離脂肪酸所產生風味。乳酪陳化的目的為使脂肪故化及防止含過量水分。

乳酪的營養：(1)消化率極高；(2)主要是提供熱量來源；(3)含豐富的脂溶性維生素如：維生素A、維生素D。

3.脂肪的氧化

(1) 自氧化作用（autooxidaton）：不飽和脂肪酸跟氧作產生自由基，而形成連續性的自由基之氧化作用。

(2) 光氧化作用（photooxidation）：高能量的氧直接跟脂肪作用。

(3) 酶的氧化作用（lipoxygenase）：經酶的作用產生脂肪氧化的反應。

4.牛乳中碳水化合物

(1) 99.8%以上為乳糖。

(2) 乳糖甜味為蔗糖1/5，溶解度為蔗糖1/10（20℃）。

(3) 主要以α-乳糖形式存在，溶解時會轉變為β form並達成1:1.65平衡。α-乳糖結晶形成則為冰淇淋砂狀的缺陷。

(4) 解決乳糖溶解度低的問題可以β-半乳糖苷酶水解乳糖，分解為半乳糖及葡萄糖。

冰淇淋製造陳化和凍攪

功用

1. 陳化為使安定劑充分水和，使黏度增加及達飽水及控制冰晶增長的效果。添加的乳化劑置換脂肪球表面的小分子蛋白質，使乳化劑完整包覆在脂肪球表面，降低表面張力。陳化桶仍應固定週期攪拌，速度不宜太快。

2. 凍攪為將水分轉變為冰晶（約50%），打入空氣，使成冰淇淋特有的綿密組織。常以膨脹率（over-run）來計算打入的空氣量。增加膨脹率的目的：增加體積、容易挖、口感較軟。

牛乳之成分

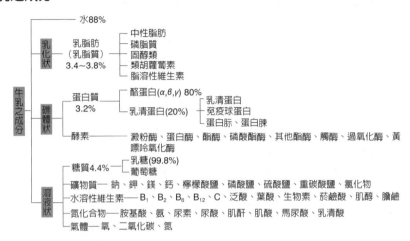

鮮乳成分之分級標準

項目 種類	脂肪(%)	非脂固形物(%)	沉澱物(mg/1)	磷酶試驗
高脂	3.8以上	8.0以上	0.5以下	陰性
全脂	3.0〜3.8	8.0以上	0.5以下	陰性
中脂	2.0〜3.0	8.0以上	0.5以下	陰性
低脂	0.5〜2.0	8.0以上	0.5以下	陰性
脫脂	0.5以下	8.0以上	0.5以下	陰性
鮮羊奶	3.2以上	8.0以上	0.5以下	陰性

影響攪動（churning）的條件

乳油之溫度	9〜13℃，亦須考慮環境溫度
乳油之性質	酸度高，黏度低，攪動較容易。酸度0.2%，脂肪率30〜35%，造成有效碰撞
乳油量	注入攪動器1/2〜1/3的乳油量
脂肪性質	脂肪球小，脂肪球聚集較困難，羊乳攪動較牛乳難

攪動後的相轉變

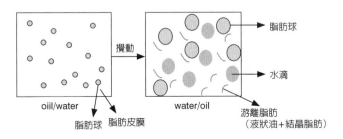

10-6 牛乳中的酵素、維生素與礦物質

酵素

牛乳中比較重要的酵素有：

1. 鹼性磷酸酶（alkaline phosphatase）
2. 酸性磷酸酶（acid phosphatase）
3. 觸酶（catalase）
4. 過氧化酶（peroxidase）
5. 黃嘌呤氧化酶（xanthine oxidase）

以63℃加熱處理30分鐘，可完全抑制鹼性磷酸酶的活性，所以測定鹼性磷酸酶的活性與否，常作為牛乳商業殺菌法是否足夠的指標。現在鮮乳殺菌常採用高溫短時間的方法，當過氧化氫酶被抑制時，則顯示牛乳已達到80℃、2.5秒之殺菌條件。過氧化氫酶、過氧化氫及硫氰化物（thiocyanate）三者，可以構成具有抗菌能力之乳過氧化酶系統（lacto-peroxidase system, LPS）。

凝乳酶的來源：(1)凝乳酶的來源以往主要是來自於小牛胃中的凝乳酶，以前每年要犧牲四千萬頭小牛從其真胃中選取凝乳酶，用來製造乾酪。(2)目前利用基因工程的方法將小牛胃中凝乳酶的基因轉殖到酵母菌（Kluyveromyces lactis）中，可以成功表現凝乳酶的活性，並應用於工業生產上。

牛乳所含維生素

1. **脂溶性維生素**：脂溶性維生素在腸道中，與食物中的脂肪（三酸甘油酯（triglyceride, TG）水解產物（游離脂肪酸（free fatty acid, FFA）、單酸甘油酯（monoglyceride））及脂蛋白等混合形成乳糜微粒（chylomicron），再由絨毛中的淋巴管所吸收，並由淋巴循環進入體循環。脂溶性維生素有維生素A、D、E、K。

2. **水溶性維生素**：水溶性維生素包括：維生素C、B_1、B_2、B_6、B_{12}、葉酸、泛酸、菸鹼酸及生物素，因為溶於水，所以其可由小腸絨毛的微血管直接吸收。其中維生素C（抗壞血酸）會形成氧化態的去氫抗壞血酸，而維生素C具有抗氧化作用。

牛乳礦物質

具營養上重大意義，如鈣及磷；鹽類的組成狀態對牛乳物理化學性質有重大影響；金屬元素如銅，鐵會催化牛奶產生異臭的反應。

1. **溶解相鹽**：(1)鈉、鉀解離離子。(2)離之氯及硫酸根鹽。(3)磷酸鹽（$H_2PO_4^-$，HPO_4^{2-}），枸櫞酸鹽結合鈣、鎂。

2. **膠質相鹽**：(1)50%無機磷酸，10%枸櫞酸鹽。(2)鈣鹽與酪蛋白結合形成膠狀粒子。

3. **蛋白質結合鹽**：(1)陽離子與帶負電之蛋白質結合：鈣與鎂競爭與酪蛋白結合。無二價陽離子時，一價金屬結合力也很強，例如酪蛋白鈉（Na caseinate）。(2)β-乳球蛋白與鈣結合力亦強。

影響礦物質組成之因子：品種、泌乳期、飼料、季節、地域、乳房炎之感染。

其他礦物質各種特徵：(1)溫度：升高則磷酸鈣溶解度解減少。(2)酸度：pH4.9則完全溶解。(3)濃度：稀釋不溶性將溶解，pH增大，酸度減少；濃縮則pH降低。(4)鹽類之添加及除去：添加磷酸鹽或枸櫞鹽以除去其他鹽類使牛奶安定性。

牛奶蛋白

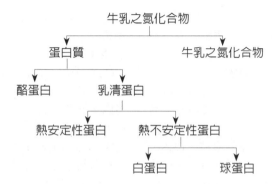

凝乳酶凝結機制

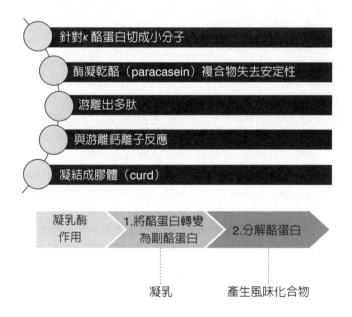

10-7 牛乳微生物（一）

重要的有：酸生成菌（乳酸菌）、氣體生成菌、酪酸菌、鹼生成菌及蛋白腺化菌。

1.牛乳中酸生成菌（好的）

(1) Streptococcus lactis：乳業上重要之細菌，常作乾酪或發酵乳之菌源，某些可以產生nisin之抗生素，抑制多數格蘭氏陽性細菌。防止酪酸發酵。(2)Str. cremoris：與Str. Lactis常作為乳油、乾酪的發酵菌原。(3)Str. thermophilus：係於牛乳中高溫能產生酸之連鎖球菌，應用於優格或瑞士乾酪的製造。(4)Leuconostoc citrovorum：常出現於生乳，利用檸檬酸生成聯乙醯、乙醯乙醇等芳香物質，作為乾酪或發酵乳之菌原。

歐洲傳統製乳酪業喜用未殺菌之牛奶或羊奶做乾酪，因為發酵及陳化時菌種較豐富，風味發展較成熟。

2.酸生成菌（壞的）

(1)Str. faecalis：存在動物糞便腸管之細菌，能耐低溫保持殺菌，可以發酵檸檬酸產生醋酸、乙酸、乳酸及二氧化碳。(2)Leu. dextranicum：生酸力弱，產生的芳香性低劣，使乾酪產生苦味。

3.氣體生成菌

大腸菌群：(1)E. coli：多存於動物腸內的短桿菌，若存於牛乳中，表示受到糞便汙染。(2)Aerobacter aerogenes：存於動物腸內及牛乳及乳用器具的短桿菌，產二氧化碳，並使牛乳、乳油成黏稠狀。

4.酪酸菌（butyric acid bacteria）

(1)能分解乳糖而生成酪酸的細菌。(2)存於空氣中，對牛乳及乳製品有害。(3)有厭氣性及好氣性。(4)60℃、30 min，不易殺死。

Bacillus butyricus：(1)製乾酪時，蒸煮過程引起不好的氣體發酵。(2)分解蛋白質，產生酪酸不良氣味。

5.鹼生成菌（壞的）（alkali-producing bacteria）

分解蛋白質而產生鹼性化合物（如氨），使牛奶呈鹼性反應：(1)Alcaligenes faecalis：腸內之桿菌，格蘭氏陰性，好氣性，中溫細菌。(2)Al. viscolactis：存在水中的桿菌，格蘭氏陰性，好氣性，中低溫細菌，汙染時導致牛乳黏稠。

6.蛋白腺化菌（peptonizing bacteria）

分解酪蛋白產生牛奶異臭及苦味。

(1)B. subtilis：枯草桿菌，由飼料而來，耐熱性強，格蘭氏陽性，中溫細菌，孢子亦耐熱。(2)Pseudomonas fluorescens：格蘭氏陰性，中溫細菌，好氣性，形成乳製品的魚臭味。(3)Str. Liquefaciens：鏈球菌，分泌凝乳酶，分解蛋白質而致凝乳，且分解產物有苦味。

牛乳的起泡性與加熱風味的變化

牛乳的起泡性	牛乳加熱風味的變化
· 與乳化現象的物理性質很接近，水分子圍繞在氣泡周圍，空氣屬於非極性，所以需要極性和非極性的界面活性劑來維持穩定。界面活性劑降低表面張力，穩定起泡現象，例如，可利用蛋白質來穩定起泡性。其中，脫脂乳起泡性最好，脂肪會影響起泡性。	· 加熱會產生加熱臭。 · 牛奶蛋白質中sulfhydryl group(-SH)因加熱暴露出來。 · -SH group 活化後產生揮發性硫化物，例如H_2S。 · 焦糖味。 · 酪蛋白是牛奶中熱安定性最高者。

乳酪不良風味

魚臭	黴菌之脂肪分解，卵磷脂分解為三甲胺
氧化脂防臭	雙鏈不飽和脂肪酸越多，氧化臭越明顯
脂肪分解臭	有脂肪水解酶存在時，分解產生的低級揮發脂肪酸，如酪酸
乾酪臭	細菌汙染，造成乾酪風味
金屬臭	銅、鐵容器
酵母臭	受酵母汙染
牛臭	不潔榨乳
肥皂臭	酸鹼過度中和，碳酸鈉（Na_2CO_3）及重碳酸鈉（$NaHCO_3$）常引起
酸臭、陳臭	不新鮮

牛乳異常風味

異味起因	異常風味	相關化學成分
生理學性	過剩乳牛臭 飼料臭 雜草臭 鹹味	丙酮、乙醯乙酸、β-烴丁酸醇醛、酮、胺類、脂肪及其酯 Benzyl methyl sulfide 氯化合物
化學性	氧化臭 光活化臭 加熱臭	octo-2-ene-3-one, octanal（辛醛）, pento-2-enal 甲硫醇基丙醛、甲硫醇 硫化氫、甲硫醇
酵素性 / 微生物性	脂肪分解臭（lipase） 酸臭味 苦味（低溫細菌）	酪酸、己酸、辛酸 乳酸、醋酸 低肽類、酪酸
異常混入	味道變淡 藥劑味	加水稀釋 含氨消毒劑、農藥、肥皂……

（張勝善，1987）

10-8 牛乳微生物（二）

7. 酵母

對乳業較不重要，發酵乳糖，產生 CO_2，酒精。應用於少數的乳製品酒。

(1) Kefir：含0.6～0.9%乳酸，0.6～1.1%酒精及二氧化碳之乳酸飲料，流行於高加索地區，利用kefir grain（內細菌，外酵母）發酵而成。乳酸菌：Str. Lactis 及L. bulgaricus將乳糖轉換爲乳酸。酵母菌：Sacchar fragilis 及Torula，酸度適合時將糖類轉換爲酒精。

(2) Kumis：利用乳清製酒精，通常用馬乳以液體starter culture來發酵，而kefir適用固體starter culture來發酵；由於馬乳的糖分較牛乳或羊乳多，所以會產生較多的酒精。

8. 黴菌（mold）：與乾酪製造相關。

(1) Pen. camemberti：接種於生乾酪表面，熟成期間能增加乾酪的水溶性氮及氨，並使乾酪質地軟化。

(2) Pen. roqueforti：菌叢呈深綠色，陳舊時色暗，蛋白質分解性強，亦產生解脂酶。

9. 嗜菌體／病毒

分頭部及尾部，主成分爲蛋白質及DNA。

Str. Lactis phage：影響酸度上升及凝乳形成。

Str. cremoris phage: 自乾酪菌原檢出。

Str. thermophilus phage。

嗜菌體在牛奶中造成的危害：產酸遲緩，通常產酸菌種用混合菌株，一些弱勢菌遭攻擊，只有在優勢菌遭攻擊，大量崩解時，產酸才會停止。因此防治的方法有：(1)適當選擇培養基；(2)培養室防治汙染管理方法；(3)工廠衛生；(4)培養基：例如攻擊乳酸菌之嗜菌體需要可溶性鈣鹽以利成長，利用結合鈣或不含鈣之培養基；或者添加磷酸鈉(正磷酸鹽)效果最明顯；(5)加熱：65℃，30 min或者100℃，5 sec。

影響微生物生長之環境因素

1. 物理學因素

(1) 溫度：中溫適合大部分菌生長，4℃可抑制生長，菌種通常採冷凍乾燥保存。

(2) 壓力、音波：破壞細菌膜。

(3) 放射線照射：不能直接對乳製品照射，產生不良風味。

2. 化學因素

(1) 水分：含水量5%以下，微生物無法生長。

(2) 氧及二氧化碳：滅菌時能驅逐溶存氧，抑制好氣性孢子。

(3) pH：大部分細菌最適pH5.6～7.5，乳酸菌、黴菌、酵母需要微酸環境；大腸菌、蛋白質分解菌適合鹼性環境。

(4) 營養素：水、含氮化合物、無機鹽類、維生素B群影響生成的微生物。

(5) 發育抑制物質：陽離子對微生物有抑制作用，生成之酸，治療乳房炎之抗生素，例如panicillin。

3. 生物學因素

(1) 共生（symbiosis）：偏利共生（commensalism）及雙利共生（mutualistic symbiosis）。

(2) 抗拮（antagonism）：拮抗物質，例如抗生物質（抗生素）。

(3) 代謝物抑制：自體殺菌作用，乳素（lactenin）。

牛乳細菌之發育曲線

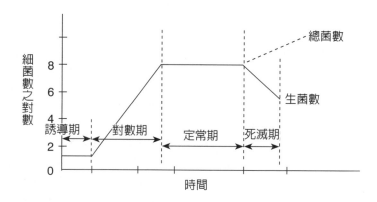

微生物學異常乳及其性狀

種類	原因菌	乳加工之弊害
酸敗	乳酸菌、丙酸菌、大腸菌、細球菌屬	加熱時凝固、風味低下、乾酪酸敗、澎化
異常凝固，分解乳	蛋白、脂肪分解菌、低溫細菌、孢子桿菌	乳凝固、乳製品變敗、脂肪分解臭、苦味
黏質乳	低溫細菌、白念珠菌	咖啡牛奶、奶油、cottage cheese黏質化
著色乳	低溫細菌、酵母	乳製品著色變質
細菌性異常風味	蛋白、脂肪分解菌、低溫細菌、大腸菌	風味惡變
乳房炎乳	溶血性連鎖菌、葡萄球菌、細球菌、大腸菌	疾病傳播 食物中毒之原因
病乳	病原菌如：沙門氏菌、結核菌、口蹄疫、病毒	
嗜菌體汙染乳	主要為乳酸菌嗜菌體	菌原、發酵乳製造失敗

10-9 牛乳的殺菌滅菌與其他乳品

牛乳加熱處理

1.殺菌（pasteurization）

(1) 低溫長時間殺菌（LTLT）：62～65℃，30 min。

(2) 高溫短間殺菌（HTST）：75℃，15 sec。

(3) 超高溫瞬間殺菌（UHT）：132℃，1 sec。

主要為消滅結核菌，保存於低溫冷藏（4℃）可保藏10～14天，一般鮮乳為殺菌乳。

2.滅菌（sterilization）

由超高溫瞬間殺菌UHT區分為：

第一階段：預熱裝置於80～85℃保持數分鐘。

第二階段：加壓，使於沸點以上加熱，採135～150℃，0.5sec或120～135℃~1 or 2 sec；通常搭配無菌充填（aseptic packaging）或裝填後，再滅菌一次。批次滅菌（autoclave 110～120℃～30 min）或二次滅菌法，再以110～116℃～ 15～20 min連續性滅菌。滅菌的乳品以保久乳為代表，可保藏於室溫下數個月。

滅菌對牛奶的影響：(1)乳清蛋白變性，白度增加；(2)加熱過度，褐化反應；(3)TA（total acidity）總酸度上升；(4)pH下降；(5)維生素C受破壞最劇烈；(6)破壞維生素B_6、B_{12}；(7)若干胺基酸受破壞。

市乳的分類

鮮乳、無菌牛奶、加工乳、營養強化（fortified milk）、濃厚牛乳及還原牛乳，包括重組乳（recombined milk）和復原乳（reconstituted milk）。其他乳品包括：(1)乳清飲料。(2)Half and half：牛乳與生乳油各半混合，添加於咖啡。(3)調味乳：乳固形物5～8%，蔗糖4～8%，脂肪0～3%。

乾酪

1.營養價值：(1)蛋白質：多被水解為可溶性含氮化合物，更易消化吸收。(2)脂肪：依乾酪種類不同而有別，產生風味。(3)維生素：則視加工程度有不同流失，一般維生素A保存良好，維生素C盡失（被氧化）。(4)鈣質：酸凝乳鈣質保留較少，蛋白酶凝乳鈣質保留多。

2.缺陷：(1)物理性：質地乾燥、組織鬆軟、多脂性（greasy）、斑點（mottling）及發汗。(2)化學性：金屬性黑變（鐵鉛）、桃紅或赤變及乾酪缺陷。(3)細菌性：酸度過剩、乾酪液化（表面液化、酪蛋白微生物、氣體發酵、硝酸鉀及氯化鉀、苦味生成）、惡臭（硫化氫及酸敗）。

發酵乳（fermented milk）

分類有：(1)優格、(2)發酵酪乳（cultured butter milk）、(3)加糖酸乳飲料、(4)酒精發酵乳。

發酵乳為理想保健食品的原因：(1)營養更加強化；(2)減少牛乳引起的不適症狀；(3)防止便秘；(4)抑制腸內有害菌；(5)降低血液膽固醇值；(6)具有抗鬱功效；(7)改善肝機能障礙；(8)致活人體免疫機能；(9)抗腫瘤效果。

高溫短間殺菌（HTST）的優缺點

優點：
1. 占面積小
2. 大量連續處理
3. 於密閉空間進行，避免再汙染
4. 加熱時間短
5. 定位清洗

缺點：
1. 不適合小規模處理
2. 量多、速度快、溫控必須很精準
3. 殘留細菌較多
4. 熱交換器墊圈易因接觸高溫而硬掉，必須替換

優格製造法

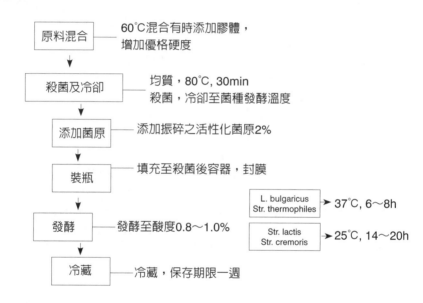

原料混合 —— 60℃混合有時添加膠體，增加優格硬度

殺菌及冷卻 —— 均質，80℃, 30min 殺菌，冷卻至菌種發酵溫度

添加菌原 —— 添加振碎之活性化菌原2%

裝瓶 —— 填充至殺菌後容器，封膜

發酵 —— 發酵至酸度0.8～1.0%

| L. bulgaricus Str. thermophiles → 37℃, 6～8h |
| Str. lactis Str. cremoris → 25℃, 14～20h |

冷藏 —— 冷藏，保存期限一週

優格營養價值與脆弱優格造成原因

構成條件	營養價值	脆弱優格造成原因
無脂固形物提高後，添加菌原發酵而成的具有活性發酵乳製品；因乳糖被菌原發酵產生乳酸，使得pH下降而蛋白質產生凝固。	MSNF 13～14%，蔗糖8%、蛋白質、鈣、維生素B$_2$、維生素B$_6$、維生素B$_{12}$及維生素C（易氧化）；製造優格主要菌原：L. bulgaricus：培養後期增殖生酸以提供風味；Str. Thermophilus：培養初期增殖生酸以產生適當黏度；Str. lactis；Str. cremoris；L. acidophilus。	1. 抗生素或噬菌體造成生酸不足。 2. 乳固形物不足。 3. 使用泌乳初期牛乳，乳糖含量較少。 4. 殺菌過度。

10-10 乳品添加物與機能性乳品

乳品添加物

1. 著香劑：消除不良臭氣，改善臭氣，增強固有風味。

2. 著色劑：胡蘿蔔素，水溶性胭脂樹紅，食用焦油色素。

3. 發酵調整劑：添加硝酸鹽（<0.02%），作爲抑菌劑，防止異常發酵（乾酪氣孔生成）。硝酸鹽會轉換爲亞硝酸與胺結合產生亞硝酸胺（致癌！）。常用的硝酸鹽類有硝酸鉀、硝酸鈉。

4. 防腐劑：供食品保存或防腐而使用的物質，如山梨酸（sorbic acid）、山梨酸鉀（potasium sorbitate）、山梨酸鈉（sodium sorbitate）。發酵乳原液最高添加量：0.03%，乳酸菌飲料最高添加量：0.005%。例外可添加去氫醋酸（dehydroacetic acid）或去氫醋酸鈉（sodium dehydroacetate）。

5. 營養強化劑：添加脂溶性或水溶性維生素，乳鐵蛋白及膠原蛋白。

6. 糊劑：在固形物不足時，增加口感，增加黏度，提高製品之物性與組織及使果汁牛乳或乳酸飲料之黏度增加。常使用澱粉（不適用於酸性產品，黏性會漸因澱粉分解而降低），修飾澱粉。酪蛋白（不溶於水，成懸浮液），酪蛋白化鈉／鉀（成黏稠水溶性溶液）。

7. 安定劑（stabilizer）：增加黏度，讓乳品中粒子保持懸浮狀態，增加口感及防止冰淇淋中冰晶在儲存過程中變的粗大。

8. 乳化劑（emulsifier）：促進乳製品乳化安定性，油相與水相混合安定性，避免分層。常用爲甘油與脂肪酸反應所得的酯類，有一酯、二酯。

9. 鹼類：調整pH值，使品質較穩定，添加磷酸二鈉／三鈉，檸檬酸鈉等鹼性鹽，有助於乾酪中蛋白質分散，增進乳化性及保水性。中和酸度，如乳酪加工過程中所添加鹼劑。

10. 鹽類：造成乳製品中的緩衝系統，使pH穩定在所需要的值，使添加的酸風味較柔和，如檸檬酸與檸檬酸鈉。蛋白質或鈣，鎂離子形成複合物，依所加的形式與濃度，會有安定化、膠化、不安定化等效應。

機能性乳品

1. 褪黑色素牛奶：天然富含褪黑激素的牛奶，於夜間榨乳牛隻將生理代謝的褪黑色素傳至分泌的乳汁當中，具有天然、無添加的訴求。

2. 有機乳品（organic milk）：對於乳牛的疾病預防重於治療，不使用化學肥料及除草劑，不使用抗生素，使用非基因改造原料，更永續生長的畜牧業及環境。

3. 含益生菌乳製品：益生菌有Lactobacillus acidophilus、Bifidobacterium、Lactobacillus bulgaricus、Streptococcus thermophilus。A菌（嗜乳酸桿菌）：降血脂、降低陰道念珠菌、減少便秘、調節腸道生理機能、避免腹瀉。B菌（比菲德氏菌）：減少便秘、調節腸道生理機能，避免腹瀉。C菌（酪乳酸桿菌）：抑制過敏物質、調節腸道生理機能，避免腹瀉，養樂多代田菌屬C菌。

4. 乳清飲品：乳清蛋白濃縮物是高品質的蛋白質，比一般蛋白質，有更高的生物價（BV：食物中可以被人體吸收保留的氮之百分比），這也是爲何運動員常食用乳清蛋白濃縮物獨特之處。好的乳清蛋白產品，是完美的並易於添加蛋白質於飲食中。

冰淇淋組織模式圖

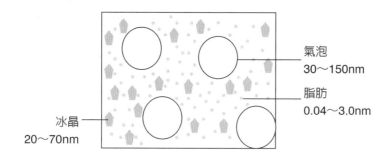

氣泡
30～150nm

脂肪
0.04～3.0nm

冰晶
20～70nm

乳脂冰淇淋與乳化劑

乳脂冰淇淋──CNS6508

> 以牛乳或乳製品為主要原料，加糖、乳化劑、安定劑、香料、色素及其他添加物
> 全固形物：全脂30%以上，低脂28%以上
> 乳脂肪：全脂8%以上，低脂2～8%
> 乳蛋白質：2.6%以上
> 溫度：販賣儲藏及運送-18℃以下
> 生菌數：每公撮3萬個以下
> 大腸桿菌：陰性

乳化劑（emulsifier）

> 形成乳化膠體所需最低乳化劑濃度（critical micellization conc, CMC）乳化劑的脂肪酸，愈長鏈，愈飽和，所需用量越少，便可達到包覆脂肪球的穩定乳化效果。
> Hydrophilic / Lipophilic balance (HLB)，當等於7時，表示乳化劑在水及由衷的溶解度正好相同，數值低於7，越低表示親油性越強。

乳化劑	HLB值
甲基纖維素	10.5
動物膠	9.8
Mono and diglyceride (61～69% total mono)	3.5
Mono and diglyceride (48～52% total mono)	2.8

美國有機食品標示與褪黑激素

美國有機食品標示		褪黑激素	
100% organic（100%有機）	以100%有機原料製造	光暗	光線抑制松果體分泌褪黑激素，黑暗促進之
organic（有機）	以至少95%有機原料製造，其他成分也必須是GMO's	晝夜韻律	晚上入睡血液中褪黑激素濃度為白天的6倍，褪黑激素在血中的濃度與年齡有關，1至3歲濃度最高，隨年紀上升而下降
Made with organic ingredients（以有機原料製造）	以至少70%有機原料製造，其他30%成分至少也必須是非GMO's		

參考文獻

1. 《乳品加工學（第三版）》，林慶文編著，國立編譯館主編，華香園出版社印行。
2. 《乳製品之特性與機能》，林慶文編著，國立編譯館主編，華香園出版社印行。
3. 《牛乳與乳製品》，張勝善編著，長河出版社。

4. *Dairy Science and Technology* (2006), (2nd Ed). P. Walstra, J. T. M. Wouters, T. J. Geurts. F L, USA: CRC Press.
5. *The Technology of Dairy Products* (1992). R. Early (Ed). New York: VCH Publishers, Inc.
6. *Advanced Dairy Science and Technology* (2008). T. J. Britz and R. K. Robinson (Eds). Oxford.

第11章
食品添加物

梁志弘

11-1 食品添加物介紹與定義

食品添加物最初之使用為植物性天然色素及香料，進而利用人工合成方式製造與食物中色、香、味及營養成分相同之物質，將其加入食品中；後隨著食品工業迅速發展，添加物之使用範圍及種類日益增多，目前食品添加物在食品產業扮演非常重要之角色，對其管理益顯更加重要。而近年來國內外爆發之食品安全事件有多起與添加物有關，如2005年英國在產品中發現具有致癌之非法添加物──蘇丹紅1號；2011年塑化劑及2013年毒澱粉事件皆是使用非法之添加物。

食品添加物定義

廣義之食品添加物是指添加於食品中之物質，包括有意及無意添加之物質。無意添加之物質如蔬果殘留之農藥、重金屬及包裝容器之溶出物等，而有意添加物則是刻意加入食品中使其成為食品之一部分或影響食品特性之物質，通常是指法規上所稱之食品添加物。

1. 國內法規定義

依據食品安全衛生管理法第3條，食品添加物係指為食品著色、調味、防腐、漂白、乳化、增加香味、安定品質、促進發酵、增加稠度、強化營養、防止氧化或其他必要目的，加入、接觸於食品之單方或複方物質。

2. 美國法規定義

美國食品藥物管理局（FDA）對食品添加物之定義為「為達特定目的及可預期之效果而刻意添加至食品中之任何物質，其可直接或間接或間接變成食品組成分或影響食品之性質」。

3. 國際食品法典委員會（Codex）定義

食品添加物是指在一般正常情況下不直接當作食物或配料使用，不論其是否具有營養價值，只要在製造、加工調配、包裝、運輸和儲藏等方面之需求而刻意添加之物質，此物質不包括汙染物。

依食品添加物之來源可分為兩大類：

(1) 天然食品添加物：從自然界之天然原料（包括動物、植物及微生物）萃取所得之天然成分，稱為天然食品添加物。

(2) 人工（合成）食品添加物：由實驗室藉由合成、純化等步驟得到該成分，則為合成食品添加物。

小博士解說

國際食品法典委員會（Codex Alimentarius Commission，簡稱CAC，又稱Codex）

國際食品法典委員會（Codex）是聯合國糧食及農業組織（FAO）和世界衛生組織（WHO）於1963年聯合設立的政府間國際組織，專門負責協調政府間的食品標準，建立一套完整的食品國際標準體系。

食品中所含添加物之種類及來源

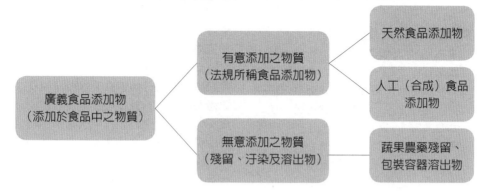

食品添加物之定義

	定義
臺灣	為食品著色、調味、防腐、漂白、乳化、增加香味、安定品質、促進發酵、增加稠度、強化營養、防止氧化或其他必要目的,加入、接觸於食品之單方或複方物質
美國	為達特定目的及可預期之效果而刻意添加至食品中之任何物質,其可直接或間接或間接變成食品組成分或影響食品之性質
食品法典委員會(Codex)	一般正常情況下不直接當作食物或配料使用,不論其是否具有營養價值,只要在製造、加工調配、包裝、運輸和儲藏等方面之需求而刻意添加之物質

✚ 知識補充站

食品添加物與食品配料之差別

	食品添加物	食品配料
天然存在	除天然添加物外,其餘人工添加物因加工需要而合成出來	天然界本來就存在之物
用量	一般較小	較多
單獨存在	不會拿來當食物吃	可拿來當食物吃

11-2 食品添加物之使用歷史及目的

食品添加物之使用歷史

遠古時代人類爲了求生存，會藉由狩獵來獲取食物，當狩獵的食物吃不完後，發現可利用陽光曬乾或鹽漬來保存食物，而用來保存食物的鹽也是一種食品添加物。19世紀以降，由於科學與技術快速進步，特別是化學合成法日益發達，大量多樣「新」物質陸續問世，後發現合成之化學原料可防腐、改良品質或外觀，亦不會發生急性中毒，故便有人使用化學原料來當食品添加物。至20世紀中，一些先進國家衛生機關發現某些化學原料會產生慢性毒性，於是針對食品添加物開始進行管理，規定可使用在食品之添加物種類。日本在1947年制定食品衛生法，允許之食品添加劑只有60種，1957年修改該法，規定化學合成之添加物，若不在指定名單範圍內就不允許添加到食物中。而美國則於1958年通過聯邦食品、藥品和化妝品法（Federal Food, Drug, and Cosmetic Act, FD&C），要求食品添加物在上市前必須通過FDA審批。

食品添加物之使用目的

新鮮之食品原料素材因其蘊含各式各樣之營養成分及水活性較高，故易成爲微生物滋生之營養源；而隨著人口之增加及各國疆土幅員遼闊，當採收下來之大量食材往往無法在短時間送達到消費者中或即時將其利用完，因此便有食品產業之衍生。食品工業存在之主要目的是如何讓食物在採收、加工、儲存及製備之所有過程中，儘可能保留其中之營養素，以提供給消費者食用。而爲了抑制微生物之孳生，避免食物腐敗及營養素被微生物分解而喪失，於是便有添加物之使用；另爲了迎合消費者需要及食品型態之多樣化，目前食品添加物已成爲現代食品工業生產不可或缺之一部分，甚至已發展成獨立之一門產業。

基本上食品添加物在食品工業之使用目的主要有：

1. **防止食品腐敗變質，維持新鮮度**：此類添加物之使用主要是避免微生物孳生，造成食品腐敗品質劣化，甚至引發食物中毒，如添加防腐劑可抑制微生物繁殖而延長保存期限。

2. **食品製造或加工所需**：此類添加物爲加工製造所必需之物或其添加可改善食品之品質，如豆腐製造需加凝固劑、冰淇淋製造需加黏著劑及安定劑。

3. **使食品更具吸引力**：此類添加物之使用主要是爲了吸引消費者購買，相對食品品質及營養價值而言，並不是那麼重要，然這類型之添加物卻是業者最喜愛且用量較多之一類。如添加香料、色素及調味劑以改善食品風味及外觀。

4. **強化或補充營養物質**：在加工過程中添加可強化或提高營養價值，如添加鈣或鐵至食品中以提高其營養價值。

5. **其他**：此類添加物之使用主要是用來分解、中和、脫色、過濾、去除雜質、消泡及萃取等目的所使用之化學藥品或溶劑。

食品添加物之使用歷史

年代	發生問題	解決方式	達成目的
遠古時代	狩獵的食物吃不完	用陽光曬乾或鹽漬可防止食物敗壞	保存食物
19世紀	可用來防腐、改良品質或外觀之物質太少	使用合成之化學原料應用在食品	吃不死且具改善食品功用
20世紀	先進國家發現某些化學原料會產生慢性毒性	開始規定可使用在食品之添加物種	建立食品添加物管理規則

食品添加物之使用目的

使用目的	代表性食品添加物種類	範例
防止食品腐敗變質，維持新鮮度	防腐劑、殺菌劑、抗氧化劑	己二烯酸、苯甲酸、次氯酸鈉、BHA和BHT等
食品製造或加工所需	膨脹劑、黏著劑、結著劑、乳化劑、品質改良、釀造及食品製造用劑	碳酸鹽類、鹿角菜膠、磷酸鹽類、硬脂酸鎂及硫酸鈣等
使食品更具吸引力	漂白劑、保色劑、著色劑、香料、調味劑、甜味劑	乙酸乙酯、桂皮醛、藍色1號、蘋果酸、糖精、亞硝酸鹽及亞硫酸鹽等
強化或補充營養物質	營養添加劑	維生素、胺基酸和礦物質等
其他	食品工業用化學藥品、溶劑、其他	酸、鹼、離子交換樹脂、己烷、丙酮、矽樹脂及矽藻土等

11-3 食品添加物之安全性評估

毒物學之父帕拉賽瑟斯（Paracelsus）曾說所有的物質都有毒，世界上沒有不毒的物質。物質之有害或無害取決於劑量，亦即毒害主要爲劑量過高所致。故食品添加物也都具有毒性，其攝食後對人體的影響和毒性也與攝食劑量有莫大關係；因此，每一種合法食品添加物會依其安全性評估規定其使用之限量，及其可使用之食品種類。

一項合法添加物是如何誕生的？目前世界各國大都採世界衛生組織和聯合國農糧組織（WHO/FAO）所公告之「使用化學物質爲食品添加物時之安全性確認法」，包括基本試驗資料和毒性試驗資料。基本試驗資料主要是每日攝取量預估、代謝、吸收、排泄、分布、蓄積和對人體機能的影響等資料；而毒性試驗則包括急性毒性、亞急性毒性、慢性毒性、致癌性、致突變性、畸胎性和繁殖試驗等評估。依據此這些資料進行綜合性評估，訂出每日容許量（ADI），亦即食品添加物之使用限量。

訂出每日容許量

毒性試驗是食品添加物安全性評估非常重要之環節，一般毒性試驗主要包括急性毒性、亞急性毒性、慢性毒性及特殊性試驗（致癌性、致突變性、畸胎性和繁殖試驗等）。而急性毒性試驗通常以半致死劑量（LD_{50}）來表示，主要是測試試驗物質經單一劑量餵食後對生物體之急毒性影響，由結果統計分析，可繪成劑量和反應關係曲線，進而計算出LD_{50}。

慢性毒性試驗則將試驗物質少量餵食動物，長期觀察對動物的生殖及遺傳沒有影響，並觀察是否會引起癌症。主要目的是測試試驗物質經長期重覆給予後對生物體可能產生之毒性影響。慢毒性試驗結果，可得無毒害作用劑量（NO-AEL），通常單位爲mg/kg；而NOAEL必需再乘上安全係數(1/100～1/500)後，便可求得添加物之每日容許攝取量（ADI）。

由國民營養調查可得知消費者對各種食品之平均攝取量，再乘上攝取係數（2～10），便可求得消費者對某種食品之最大攝取量，然後再乘上某特定食品添加物之添加百分率，便可計算出被攝食之添加物量爲多少？而此用量必需小於ADI。

小博士解說

1. **半致死劑量**（half of lethal dose, LD_{50}）
單次試驗物質投予後所求得半數試驗動物致死劑量，用來評估急毒性試驗，當半致死量的值越小，代表毒性越大；數值越大，則表示毒性越小。

2. **NOAEL**（no observed adverse effect level，**無毒害作用劑量值**）
試驗結果雖與對照組有差異，但仍落在正常生理值範圍內，故對身體不會產生明顯毒害影響。

食品添加物安全性綜合評估

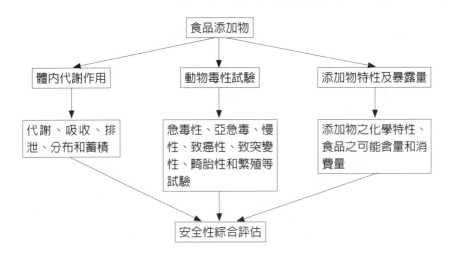

食品添加物攝取限量訂定

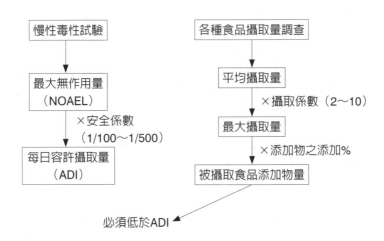

➕ 知識補充站

ADI（每日容許攝取量）與健康風險關係

ADI是指人長期攝食某物（或食品添加物）也不會產生危害之含量，故只要攝食該物質不要超過ADI，應不至於會產生健康風險；但若攝食該物質超過ADI，則可能產生健康風險。

11-4 臺灣食品添加物之管理

《食品安全衛生管理法》第18條明定食品所使用之食品添加物，經中央主管機關（行政院衛生福利部）公告指定之添加物品項，應符合「食品添加物使用範圍及限量暨規格標準」。此法條揭櫫台灣對食品添加物之管理是採正面表列制，各類食品添加物之品名、使用範圍、限量及規格，均應符合表列規定，非表列之食品品項，不得使用各該食品添加物。而廠商要販售則需遵守第21條規定，經公告指定之食品添加物，廠商需先申請查驗登記，取得許可證後才可進行製造、加工、調配、改裝、輸入或輸出。此外，進口之食品添加物則遵守第30條規定，需向中央主管機關申請查驗並申報其產品有關資訊。

在標示方面，第22條要求食品必須將所使用之食品添加物標示出來；而第24條則要求各類食品添加物之容器或外包裝，需以中文標示相關事項，包括：(1)品名及「食品添加物」字樣；(2)食品添加物名稱；其為二種以上混合物時，應分別標明；(3)淨重、容量或數量；(4)製造廠商或國內負責廠商名稱、電話號碼及地址；(5)有效日期；(6)使用範圍、用量標準及使用限制；(7)原產地（國）；(8)含基因改造食品添加物之原料；(9)其他經中央主管機關公告之事項。

在工廠之建築與設備方面，「食品良好衛生規範準則」所規範之食品業者，包括從事食品或食品添加物之製造、加工、調配、包裝、運送、儲存、販賣、輸入及輸等業者。另食品添加物檢驗方面需遵守之事項，則在《食品安全衛生管理法》第37條中規定，食品添加物之檢驗由各級主管機關或委任、委託經認可之相關機關（構）、法人或團體辦理；另第38條則規定食品添加物使用之檢驗方法，需經食品檢驗方法諮議會諮議，由中央主管機關定之；未定檢驗方法者，得依國際間認可之方法為之。

上述針對食品添加物之相關規定，若未遵守，則另有罰則處分，如第47條第7款乃針對食品添加物未經查驗登記而逕行製造、加工、調配、改裝、輸入或輸出，及未依相關規定（第22和24條）標示，皆處新臺幣三萬元以上三百萬元以下罰鍰；情節重大者，並得命其歇業、停業一定期間、廢止其公司、商業、工廠之全部或部分登記事項，或食品業者之登錄；另同條第13款進口之食品添加物未辦理輸入產品資訊申報，或申報之資訊不實，亦同上述之處分。

此外，第48條第5款則針對違反食品添加物規格及其使用範圍、限量規定之業者，命限期改正，屆期不改正者，處新臺幣三萬元以上三百萬元以下罰鍰；情節重大者，並得命其歇業、停業一定期間、廢止其公司、商業、工廠之全部或部分登記事項，或食品業者之登錄。此外，第49條第1款則針對添加未經中央主管機關許可之添加物，處五年以下有期徒刑、拘役或科或併科新臺幣八百萬元以下罰金。

食品添加物相關法令規定

食品安全衛生管理法	
第3條	食品添加物之定義
第8條	食品良好衛生規範
第11條	衛生管理人員
第15條第10款	食品添加物之禁止事項
第18條	食品添加物之品名、規格及其使用範圍、限量標準
第21條	食品添加物之查驗登記
第22條	食品中添加物之標示
第24條	各類食品添加物容器或外包裝之標示
第30條	輸入食品添加物之查驗申報
第37&38條	食品添加物之檢驗
第47條第7款	違反食品添加物查驗登記規定及其標示規定之罰則、
第47條第13款	進口食品添加物未辦理產品資訊申報或申報資訊不實之罰則
第48條	違反食品添加物品名、規格及其使用範圍、限量標準規定之罰則
第49條	違反食品添加物禁止事項之罰則
食品添加物使用範圍及限量暨規格標準	
第2條	食品添加物之品名、使用範圍及限量規定（正面表列）
第3條	食品添加物之規格標準
食品添加物查驗登記相關規定	
查驗登記申請書、製售工廠證明文件、製造商授權販售證明文件、產品成分含量表、產品規格表、檢驗結果及檢驗方法和各個原料之來源證明文件等	
食品良好衛生規範準則	
第2條	食品添加物工廠之建築與設備除應符合本準則之規定外，並應符合食品工廠之設廠標準

＋ 知識補充站

食品添加物登錄及查驗登記

103年4月24日衛生福利部公告食品添加物業者應辦理登錄，適用對象包括所有食品添加物製造、加工、輸入及販售業者；另亦公告「製造、加工、調配、改裝、輸入或輸出『食品添加物使用範圍及限量暨規格標準』收載之單方食品添加物（香料除外），應辦理查驗登記。

食品添加物工廠設置

食品安全衛生管理法第10條第3項：「食品或食品添加物之工廠應單獨設立，不得於同一廠址及廠房同時從事非食品之製造、加工及調配。」

11-5 臺灣食品添加物之分類及其主要功能

依據衛生福利部發布之「食品添加物使用範圍及限量暨規格標準」，國內食品添加物依其用途分為18類，包括防腐劑有24個品項、殺菌劑有4個品項、抗氧化劑有26個品項、漂白劑有9個品項、保色劑有4個品項、膨脹劑有14個品項、品質改良用、釀造用及食品製造用劑有96個品項、營養添加劑有319個品項、著色劑有39個品項、香料有90個品項、調味劑有33個品項、甜味劑有25個品項、黏稠劑有43個品項、結著劑有16個品項、食品工業用化學藥品有10個品項、溶劑有7個品項、乳化劑有30個品項、其他類有19個品項，合計共765個品項。

各類食品添加物之主要功能

第一類防腐劑之主要功能為抑制或減緩微生物生長、延長保存期限，但無法將微生物完全殺死。第二類殺菌劑之主要功能為殺滅微生物，故具有殺菌和消毒功用。第三類抗氧化劑之主要功能為防止食品氧化造成之變質，特別是含不飽和脂肪酸之油脂易自氧化而酸敗產生異味。第四類漂白劑之主要功能為將不良之顏色去除，以增加食品美觀。第五類保色劑之主要功能為將食品中之色素固定或發色，以保持食品的顏色。第六類膨脹劑之主要功能為產生氣體使食品體積膨脹，產生多孔性組織，口感較佳且柔軟，可增加消化吸收。

第七類品質改良用、釀造用及食品製造用劑之主要功能為可改變食品之化性或物性、增加食品品質或提高釀造率。第八類營養添加劑之主要功能為補足或強化食品之營養成分，因營養成分可能會因加工過程而流失。第九類著色劑之主要功能為增加顏色或食物美觀，因食品之顏色是影響消費者喜好的因素之一。第十類香料之主要功能為加強食品原有之香氣和風味，此類之添加物亦是影響消費者喜好的因素之一。第十一類調味劑之主要功能為賦予食品特別之味道，包括酸味、鹹味和鮮味等。第十一之一類甜味劑之主要功能為賦予食品之甜味，以增加其嗜好性。

第十二類黏稠劑又稱為糊料，其主要功能為改良食品物性、黏稠感及黏性。第十三類結著劑之主要功能為增加食品之黏性（結著性）及保水性，如用在肉製品，可增強肉組織之結合性。第十四類食品工業用化學藥品之主要功能為用以分解、中和、脫色、過濾及去除雜質。第十五類溶劑之主要功能為萃取食品成分用。第十六類乳化劑之主要功能為使食品中水溶性及油溶性成分互相混合，使其成為均勻且安定之乳化液，又稱為界面活性劑。第十七類其他是指無法歸類者，包括消泡劑、吸附劑、助濾及抗結塊劑等。

合法之食品添加物多少具有一些毒性，因此攝取後對人體之影響應從其毒性與攝取量兩方面來加以判定，每一種食品添加物需經安全性評估後，再乘以安全係數而得出每日限制攝取量，這也是訂定食品添加物使用範圍（可以使用之食品種類）及用量標準（使用限量）之用意，故業者需遵循相關之規定，以保障消費者之健康。

臺灣食品添加物之分類及其主要功能

類別	名稱	功能	品項
一	防腐劑	抑制或減緩微生物生長、延長保存期限	己二烯酸、己二烯酸鉀、己二烯酸鈉和丙酸鈣等24項
二	殺菌劑	殺滅微生物，具殺菌和消毒功用	氯化石灰、次氯酸鈉、過氧化氫和二氧化氯等4項
三	抗氧化劑	防止食品氧化造成之變質	BHT、BHA、L-抗壞血酸和L-抗壞血酸鈉等26項
四	漂白劑	將不良之顏色去除，增加食品美觀	亞硫酸鉀、亞硫酸鈉、無水亞硫酸鈉和亞硫酸氫鈉等9項
五	保色劑	將食品中之色素固定或發色，保持食品的顏色	亞硝酸鉀、亞硝酸鈉、硝酸鉀和硝酸鈉等4項
六	膨脹劑	產生氣體使體積膨脹，以增加消化效果	鉀明礬、鈉明礬、燒鉀明礬和銨明礬等14項
七	品質改良、釀造及食品製造用劑	改變食品之化性或物性、增加食品品質或提高釀造率	氯化鈣、氫氧化鈣、硫酸鈣和葡萄糖酸鈣等96項
八	營養添加劑	補足或強化食品之營養成分	核黃素、抗壞血酸、膽鈣化醇和生育醇等319項
九	著色劑	增加顏色或食物美觀	紅色六號、紅色七號、黃色四號和黃色五號等39項
十	香料	加強食品原有之香氣和風味	乙酸乙酯、乙酸丁酯、乙酸苯乙酯和乙酸桂皮酯等90項
十一	調味劑	賦予食品特別之味道，包括酸味、鹹味和鮮味等	L-天門冬酸鈉、反丁烯二酸、檸檬酸和檸檬酸鈉等33項
十一之一	甜味劑	賦予食品之甜味，以增加其嗜好性	D-山梨醇、D-木醣醇、甘草素和甘草酸鈉等25項
十二	黏稠劑	改良食品物性、黏稠感及黏性	海藻酸鈉、海藻酸丙二醇、乾酪素和乾酪素鈉等43項
十三	結著劑	增加黏性(結著性)及保水性	焦磷酸鉀、焦磷酸鈉、無水焦磷酸鈉和多磷酸鉀等16項
十四	食品工業用化學藥品	用以分解、中和、脫色、過濾及去除雜質	氫氧化鈉、氫氧化鉀、鹽酸和硫酸等10項
十五	溶劑	萃取食品成分用	丙二醇、甘油、己烷和異丙醇等7項
十六	乳化劑	使食品中水溶性及油溶性成分互相混合	脂肪酸甘油酯、乳酸甘油酯、磷酸甘油酯和磷脂酸銨等30項
十七	其他	無法歸類者	矽樹酯和矽藻土等19項

11-6 防止食品腐敗變質，維持新鮮度目的之各類食品添加物介紹

在12-2依添加物之使用目的，粗略將其分為五大類型，包括：(1)防止食品腐敗變質，維持新鮮度；(2)加工或製備所需；(3)使食品更具吸引力；(4)強化或補充營養物質；(5)其他。而各類型之代表性添加物將分四個小節來加以介紹。

本節所介紹之添加物主要是要防止食品腐敗變質及維持新鮮度，包括防腐劑、殺菌劑和抗氧化劑；而這一類之添加物，若有天然物是最好，若無建議還是添加人工合成物，以避免更大危害發生之風險。

1. 防腐劑

食品運輸期間的保存及為了延長上架之陳列時限，有時不得不使用防腐劑；雖然只會抑制微生物生長並不會殺菌，但若不使用防腐劑，可能過不了幾天，微生物可能會增殖，因此，我們寧可使用防腐劑，因為有些微生物產生之毒素，可能更強烈，不用反而對身體危害更大，況且有些防腐劑人體可以代謝的。

常見之防腐劑包括己二烯酸類、苯甲酸類、對羥苯甲酸類、丙酸類、醋酸類及微生物產物（為天然防腐劑）等。各類防腐劑可使用在哪些食品及其用量限制，均需遵守衛生福利部公告之「食品添加物使用範圍及限量暨規格標準」規定。此外，需特別注意罐頭一律禁止使用防腐劑，但因原料加工或製造技術關係，必須加入防腐劑者，應事先申請中央衛生主管機關核准後，始得使用。

2. 殺菌劑

殺菌劑可在短時間內，將微生物殺死，可防止傳染病，具有殺菌、漂白、消毒、脫臭等功用；殺菌劑比防腐劑殺菌力強，但添加於食品時會與食品之成分反應而分解，故較少添加於食品內，其主要大多用於飲用水、食品用具、容器及環境之殺菌消毒，以防止微生物汙染。

常用之殺菌劑包括含氯化合物系列和過氧化氫（雙氧水），含氯化合物系列具有強氧化能力，殺菌及漂白效果強，如氯化石灰（漂白粉，次氯酸鈣）、次氯酸鈉液、二氧化氯；而過氧化氫為無色透明液體，具強氧化還原作用，常用於魚肉煉製品，如魚丸、魚糕（竹輪）及甜不辣等。

3. 抗氧化劑

食品變質主要是由微生物作用或因化學反應而引起變質，前者可使用殺菌劑或防腐劑來防止，而後者最主要是氧化酸敗，可使用抗氧化劑。食品常添加抗氧化劑來抑制或延緩氧化作用，以延長產品保存期限及避免營養價值降低。

常用之抗氧化劑包括抗壞血酸系列、生育醇系列、酚類衍生物及亞硫酸鹽類等，其中抗壞血酸及生育醇為天然抗氧化劑，其他則為人工抗氧化劑。人工抗氧化劑因具穩定性高、便宜和易利用等優點，故業者普遍使用此類，其中以丁基羥基甲氧苯（BHA）、二丁基羥基甲苯（BHT）、第三丁基氫醌（TBHQ）等最常使用。

防止食品腐敗變質，維持新鮮度目的之各類食品添加物

	常見種類	品項	可添加使用之食品
防腐劑	己二烯酸類	己二烯酸（山梨酸）、己二烯酸鉀、己二烯酸鈉、己二烯酸鈣	魚肉煉製品、肉製品、豆類製品、調味料、魚貝類乾製品、海藻醬類、乳製品、糖漬果實類、醃漬蔬菜、脫水水果、糕餅、果醬、飲料等
	苯甲酸類	苯甲酸（安息香酸）、苯甲酸鉀、苯甲酸鈉	
	對羥苯甲酸類	對羥苯甲酸乙酯、對羥苯甲酸丙酯、對羥苯甲酸丁酯、對羥苯甲酸異丙酯、對羥苯甲酸異丁酯	豆類製品、調味料、及不含碳酸的飲料、鮮果、果菜外皮等
	丙酸類	丙酸、丙酸鈣、丙酸鈉	烘焙食品、糕餅、麵包
	醋酸類	去水醋酸、去水醋酸鈉	乾酪、乳酪、奶油及人造奶油
	微生物產物（天然防腐劑）	乳酸鏈球菌素、鏈黴菌素	乳酸鏈球菌素—乾酪及其加工製品 鏈黴菌素——乾酪及經醃漬、乾燥而未加熱處理之加工禽畜肉製品
殺菌劑	含氯化合物系列	氯化石灰（漂白粉，次氯酸鈣）、次氯酸鈉液、二氧化氯	飲用水及食品用水
	過氧化氫		魚肉煉製品、除麵粉及其製品以外之其他食品
抗氧化劑	抗壞血酸系列	L-抗壞血酸（鈉）、L-異抗壞血酸（鈉）、L-抗壞血酸硬脂酸酯及L-抗壞血酸棕櫚酸酯等	各類食品
	生育醇系列	生育醇、混合濃縮生育醇、濃縮 d-α-生育醇等	各類食品
	酚類衍生物	丁基羥基甲氧苯（BHA）、二丁基羥基甲苯（BHT）、第三丁基氫醌（TBHQ）等	冷凍魚貝類、口香糖、油脂、乳酪、奶油、魚貝類乾製品及鹽製品、脫水馬鈴薯片、膠囊及錠狀食品等
	亞硫酸鹽類	亞硫酸鉀、亞硫酸鈉、亞硫酸氫鈉、低亞硫酸鈉、偏亞硫酸氫鉀、亞硫酸氫鉀等	脫水蔬菜、脫水水果、動物膠、糖蜜、糖飴、水果酒、澱粉、糖漬果實、蝦類及貝類

11-7 食品製造或加工所需之各類食品添加物介紹

為了此目的而使用之食品添加物包括膨脹劑、黏稠劑、結著劑、乳化劑、品質改良、釀造及食品製造用劑等，各類特性及用途分述如下：

1.膨脹劑

在製造麵包或糕餅時，如需要增加消化效果及提高口味，將組織膨脹是其中主要之一種方法，包括可利用天然酵母菌醱酵及化學膨脹劑兩種，使其產生氣體以達膨發效果。常用之膨脹劑有明礬、碳酸鹽類及合成膨脹劑。

2.黏稠劑

因可增加食品之黏稠性，故稱為黏稠劑。其主要目的是增加食品黏性，改良食品之物性及觸感；果醬有黏性因本身含有果膠，而蕃茄汁因固形物較重，會沈澱下來而形成上下兩層，故通常亦會添加黏稠劑，使其呈懸浮狀。黏稠劑有時亦稱為安定劑，可防止冰晶生成及保持其形狀之效果；如冰淇淋中加入膠質物可防止大冰晶之形成，因膠質物具有吸收多量水分之性質。常見之黏稠劑有天然膠體、纖維素衍生物及修飾澱粉等。

3.結著劑

一般肉及魚肉煉製品在混合攪拌或擂潰時，會添加結著劑將鹽溶性蛋白質溶解出而增加其黏性（結著性），而溶解出來之鹽溶性蛋白質加熱後會變性，而使產品富有彈性及脆性，如貢丸及魚丸之製作。常見之結著劑有磷酸鹽、焦磷酸鹽、偏磷酸鹽及多磷酸鹽等。

4.乳化劑

亦稱為表面活性劑，一端為親水端，一端為親油端，其主要功用降低二液體之表面張力，使其易混和在一起，在食品加工中，常見水及油兩種不互溶之液體，可使用乳化劑，使其相互混和，形成穩定的乳化狀態，如冰淇淋及沙拉醬等。在食品內之作用是為了避免使水溶性及油溶性成分互相溶合，不會因食品放置過久後，食物內出現上下兩層溶液。

5.品質改良、釀造及食品製造用劑

此類添加物主要功能可改良加工食品之品質、幫助釀造及有助食品之製造，如醬菜或醃漬蔬菜可添加氯化鈣增加脆度；糖果可添加硬脂酸鎂以增加其光澤；矽藻土和白陶土可作為過濾助劑；硫酸銨可促進麵糰中酵母菌之發育，進而縮短時間；磷酸二氫銨（氫二銨、二氫鉀、氫二鉀）可促進酵母菌之生長及醱酵；豆腐及豆花製作需添加含鈣化合物。常用之品質改良、釀造及食品製造用劑包括含鈣化合物、碳酸鹽類、硫酸鹽類、磷酸鹽類、蠟類及糖醇類等。

食品製造或加工所需之各類食品添加物

	常見種類	品項	可添加使用之食品
膨脹劑	碳酸鹽類	碳酸氫鈉、碳酸銨、碳酸氫銨、碳酸鉀	1.可用於各類食品，視實際需適量使用 2.限於食品製造或加工必須時使用
	明礬類	鉀明礬、鈉明礬、銨明礬、燒鉀明礬、燒鈉明礬等	
	其他	氯化銨、酒石酸氫鉀、酸式磷酸鋁鈉、合成膨脹劑等	
黏稠劑	天然膠體	鹿角菜膠、玉米糖膠、海藻酸、卡德蘭膠、結蘭膠等	可用於各類食品，視實際需要適量使用
	甲或丙基纖維素衍生物	甲基纖維素、羧甲基纖維素鈉、羧甲基纖維素鈣、羥丙基纖維素等	可用於各類食品，需遵守用量規定
	乙基纖維素衍生物	乙基纖維素、乙基羥乙基纖維素等	膠囊狀、錠狀食品中視實際需要適量使用
	修飾澱粉	醋酸澱粉、磷酸澱粉、氧化澱粉、羥丙基澱粉等	可用於各類食品，需遵守用量規定
結著劑	磷酸鹽類	磷酸鈉（鉀）、焦磷酸鈉（鉀）、偏磷酸鈉（鉀）、多磷酸鈉（鉀）、磷酸氫二鈉（鉀）等	1.肉製品及魚肉煉製品，需遵守用量規定 2.限於食品製造或加工必需時使用
乳化劑	脂肪酸酯類	脂肪酸甘油酯、脂肪酸蔗糖酯、脂肪酸丙二醇酯等	可用於各類食品，視實際需要適量使用
	酸甘油酯類	檸檬酸、酒石酸、乳酸、磷酸及琥珀酸等甘油酯	
品質改良、釀造及食品製造用劑	含鈣化合物	氯化鈣、氫氧化鈣、葡萄糖酸鈣、檸檬酸鈣、乳酸鈣等	可用於各類食品，需遵守用量規定
	碳酸鹽類	碳酸鈣、碳酸銨、碳酸鉀、碳酸鈉、碳酸鎂等	碳酸鈣──口香糖及泡泡糖 其他可用於各類食品，需遵守用量規定
	硫酸鹽類	硫酸銨、硫酸鈉、硫酸鎂、硫酸鋁等	可用於各類食品，視實際需要適量使用
	磷酸鹽類	磷酸鈉（鉀）、偏磷酸鈉（鉀）、多磷酸鈉（鉀）等	可用於各類食品，需遵守用量規定
	蠟類	石油蠟、米糠蠟、棕櫚蠟等	石油蠟、米糠蠟──口香糖、泡泡糖 棕櫚蠟──糖果、膠囊狀、錠狀食品
	糖醇類	D-山梨醇、D-木醣醇、D-甘露醇、麥芽糖醇等	可用於各類食品，視實際需要適量使用
	其他	皂土、矽藻土、滑石粉等	需遵守使用範圍及用量規定

11-8 增加食品吸引力目的之各類食品添加物介紹

為了此目的而使用之食品添加物包括漂白劑、保色劑、著色劑、香料、調味劑、甜味劑等，各類特性及用途分述如下：

1. 漂白劑

目前「食品添加物使用範圍及限量暨規格標準」公告之漂白劑共有9種，包括8種亞硫酸鹽及過氧化苯甲醯，可將食品含有之色素及發色物質變為無色或抑制褐變及焦化反應而將不良之顏色去除。如一些乾果及蜜餞會產生褐色，可使用漂白劑除去褐色。

2. 保色劑

保色劑本身沒有顏色，添加後可將食品中之色素固定或發色，改善、增進或保持食品的色澤，另可使食品具有特殊風味，如香腸或臘肉添加保色劑，除可使產品保持紅色外，另可賦予其特殊風味。

3. 著色劑

著色劑本身具有顏色，與保色劑不同，俗稱食用色素。食物之顏色是刺激人們視覺非常重要之元素，著色劑可提供產品顏色，增加食品吸引力，促進消費者購買慾望。

4. 香料

香料之主要功用有：(1)加強原來之香味：有些香味於加工時，會失去原有風味，此時可添加予以彌補。(2)去除原來之味道：對不喜歡之味道，可加之以去除如羊腥味。(3)增加食品魅力：食品若沒有香味，可能會提不起食慾。因此，香料可賦予食品多樣化之味道及香味。

5. 調味劑

配合各種食品之嗜好性而添加之物以改良口味、增加食慾。調味劑主要有酸味劑和鮮味劑。酸味劑如醋酸、檸檬酸、酒石酸及蘋果酸等；鮮味劑則有三類，一類為胺基酸類如L-麩酸及L-麩酸鈉（味精）；另一類為核苷酸類如5'-鳥嘌呤核苷磷酸二鈉及5'-次黃嘌呤核苷磷酸二鈉，柴魚之鮮味即為此類；第三類為有機酸類如琥珀酸單鈉及琥珀酸雙鈉，此為貝類之鮮味來源。

6. 甜味劑

甜味劑可分為營養性及非營養性甜味劑，營養性甜味劑經人體攝取吸收代謝後會產生能量，如D-山梨醇、D-木醣醇及D-甘露糖等；非營養性甜味劑無法被人體代謝產生能量且其甜度非常高，如糖精、甘草素、阿斯巴甜、蔗糖素。

增加食品吸引力目的之各類食品添加物

	常見種類	品項	可添加使用之食品
漂白劑	亞硫酸鹽類	亞硫酸鈉（鉀）、亞硫酸氫鈉（鉀）、偏亞硫酸氫鈉（鉀）、低亞硫酸鈉等	1.用於金針乾品、杏乾、白葡萄乾、動物膠、脫水蔬果、糖蜜、糖飴、樹薯澱粉、糖漬果實、蝦、貝、蒟蒻等，需遵守用量規定 2.上述以外之其他食品，需遵守用量規定；但飲料、麵粉及其製品不得使用
	過氧化苯甲醯		乳清及乾酪之加工，需遵守用量規定
保色劑	亞硝酸鹽	亞硝酸鉀、亞硝酸鈉	1.用於肉製品、魚肉製品、鮭魚卵製品及鱈魚卵製品等，需遵守用量規定 2.生鮮肉、生鮮魚肉及生鮮魚卵不得使用
	硝酸鹽	硝酸鉀、硝酸鈉	
著色劑	天然色素	β-葫蘿蔔素、蟲漆酸、核黃素及葉黃素等	1.β-葫蘿蔔素、蟲漆酸──各類食品 2.核黃素──嬰兒食品及飲料；營養麵粉及其他食品 3.葉黃素──調味醬、糕餅、芥末、魚卵、蜜餞、糖漬蔬菜、冰品、點心、不含酒精飲料、乾酪、魚肉煉製品、水產品漿料、素肉、燻魚、特殊營養品等
	人工合成色素	藍色1&2號、綠色3號、黃色4&5號、紅色6&7號等	用於各類食品，視實際需要適量使用
	焦糖色素	普通焦糖、亞硫酸鹽焦糖、銨鹽焦糖、亞硫酸-銨鹽焦糖	1.普通&亞硫酸鹽焦糖──各類食品 2.銨鹽&亞硫酸-銨鹽焦糖──用於多項食品，需遵守使用範圍及用量規定
香料	酯類	乙酸乙酯、乙酸丁酯等	1.用於各類食品，視實際需要適量使用 2.部分香料（如松薯酸、蘆薈素、香豆素等）用於飲料需符合規定之限量標準
	醇和酸類	丁香醇、丁酸、苯甲醇等	
	醛和酮類	辛醛、香茅醛、苯乙酮等	
調味劑	酸味劑	檸檬酸、酒石酸、乳酸等	1.大多可用於各類食品，需適量使用 2.限於食品製造或加工必需時使用，另咖啡因及茶胺酸僅限做調味劑 3.磷酸──可樂及茶類飲料；用量為0.6g/kg 4.咖啡因──飲料；用量為320mg/kg以下 5.茶胺酸──用於各類食品；用量為1g/kg
	鮮味劑	胺基酸類-L-麩酸、L-麩酸鈉	
		核苷酸類-5'-鳥嘌呤核苷磷酸二鈉	
		有機酸類-琥珀酸單鈉	
	其他	咖啡因、茶胺酸等	
甜味劑	營養性甜味劑	D-山梨醇、D-木醣醇等	各類食品（嬰兒食品除外），需適量使用
	非營養性甜味劑	甘草素、阿斯巴甜、索馬甜、蔗糖素、紐甜	各類食品；甘草素不得用於代糖錠劑及粉末；蔗糖素與紐甜於特殊營養食品需先獲准
		糖精及其鈉鹽、環己基磺醯胺酸鈉或鈣等	用於瓜子、蜜餞、梅粉、碳酸飲料、代糖錠劑及粉末、特殊營養品、膠囊、錠劑及液態膳食補充品；需遵守用量規定

11-9 強化或補充營養物質及其他目的之各類食品添加物介紹

為了此目的而使用之食品添加物包括營養添加劑、食品工業用化學藥品、溶劑、其他等，各類特性及用途分述如下：

1. 營養添加劑

一般而言，食物本身可能含有各種營養成分，透過適當之飲食即可獲得所需要之營養素，但有些食品在調理加工或保存過程中會造成營養素損失；此外，有些天然食物可能缺乏某部分營養成分或含量不足，皆可藉由添加營養劑來補強或增加其營養價值。常見之營養添加劑包括維生素、礦物質（無機鹽類）及胺基酸；如為了預防甲狀腺腫，食鹽中會加入碘；穀物製品常會添加維生素B群和鐵；另牛奶中有時會添加維生素D；這些都是營養添加劑。

2. 食品工業用化學藥品

食品工業用化學藥品主要是作為加工助劑之用，如食品加工過程之分解、中和、消泡、過濾、吸附及除去雜質等目的而使用。常用之化學藥品有酸類、鹼類及離子交換樹酯等，包括氫氧化鈉、氫氧化鉀、鹽酸、硫酸、草酸及離子交換樹脂等。目前法規對此類化學藥品之使用範圍及限量並無特別規定，但要求在最後製品完成前必須中和或加以去除。

3. 溶劑

溶劑用於加工過程，主要是作為保溼、軟化及食用油脂、香辛料精油和色素萃取用。一般可分為可食用和不可食用之溶劑，可食用溶劑包括丙二醇、甘油、三乙酸甘油酯等，除三乙酸甘油酯僅用於口香糖外，丙二醇和甘油可用於各類食品，使用量視實際需要適量添加。不可食用溶劑則包括己烷、異丙醇、丙酮、乙酸乙酯等。己烷可用於油脂及甘蔗蠟質之萃取，但終產品不得殘留；另可用於香辛料精油及啤酒花成分萃取，但殘留量分別為25ppm及2.2%以下。異丙醇可用於香辛料精油樹酯、檸檬油及啤酒花抽出物，殘留量分別為50ppm、6ppm及2.0%以下。丙酮可用於香辛料精油萃取，殘留量為30ppm以下；另用於其他食品則不得殘留。乙酸乙酯可用於食用天然色素之萃取，但終產品不得殘留。

4. 其他

此類添加物為無法歸類至前十七類之食品添加物，主要用於食品加工和原料處理過程，會有助於食品之加工操作。如醬油、酒和醋釀造過程容易起泡，可加入矽樹脂作為消泡劑；另矽藻土、單寧酸和合成矽酸鎂等可吸附溶液中之雜質，有助於過濾。

強化或補充營養物質及其他目的之各類食品添加物

	常見種類	品項	可添加使用之食品
營養添加劑	維生素	維生素A、C、D、E及維生素B$_1$、B$_2$、B$_6$、B$_{12}$等	1.限於補充食品中不足之營養素時使用 2.需遵守用量規定 3.金雀異黃酮須加標「孩童、嬰幼兒、孕婦及哺乳婦女不宜食用」之警語 4.3–羥基–3–甲基丁酸鈣不適宜孕婦及未滿18歲者食用 5.乙烯二胺四醋酸鐵鈉及亞鐵磷酸銨尚未准予用於嬰兒（輔助）食品
	礦物質	氧化鈣、氧化鐵、氧化鋅、磷酸鎂、氯化錳等	
	胺基酸	L-色胺酸、L-精氨酸、L-組氨酸、L-天門冬酸等	
	其他	葉黃素、β-胡蘿蔔素、金雀異黃酮等	
食品工業用化學藥品	酸類	氫氧化鈉及其溶液、氫氧化鉀及其溶液等	1.用於各類食品，視實際需要適量使用 2.最後製品完成前必須中和或去除
	鹼類	鹽酸、硫酸、草酸等	
	離子交換樹脂		
溶劑	可食用之溶劑	丙二醇、甘油、三乙酸甘油酯等	1.丙二醇及甘油──可用於各類食品，視實際需要適量使用 2.三乙酸甘油酯──可用於口香糖，視實際需要適量使用
	不可食用之溶劑	己烷、異丙醇、丙酮、乙酸乙酯等	1.己烷──可用於油脂及甘蔗蠟質之萃取，但終產品不得殘留；另可用於香辛料精油及啤酒花之萃取，殘留量需符合規定 2.異丙醇──可用於香辛料精油樹酯、檸檬油及啤酒花抽出物，殘留量需符合規定 3.丙酮──用於香辛料精油萃取，殘留量需符合規定；另用於其他食品則不得殘留 4.乙酸乙酯──可用於食用天然色素之萃取，但終產品不得殘留
其他	胡椒基丁醚、矽樹脂、矽藻土、酵素製劑等		需遵守使用範圍及用量規定

11-10 使用食品添加物可能違規之處

現代食物，越是加工得精緻的食物，越是少不了食品添加物，食品添加物已成為食品工業非常重要之一環。一些不肖業者為了節省成本和增加產品賣相，濫用非法食品添加物。一般使用食品添加物常見違規事項，包括下列幾種：

1. 非法添加物

臺灣對食品添加物之管理是採正面表列制，各類食品添加物之品名、使用範圍、限量及規格，均需符合表列規定；故國外核准之食品添加物，在臺灣未必合法。常見的非法食品添加物下列幾種：

(1) 硼砂：可增加食品的彈性與脆度，常使用於鹼粽、燒餅、油條、魚丸及油麵等。

(2) 螢光增白劑：可使食物呈現較賣相之白色，常使用於吻仔魚、魚丸及洋菇等。

(3) 工業色素：具效果佳且不易退色，常使用於糖果、黃蘿蔔、黃豆製品、肉鬆等。

(4) 非法人工甘味劑：如甘精，常使用於蜜餞類食品。

(5) 吊白塊：是非法之漂白劑，效果非常好，常使用於潤餅皮、米粉、蘿蔔乾等。

2. 規格標準不符

此類違規與非法添加物略有不同，有添加物表列之品項，但其規格不符標準。一般添加物分為工業級和食品級，工業級添加物本來就不是生產給人吃，故生產過程不會考慮金屬殘留量、衛生標準及對人體毒性等問題。為了避免工業級成分混為食品級使用，故食品級添加物之純度、理化特性、不純物及其他雜質等須符合規格標準。

3. 使用範圍錯誤

每一項食品添加物都有其規定可使用之範圍，如過氧化氫（雙氧水）是合法之殺菌劑，可使用於食品（麵粉及其製品除外）作為殺菌用，若有業者將其用在麵粉及其製品上，此即為使用範圍錯誤。

4. 超過限量

此類違規亦常見，如苯甲酸是合法之防腐劑，在豆乾製品中業者對自己生產技術不是很有信心又擔心微生物滋生，常會過量添加。另亞硫酸鹽和亞硫酸氫鹽是合法之漂白劑，常用於金針、蜜餞和蝦類，亦經常有使用過量之情形發生。此外，保色劑（如亞硝酸鹽）亦常有使用過量之問題。

5. 標示錯誤

此類違規問題較小，可能是業者疏忽或不熟悉造成標示錯誤，如食品添加物未依規定標示（如防腐劑和抗氧化劑需標示功能）、品名未依法定名稱標示、用途或用量標示不清等。

近年食品添加物違規事件

時間	事件	描述	違規之處
2010.6	油豆腐防腐劑過量	消基會抽檢32件市售豆製品，發現油豆腐中含苯甲酸防腐劑超過標準	苯甲酸防腐劑 ── 超過限量
2011.5	塑化劑汙染食品事件	益生菌、飲料及果醬等產品檢出塑化劑	複方食品添加物起雲劑 ── 含非法添加物塑化劑
2013.5	毒澱粉事件	市售之粉圓、板條等產品，添加工業用黏著劑順丁烯二酸酐	工業用黏著劑順丁烯二酸酐 ── 非法添加物
2013.6	豆乾使用油漆染料皂黃	益良食品以工業色素皂黃混充食用色素，販賣給尤協豐製成豆乾	工業色素皂黃 ── 非法添加物
2013.8	米苔目添加苯甲酸	新北市衛生局檢驗市售米製品，發現一件「米苔目」被檢出苯甲酸	苯甲酸防腐劑 ── 使用範圍錯誤
2013.9	鮭魚切片含食用色素5號	衛生機關稽查市售產品，發現鮭魚切片含食用色素5號與外包裝標示不符	食用色素5號為合法添加物 ── 標示錯誤
2014.2	豆芽菜泡工業漂白劑	臺南市某工廠生產豆芽菜，以工業用漂白劑連二亞硫酸鈉及次氯酸鈉漂白	連二亞硫酸鈉及次氯酸鈉 ── 非法添加物
2014.4	牛、羊肉注射保水劑增重	高雄農正鮮公司將聚合磷酸鹽保水劑注射入牛、羊肉中，加水按摩後販賣	聚合磷酸鹽為合法添加物 ── 使用範圍錯誤
2014.11	使用工業添加物醃漬薑	臺中某地下工廠涉嫌以工業用添加物氯化鈣來醃製薑	工業用添加物氯化鈣 ── 非法添加物
2014.12	豆乾含工業染劑二甲基黃	德昌食品生產之豆乾，遭香港驗出含工業染劑二甲基黃	工業染劑二甲基黃 ── 非法添加物
2015.3	潤餅皮添加吊白塊	北市衛生局抽驗市售潤餅皮、餅皮，檢出違法添加吊白塊工業用漂白劑	工業用漂白劑吊白塊 ── 非法添加物
2015.3	工業用碳酸氫銨泡製海帶	屏東達鑫化工販售工業級碳酸氫銨和硫酸鋁銨給下游業者製作海帶	工業級碳酸氫銨和硫酸鋁銨 ── 非法添加物

虛線為使用食品添加物可能違規之處

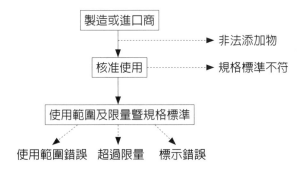

國家圖書館出版品預行編目資料

圖解食品化學／程仁華, 梁志弘, 孫藝玫, 陳
　祖豐著. －－初版.－－臺北市：五南圖書
　出版股份有限公司, 2021.05
　面；　公分
　ISBN 978-986-522-661-9 (平裝)

1.食品科學 2.食品加工

463　　　　　　　　　　110004754

5J66

圖解食品化學

作　　　者 ― 程仁華（284.3）、梁志弘、孫藝玫、陳祖豐

發 行 人 ― 楊榮川

總 經 理 ― 楊士清

總 編 輯 ― 楊秀麗

副總編輯 ― 王俐文

責任編輯 ― 金明芬

封面設計 ― 王麗娟

出 版 者 ― 五南圖書出版股份有限公司

地　　　址：106臺北市大安區和平東路二段339號4樓

電　　　話：(02)2705-5066　　傳　　真：(02)2706-6100

網　　　址：https://www.wunan.com.tw

電子郵件：wunan@wunan.com.tw

劃撥帳號：01068953

戶　　　名：五南圖書出版股份有限公司

法律顧問　林勝安律師事務所　林勝安律師

出版日期　2021年5月初版一刷

定　　　價　新臺幣320元

經典永恆・名著常在

五十週年的獻禮——經典名著文庫

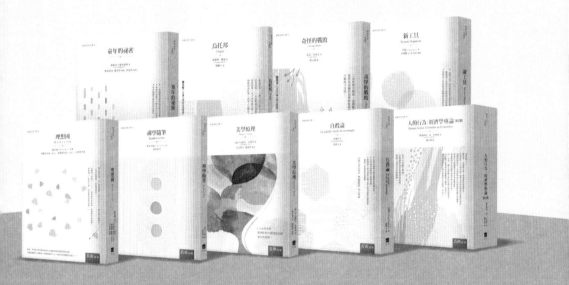

五南，五十年了，半個世紀，人生旅程的一大半，走過來了。
思索著，邁向百年的未來歷程，能為知識界、文化學術界作些什麼？
在速食文化的生態下，有什麼值得讓人雋永品味的？

歷代經典・當今名著，經過時間的洗禮，千錘百鍊，流傳至今，光芒耀人；
不僅使我們能領悟前人的智慧，同時也增深加廣我們思考的深度與視野。
我們決心投入巨資，有計畫的系統梳選，成立「經典名著文庫」，
希望收入古今中外思想性的、充滿睿智與獨見的經典、名著。
這是一項理想性的、永續性的巨大出版工程。
不在意讀者的眾寡，只考慮它的學術價值，力求完整展現先哲思想的軌跡；
為知識界開啟一片智慧之窗，營造一座百花綻放的世界文明公園，
任君遨遊、取菁吸蜜、嘉惠學子！